新工科建设·电子信息类系列教材

单片机原理与应用
——基于 Keil 与 Proteus

刘　刚　主　编

蔡十华　傅晓明　刘祝华　饶志明　副主编

電子工業出版社
Publishing House of Electronics Industry
北京·BEIJING

内 容 简 介

本书系统地介绍了MCS-51单片机的组成原理、基本结构、指令系统和汇编语言程序设计、中断系统、各类接口技术及单片机应用系统，在此基础上讨论了单片机应用系统的设计方法并给出了一些应用实例。全书共8章，内容包括：微型计算机基础，MCS-51单片机的工作原理，MCS-51单片机的指令系统，汇编语言程序设计，MCS-51单片机的中断系统，并行接口技术，串行接口技术，A/D、D/A接口技术。每章后均附有一定数量的习题，方便学生复习、提高。书中适时引入了当今流行的计算机辅助设计开发和仿真软件——Keil与Proteus，并贯穿于全书的重要章节，还以附录的形式给出了常用子程序。本书提供配套的电子课件PPT、程序源代码、教学大纲、重难点分析等。

本书适用于高等学校电子信息工程、通信工程、自动化、机电一体化、测控技术与仪器、计算机应用等专业的本科生和低年级的研究生，也可供从事单片机应用系统设计、智能化仪器仪表开发及从事微机自动化设备运行、维护的广大科技人员参考、阅读。

图书在版编目（CIP）数据

单片机原理与应用：基于Keil与Proteus / 刘刚主编. —北京：电子工业出版社，2022.7

ISBN 978-7-121-43881-3

Ⅰ. ①单…　Ⅱ. ①刘…　Ⅲ. ①单片微型计算机－高等学校－教材　Ⅳ. ①TP368.1

中国版本图书馆CIP数据核字（2022）第116877号

责任编辑：王晓庆

印　　刷：三河市鑫金马印装有限公司

装　　订：三河市鑫金马印装有限公司

出版发行：电子工业出版社

北京市海淀区万寿路173信箱　　邮编：100036

开　　本：787×1 092　1/16　印张：17.25　字数：442千字

版　　次：2022年7月第1版

印　　次：2022年7月第1次印刷

定　　价：58.00元

凡所购买电子工业出版社图书有缺损问题，请向购买书店调换。若书店售缺，请与本社发行部联系，联系及邮购电话：（010）88254888，88258888。

质量投诉请发邮件至zlts@phei.com.cn，盗版侵权举报请发邮件至dbqq@phei.com.cn。

本书咨询联系方式：（010）88254113，wangxq@phei.com.cn。

前　言

本书以“厚基础、宽口径、强实践、重创新”为方向，以培养具有创新精神和实践能力的人才为目的，较为全面、系统地介绍 MCS-51 单片机的基本原理及其应用。

本书叙述力求简明扼要、通俗易懂。在内容编排上，注重单片机的基本原理和系统的基本设计方法，同时注重理论联系实际，引入 Proteus 单片机仿真软件，嵌入在设计实例中，以提高学生分析、解决实际问题的能力，为后续课程的学习及工作、科研打下较为扎实的理论与实践基础。同时注重反映单片机应用技术的发展方向，引入新器件、新技术，便于学生了解单片机原理及其接口技术的发展趋势，拓宽知识面，增强学习的主动性与求知欲。

本书共 8 章：第 1 章，微型计算机基础，主要介绍微型计算机的有关数制及数的相互转换、数和字符的编码等；第 2 章，MCS-51 单片机的工作原理，主要介绍单片机的内部结构、引脚功能、工作方式、工作时序等；第 3 章，MCS-51 单片机的指令系统，主要介绍寻址方式及各类指令；第 4 章，汇编语言程序设计，主要介绍汇编语言程序设计方法、常用程序结构设计、Keil μVision 及 Proteus 使用指南等；第 5 章，MCS-51 单片机的中断系统，主要介绍中断的定义和作用、MCS-51 单片机的外部中断、MCS-51 单片机的定时/计数器等；第 6 章，并行接口技术，主要介绍并行 I/O 接口，MCS-51 单片机与外部存储器的接口，8255 扩展技术，显示、键盘接口技术等；第 7 章，串行接口技术，主要介绍 MCS-51 单片机的串行接口及其应用、I^2C 总线接口技术等；第 8 章，A/D、D/A 接口技术，主要介绍 D/A 接口技术、A/D 接口技术。为配合教学，每一章都有适量的习题。

本书适用于高等学校电子信息工程、通信工程、自动化、机电一体化、测控技术与仪器、计算机应用等专业的本科生和低年级的研究生，也可供从事单片机应用系统设计、智能化仪器仪表开发及从事微机自动化设备运行、维护的广大科技人员参考、阅读。

本书提供配套的电子课件 PPT、程序源代码、教学大纲、重难点分析等，请登录华信教育资源网（www.hxedu.com.cn），注册后免费下载。

本书由刘刚、蔡十华、傅晓明、刘祝华、饶志明集体编写。刘刚撰写第 2、3 章及附录，并负责全书统稿、定稿工作；蔡十华撰写第 5、6 章；傅晓明撰写第 4、8 章；刘祝华撰写第 1 章；饶志明撰写第 7 章。南昌大学龙伟教授认真审阅了书稿，提出了许多宝贵意见。作者在此表示衷心的感谢。

本书获得了江西省电子信息工程卓越工程师教育培养计划、江西省一流专业建设点计划、江西师范大学双一流课程建设计划的资助。

由于水平有限，疏漏或不当之处在所难免，敬请广大读者批评指正。

作　者

2022 年 6 月

目 录

第 1 章 微型计算机基础……1

1.1 微型计算机的数制及相互转换……1

1.1.1 微型计算机的数制……1

1.1.2 数制转换……2

1.2 数的表示方法及二进制数的运算……4

1.2.1 定点数的表示方法……4

1.2.2 浮点数的表示方法……4

1.2.3 二进制数的运算……5

1.3 带符号数及数码字符的编码……7

1.3.1 原码、反码和补码……7

1.3.2 补码运算及其变形……8

1.3.3 BCD 码和 ASCII 码……9

1.4 单片微型机的发展及应用……11

1.4.1 单片微型机的发展过程……11

1.4.2 单片微型机的应用……12

习题 1……13

第 2 章 MCS-51 单片机的工作原理……14

2.1 MCS-51 单片机的内部结构……14

2.1.1 CPU 结构……15

2.1.2 存储器结构……16

2.1.3 I/O 接口……20

2.1.4 定时/计数器与中断系统……21

2.2 MCS-51 单片机的引脚功能……22

2.3 MCS-51 单片机的工作方式……25

2.3.1 复位方式……25

2.3.2 程序执行方式……25

2.3.3 节电方式……26

2.3.4 编程和校验方式……26

2.4 MCS-51 单片机的工作时序……27

2.4.1 时钟周期、机器周期、指令周期和典型指令的工作时序……27

2.4.2 单片机的读/写时序……28

习题 2……30

第 3 章　MCS-51 单片机的指令系统 …… 32
3.1　指令系统概述 …… 32
3.1.1　指令格式及指令的表示形式 …… 32
3.1.2　指令系统 …… 32
3.1.3　指令分类 …… 33
3.2　寻址方式 …… 35
3.2.1　直接寻址 …… 35
3.2.2　立即数寻址 …… 35
3.2.3　寄存器寻址 …… 36
3.2.4　寄存器间接寻址 …… 36
3.2.5　变址寻址 …… 37
3.2.6　相对寻址 …… 37
3.2.7　位寻址 …… 38
3.3　数据传送指令 …… 39
3.3.1　内部数据传送指令 …… 39
3.3.2　外部数据传送指令 …… 40
3.3.3　堆栈操作指令 …… 42
3.3.4　数据交换指令 …… 43
3.4　算术与逻辑运算和移位指令 …… 44
3.4.1　算术运算指令 …… 44
3.4.2　逻辑运算指令 …… 49
3.4.3　移位指令 …… 51
3.5　控制转移和位操作指令 …… 52
3.5.1　控制转移指令 …… 52
3.5.2　位操作指令 …… 60
习题 3 …… 61
第 4 章　汇编语言程序设计 …… 64
4.1　汇编语言概述 …… 64
4.1.1　汇编语言格式 …… 64
4.1.2　汇编语言构成 …… 65
4.2　汇编语言程序设计方法 …… 68
4.2.1　汇编语言程序的设计步骤 …… 68
4.2.2　程序编写的方法和技巧 …… 69
4.3　常用程序结构设计 …… 70
4.3.1　顺序程序设计 …… 70
4.3.2　分支程序设计 …… 70
4.3.3　循环程序设计 …… 72
4.4　子程序设计 …… 74

4.4.1 调用现场的保护与恢复 …… 74
4.4.2 主程序和子程序的参数传递 …… 75
4.4.3 常用子程序介绍 …… 77
4.5 Keil μVision 及 Proteus 使用指南 …… 88
4.5.1 Keil μVision 使用入门 …… 88
4.5.2 Proteus 使用入门 …… 96
4.5.3 应用实例 …… 102
习题 4 …… 106
第 5 章 MCS-51 单片机的中断系统 …… 107
5.1 概述 …… 107
5.1.1 中断的定义和作用 …… 107
5.1.2 MCS-51 单片机的中断源及中断分类 …… 109
5.1.3 MCS-51 单片机的中断系统 …… 111
5.1.4 中断控制 …… 114
5.2 MCS-51 单片机的外部中断 …… 117
5.2.1 MCS-51 单片机的外部中断介绍 …… 117
5.2.2 MCS-51 单片机的外部中断扩展 …… 119
5.3 MCS-51 单片机的定时/计数器 …… 120
5.3.1 MCS-51 单片机的定时/计数器结构和工作原理 …… 120
5.3.2 MCS-51 单片机的定时/计数器工作方式 …… 122
5.3.3 MCS-51 单片机的定时/计数器应用 …… 124
习题 5 …… 131
第 6 章 并行接口技术 …… 132
6.1 I/O 接口概述 …… 132
6.1.1 I/O 接口的定义、分类及作用 …… 132
6.1.2 I/O 接口的 4 种传送方式 …… 133
6.1.3 I/O 接口的编址技术 …… 135
6.2 内部 I/O 口 …… 136
6.2.1 内部 I/O 口的结构与工作原理 …… 136
6.2.2 内部 I/O 口的应用 …… 138
6.3 MCS-51 单片机与外部存储器的接口 …… 140
6.3.1 外部存储器 …… 140
6.3.2 译码技术 …… 145
6.3.3 外部存储器的扩展 …… 152
6.4 8255 扩展技术 …… 155
6.4.1 8255 概述 …… 155
6.4.2 8255 的扩展 …… 161

6.5 显示、键盘接口技术……165
6.5.1 显示接口技术……165
6.5.2 键盘接口技术……178
习题 6……182

第 7 章 串行接口技术……184

7.1 串行通信概述……184
7.1.1 串行通信基本概念……184
7.1.2 串行通信接口标准……187
7.2 MCS-51 单片机的串行接口及其应用……188
7.2.1 串行接口结构……188
7.2.2 串行接口工作方式……190
7.2.3 串行接口通信波特率……192
7.2.4 串行接口应用……192
7.3 I^2C 总线接口技术……210
7.3.1 I^2C 总线基础……210
7.3.2 I^2C 总线时序……212
7.3.3 MCS-51 单片机与 AT24C02C 的接口……214
习题 7……220

第 8 章 A/D、D/A 接口技术……222

8.1 D/A 接口技术……222
8.1.1 D/A 转换器的原理……222
8.1.2 D/A 转换器的主要性能指标……223
8.1.3 MCS-51 单片机与 8 位 D/A 转换器的接口……224
8.1.4 MCS-51 单片机与 12 位 D/A 转换器的接口……230
8.2 A/D 接口技术……232
8.2.1 A/D 转换器的原理……233
8.2.2 MCS-51 单片机与 8 位 A/D 转换器的接口……234
8.2.3 MCS-51 单片机与 12 位 A/D 转换器的接口……239
习题 8……243

附录 A 常用 ASCII 字符表……244

附录 B MCS-51 单片机指令表……245

附录 C 常用子程序……252

参考文献……267

第1章　微型计算机基础

1.1　微型计算机的数制及相互转换

计算机通常可分为巨型机、大型机、中型机、小型机和微型机这5类。微型机（微型计算机）在系统结构和基本工作原理上，与其他几类计算机并无本质差别，只是在体积、性能和应用范围等方面有所不同。

包括微型计算机在内，所有计算机都以二进制数形式进行算术和逻辑运算操作。微型计算机将输入的十进制数或符号转换成二进制数，处理后的结果需要还原成十进制数或相应符号，才能在显示设备上输出。因此，熟悉计算机中的常用数制及相互转换十分重要。

1.1.1　微型计算机的数制

数制是指数的制式，是人们利用符号计算的一种科学方法。微型计算机中常用的数制有十进制、二进制和十六进制等。

1．十进制

十进制（Decimal）是人们最为熟悉的进位计数制。它的主要特点是：①有0～9这10个不同的数码；②基数为10，每逢10进位。任意一个十进制数$(N)_{10}$可表示为

$$\begin{aligned}(N)_{10} &= \pm(a_{n-1}\times 10^{n-1} + a_{n-2}\times 10^{n-2} + \cdots + a_0\times 10^0 + \\ &\quad a_{-1}\times 10^{-1} + a_{-2}\times 10^{-2} + \cdots + a_{-m}\times 10^{-m}) \\ &= \pm\sum_{i=-m}^{n-1} a_i \times 10^i\end{aligned}$$

其中，i表示数中的任意一位；a_i表示第i位的数码；10^i表示第i位的权值。例如，

$$(135.79)_{10} = 1\times 10^2 + 3\times 10^1 + 5\times 10^0 + 7\times 10^{-1} + 9\times 10^{-2}$$

为了区分不同数制的数，会在每个数上外加一些辨认标记。通常，标记的方法有两种：一种是在数上加上括号，并在括号的右下角标注数制代号，如$(110)_{10}$、$(110)_2$、$(110)_{16}$；另一种是用英文字母标识，分别用B、D（可以省略）和H表示二进制、十进制和十六进制，如56H、101B、123D等。

2．二进制

二进制（Binary）比十进制简单。它的主要特点是：①只有0和1两个不同的数码；②基数为2，每逢2进位。任意一个二进制数$(N)_2$可表示为

$$\begin{aligned}(N)_2 &= \pm(a_{n-1}\times 2^{n-1} + a_{n-2}\times 2^{n-2} + \cdots + a_0\times 2^0 + \\ &\quad a_{-1}\times 2^{-1} + a_{-2}\times 2^{-2} + \cdots + a_{-m}\times 2^{-m}) \\ &= \pm\sum_{i=-m}^{n-1} a_i \times 2^i\end{aligned}$$

其中，i 表示数中的任意一位；a_i 表示第 i 位的数码（只能取 0 或 1）；2^i 表示第 i 位的权值。例如，

$$\begin{aligned}(1011.11)_2 &= 1\times2^3+0\times2^2+1\times2^1+1\times2^0+1\times2^{-1}+1\times2^{-2}\\ &=(11.75)_{10}\end{aligned}$$

3．十六进制

十六进制（Hexadecimal）是人们学习和研究计算机二进制的一种工具，随着计算机的发展而得到广泛应用。它的主要特点是：①有 0～9 及 A、B、C、D、E、F 这 16 个不同的数码；②基数为 16，每逢 16 进位。任意一个十六进制数 $(N)_{16}$ 可表示为

$$\begin{aligned}(N)_{16} &= \pm(a_{n-1}\times16^{n-1}+a_{n-2}\times16^{n-2}+\cdots+a_0\times16^0+\\ &\quad a_{-1}\times16^{-1}+a_{-2}\times16^{-2}+\cdots+a_{-m}\times16^{-m})\\ &=\pm\sum_{i=-m}^{n-1}a_i\times16^i\end{aligned}$$

其中，i 表示数中的任意一位；a_i 表示第 i 位的数码（能取 0～F 中的任意一个）；16^i 表示第 i 位的权值。例如，

$$\begin{aligned}(7\text{A.B})_{16} &= 7\times16^1+\text{A}\times16^0+\text{B}\times16^{-1}\\ &=(122.6875)_{10}\end{aligned}$$

1.1.2　数制转换

人们习惯使用的是十进制数，但计算机采用二进制数操作，计算机需要对不同数制的数进行转换。

1．二进制数与十进制数的相互转换

1）二进制数转换成十进制数

采用“按权相加”法，将待转换的二进制数按权展开相加即可。例如，

$$\begin{aligned}10011.01\text{B} &= 1\times2^4+0\times2^3+0\times2^2+1\times2^1+1\times2^0+0\times2^{-1}+1\times2^{-2}\\ &=19.25\end{aligned}$$

2）十进制数转换成二进制数

十进制整数转换成二进制整数，通常采用“除 2 取余”法。先得到的余数为低位，后得到的余数为高位。例如，

除数	被除数	余数	
2	187	余1	最低位
2	93	余1	↑
2	46	余0	↑
2	23	余1	↑
2	11	余1	↑
2	5	余1	↑
2	2	余0	↑
2	1	余1	最高位
	0		

当最后的商为 0 时，将得到的全部余数按从高位到低位的顺序排列，得到：187＝10111011B。

十进制小数转换成二进制小数，通常采用“乘 2 取整”法。先得到的整数为高位，后得到的为低位。例如：

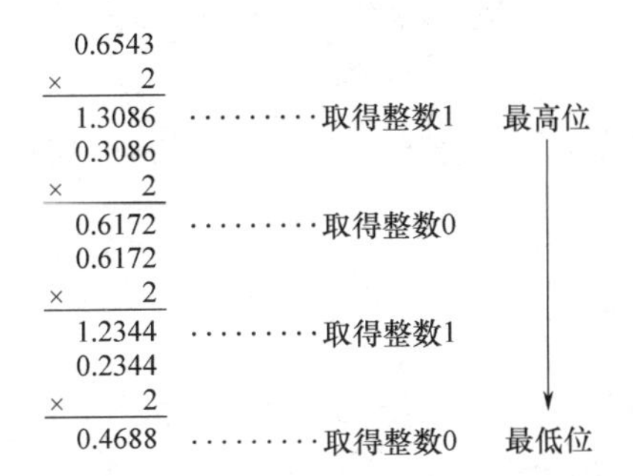

理论上，当剩下的小数部分为 0 时，转换结束。但不是所有十进制小数都可以精确地转换成一个二进制小数，这时就需要确定保留的位数。如上例中小数点后保留 4 位，把得到的整数按从高位到低位的顺序排列，得到：$0.6543 \approx 0.1010B$。

2．二进制数与十六进制数的相互转换

1）二进制数转换成十六进制数

采用“四位合一位”法。二进制数从小数点开始，向左和向右每 4 位一组（不足 4 位以 0 补足），用 1 位十六进制数表示。例如，

0001　1011　1100　0101　.　1100　1010

1　B　C　5　C　A

得到结果：1101111000101.1100101B＝1BC5.CAH。

2）十六进制数转换成二进制数

采用“一位分四位”法。十六进制数从小数点开始，向左和向右每 1 位用 4 位二进制数表示。例如，

2　A　0　F　.　1　B

0010　1010　0000　1111　0001　1011

得到结果：2A0F.1BH＝ 10101000001111.00011011B。

3．十六进制数与十进制数的相互转换

1）十六进制数转换成十进制数

同样采用“按权相加”法，将待转换的十六进制数按权展开相加即可。例如，

$$\begin{aligned}3FEAH &= 3\times16^3+15\times16^2+14\times16^1+10\times16^0\\ &=16362\end{aligned}$$

2）十进制数转换成十六进制数

类似于十进制数转换成二进制数，在将十进制数转换成十六进制数时，整数部分可采用“除 16 取余”法，小数部分可采用“乘 16 取整”法。为了避免烦琐的计算，也可以先将十进

制数转换成二进制数，再用“四位合一位”法将二进制数转换成十六进制数。

1.2 数的表示方法及二进制数的运算

在计算机中，小数和整数都以二进制形式表示，但小数点通常有定点和浮点两种表示方法。

1.2.1 定点数的表示方法

在定点计算机中，二进制数的小数点固定不变。可以固定在数值之前，也可以固定在数值之后。前者称为定点小数计算机，后者称为定点整数计算机。

1．定点整数

在定点整数表示法中，小数点固定在数值位之后。采用这种表示法的计算机在实际运算前，需要把参加运算的数（二进制形式）按适当比例转换成纯整数，运算后再按同一比例还原。N 为一个二进制定点整数，其表示形式为

S_f	尾数

• ← 小数点位置（隐含）

其中，S_f 为数符，“0”表示 N 为正数，“1”表示 N 为负数。

定点整数表示法的优点是运算简单，但表示数的范围比同位数的浮点数小。一个 16 位的二进制定点整数 N，除去 S_f（数符）1 位，有效数值位为 15 位，能表示的原码数的范围为 $-(2^{15}-1) \leqslant N \leqslant 2^{15}-1$。

2．定点小数

在定点小数表示法中，小数点固定在数值位之前。采用这种表示法的计算机在实际运算前，需要把参加运算的数（二进制形式）按适当比例转换成纯小数，运算后再按同一比例还原。N 为一个二进制定点小数，其表示形式为

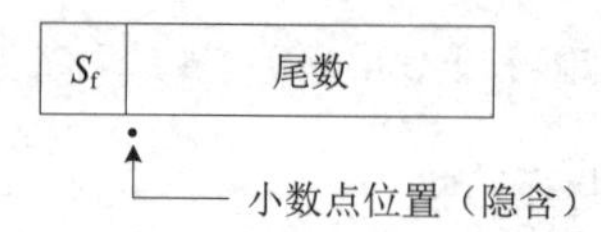

其中，S_f 为数符，“0”表示 N 为正数，“1”表示 N 为负数。

定点小数表示法的优点是运算简单，但表示数的范围较小。一个 16 位的二进制定点小数 N，除去 S_f（数符）1 位，有效数值位为 15 位，能表示的原码数的范围为 $-(1-2^{-15}) \leqslant N \leqslant 1-2^{-15}$。

1.2.2 浮点数的表示方法

在用浮点表示的二进制数中，小数点的位置是浮动的。一个浮点数 N 由阶码和尾数两部分组成，其表示形式为

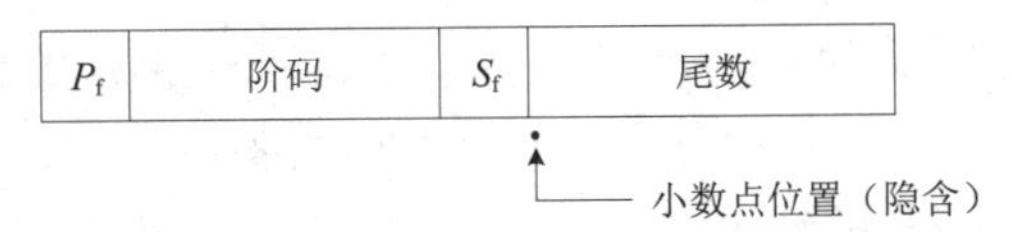

其中，P_f 为阶符，“0”表示阶码为正，“1”表示阶码为负；S_f 为数符，“0”表示 N 为正数，“1”表示 N 为负数。小数点位置约定在尾数之前，实际位置是浮动的，由阶码决定，即

$$N = 2^P \times S$$

其中，P 为阶码，S 为尾数。

浮点表示法的优点是所表示数的范围大，但运算复杂。通常要对阶码和尾数分别运算。一个 16 位的二进制浮点数 N，若 P_f 和 S_f 各占 1 位，阶码为 5 位，尾数为 9 位，则能表示数的范围为 $-2^{(2^5-1)} \times (1-2^{-9}) \leqslant N \leqslant +2^{(2^5-1)} \times (1-2^{-9})$。

1.2.3　二进制数的运算

二进制数的运算分为两类：一类是算术运算，包括加、减、乘、除运算；另一类是逻辑运算，包括逻辑乘、逻辑加、逻辑非、逻辑异或等。

1．算术运算

二进制数算术运算的过程与十进制数类似，而且更简单，其运算规则如下。

加法运算：

$0+0=0$　　　　$0+1=1$

$1+0=1$　　　　$1+1=0$　（同时向相邻高位进 1）

减法运算：

$0-0=0$　　　　$0-1=1$　（同时向相邻高位借 1）

$1-0=1$　　　　$1-1=0$

乘法运算：

$0\times 0=0$　　　　$0\times 1=0$

$1\times 0=0$　　　　$1\times 1=1$

除法运算：

$0\div 1=0$　　　　$1\div 1=1$

下面举几个二进制数运算的例子。

【例 1.1】 求 1001B + 1011B 的结果。

解答：

```
   1001B
+)1011B
--------
  10100B
```

由此可见，二进制数的加法运算和十进制数的加法运算相似，但采用“逢二进一”的法则，即当每位数累计到 2 时，本位就记为 0，且向相邻高位进 1。

【例 1.2】 求 10100B − 1110B 的结果。

解答：

```
   10100B
−)  1110B
---------
    110B
```

在二进制数的减法中采用了“借一当二”的法则，减法运算从低位起按位进行，在遇到 0 减 1 时，就要向相邻高位借 1，也就是从相邻高位减去 1。

【例 1.3】 求 1011B×1001B 的结果。

解答：

```
        1011B
     ×) 1001B
    ---------
         1011
        0000
       0000
    +) 1011
    ---------
     1100011B
```

从二进制数的乘法运算过程中可以看出，二进制数的乘法运算是移位相加的过程，进行累加时按“逢二进一”的原则来运算。

【例 1.4】 求 10100100B÷100lB 的结果。

解答：

```
             10010B------------ 商
      ---------------
1001B) 10100100B
       1001
       ---------
          1010
          1001
          ------
            10B------------ 余数
```

从二进制数的除法运算过程中可以看出，二进制数的除法运算是移位相减的过程。

二进制数的缺点是书写时位数较长，不便记忆和阅读。因此，通常选用十六进制数，便于书写和阅读，容易记忆，且非常容易将其转换成二进制数。

2．逻辑运算

二进制数的逻辑运算的种类较多，常用的逻辑运算有：逻辑乘（与），用符号“∧”表示；逻辑加（或），用符号“∨”表示；逻辑非，用符号“¯”表示；逻辑异或，用符号“⊕”表示。这些逻辑运算的规则描述如下。

逻辑乘运算：

$0 \wedge 0=0$　　　　$0 \wedge 1=0$

$1 \wedge 0=0$　　　　$1 \wedge 1=1$

逻辑加运算：

$0 \vee 0=0$　　　　$0 \vee 1=1$

$1 \vee 0=1$　　　　$1 \vee 1=1$

逻辑非运算：

$\overline{0}=1$　　　　$\overline{1}=0$

逻辑异或运算：

$0 \oplus 0=0$　　　　$0 \oplus 1=1$

$1 \oplus 0=1$　　　　$1 \oplus 1=0$

两个二进制数的逻辑运算是按位进行的，而对应位的逻辑运算按上述运算规则进行即可。

1.3　带符号数及数码字符的编码

1.3.1　原码、反码和补码

机器数的符号和值均使用二进制的表示形式。为方便起见，这里的机器数均指在定点整数计算机中的表示。在计算机中，机器数有原码、反码、补码、变形补码等多种形式，本小节介绍前三种。

1. 原码

原码（True Form）又被称为“符号-数值表示”。当用原码表示正数或负数时，第一位是符号位。对于正数，符号位用“0”表示；对于负数，符号位用“1”表示。其余各位表示数值部分。假如两个带符号的二进制数分别为 S_1 和 S_2，其真值形式为

$$S_1 = +11001\text{B} \qquad S_2 = -01011\text{B}$$

则 S_1 和 S_2 的原码表示形式为

$$[S_1]_{原} = 011001\text{B} \qquad [S_2]_{原} = 101011\text{B}$$

根据上述原码形成规则，一个 n 位的整数 S（包括 1 位符号位）的原码的一般表达式为

$$[S]_{原} = \begin{cases} S & 0 \leqslant S < 2^{n-1} \\ 2^{n-1} - S & -2^{n-1} < S < 0 \end{cases} \tag{1.1}$$

由原码的一般表达式可以得出：

（1）当 S 为正数时，$[S]_{原}$ 和 S 的区别只是增加一位用 0 表示的符号位。由于在数的左边增加一位 0 对该数的数值并无影响，因此 $[S]_{原}$ 就是 S 本身。

（2）当 S 为负数时，$[S]_{原}$ 和 S 的区别是增加了 1 位用 1 表示的符号位。

（3）在原码的表达式中，有两种不同形式的 0，即

$$[+0]_{原} = 0\ 00\cdots0\text{B}$$

$$[-0]_{原} = 1\ 00\cdots0\text{B}$$

2. 反码

反码（One’s Complement）又称为“对 1 的补数”。当用反码表示时，左边第 1 位为符号位，符号位为“0”代表正数，符号位为“1”代表负数。对于正数，反码和原码相同；而对于负数，反码的数值是将原码数值按位求反。所以，反码数值的形成与它的符号位有关。

假如两个带符号的二进制数分别为 S_1 和 S_2，其真值形式为

$$S_1 = +11001\text{B} \qquad S_2 = -01011\text{B}$$

则 S_1 和 S_2 的反码表示形式为

$$[S_1]_{反} = 011001\text{B} \qquad [S_2]_{反} = 110100\text{B}$$

根据上述反码形成规则，一个 n 位的整数 S（包括 1 位符号位）的反码的一般表达式为

$$[S]_{反} = \begin{cases} S & 0 \leqslant S < 2^{n-1} \\ (2^n - 1) + S & -2^{n-1} < S < 0 \end{cases} \tag{1.2}$$

由反码的一般表达式可以看出：

（1）正数 S 的反码 $[S]_{反}$ 与原码 $[S]_{原}$ 相同；

（2）对于负数 S，其反码 $[S]_{反}$ 的符号位为 1，数值部分是将原码数值按位求反；

（3）在反码的表达式中，0 的表示有两种不同的形式，即

$$[+0]_{反} = 0\ 00\cdots0\text{B}$$

$$[-0]_{反} = 1\ 11\cdots1\text{B}$$

3．补码

补码（Two's Complement）又称为“对 2 的补数”。在补码表示方法中，正数的补码与原码相同；而负数的补码是符号位不变，数值部分求反加 1，即逐位求反，在最低位加 1。

假如两个带符号的二进制数分别为 S_1 和 S_2，其真值表达式为

$$S_1 = +11001\text{B} \qquad S_2 = -01011\text{B}$$

则 S_1 和 S_2 的补码表示形式为

$$[S_1]_{补} = 011001\text{B} \qquad [S_2]_{补} = 110101\text{B}$$

根据上述补码形成规则，一个 n 位的整数 S（包括 1 位符号位）的补码的一般表达式为

$$[S]_{补} = \begin{cases} S & 0 \leqslant S < 2^{n-1} \\ 2^n + S & -2^{n-1} < S < 0 \end{cases} \tag{1.3}$$

由补码的一般表达式可以看出：

（1）正数 S 的补码 $[S]_{补}$、反码 $[S]_{反}$ 和原码 $[S]_{原}$ 是相同的；

（2）对于负数，补码 $[S]_{补}$ 的符号位为 1，其数值部分为反码的数值末位加 1；

（3）在补码表示法中，0 的表示形式是唯一的，即

$$[+0]_{补} = 0\ 00\cdots0\text{B}$$

$$[-0]_{补} = 0\ 00\cdots0\text{B}$$

1.3.2 补码运算及其变形

1．补码的加减运算

原码表示简单，但运算复杂，符号位往往要单独处理。补码不易识别，但运算方便。所有参加运算的数以补码表示，运算结果也为补码。

（1）补码加法运算，其运算通式为

$$[X+Y]_{补} = [X]_{补} + [Y]_{补}$$

即两数之和的补码等于两数的补码之和。对于 n 位的整数，X、Y 及 $(X+Y)$ 的结果都必须在 $-2^{n-1} \sim 2^{n-1}-1$ 范围之内，否则会产生溢出。补码运算过程中，符号位和数值位一起参加运算，符号位的进位略去不计。

【例 1.5】 已知 $X=+19$，$Y=-7$，求 $X+Y$ 的二进制结果。

解答：

以 8 位二进制数表示，有

$$[X]_补 = 00010011\text{B}，[Y]_补 = 11111001\text{B}$$

$$[X+Y]_补 = [X]_补 + [Y]_补 = 00001100\text{B}$$

求和结果为 +1100B，即 +12。

（2）补码减法运算，其运算通式为

$$[X-Y]_补 = [X]_补 + [-Y]_补$$

即两数之差的补码也可以用加法来实现。同样，对于 n 位的整数，X、Y 及 $(X-Y)$ 的结果都必须在 $-2^{n-1} \sim 2^{n-1}-1$ 范围之内，否则会产生溢出。补码运算过程中，符号位和数值位一起参加运算，符号位的进位略去不计。

【例 1.6】 已知 $X=+6$，$Y=+25$，求 $X-Y$ 的二进制结果。

解答：

以 8 位二进制数表示，则有

$$[X]_补 = 00000110\text{B}，[-Y]_补 = 11100111\text{B}$$

$$[X-Y]_补 = [X]_补 + [-Y]_补 = 11101101\text{B}$$

相减结果为 −0010011B，即 −19。

2. 补码的变形补码

对于字长为 n 位的二进制数，若将其视为补码形式，则可表示的范围为 $-2^{n-1} \sim 2^{n-1}-1$。如 8 位二进制数补码，表示的范围为 −128～127。若二进制数补码运算结果超出了其能正常表示的范围，则将产生溢出。

变形补码比补码多一位符号位，最左边的符号位为第一符号位，右边一位为第二符号位。若不考虑第一符号位，则变形补码和补码没有区别。例如，36 的变形补码为 000100100B，– 55 的变形补码为 111001001B。

变形补码的运算中，第一符号位才是真正符号位，第二符号位常常会因运算中的溢出而改变。利用变形补码判断运算结果是否溢出的原则为：若运算结果中的两位符号位同号（00 或 11），则运算结果正确；若运算结果中的两位符号位为 01，则运算结果为正溢出（即超过了允许表示的正数）；若运算结果中的两位符号位为 10，则运算结果为负溢出（即超过了允许表示的负数）。

【例 1.7】 已知 $X=+127$，$Y=+8$，求 $[X+Y]_{变补}$，分析溢出情况。

解答：

$$[X]_{变补} = 00\ 1111111\text{B}，[Y]_{变补} = 00\ 0001000\text{B}$$

$$[X+Y]_{变补} = [X]_{变补} + [Y]_{变补} = 01\ 0000111\text{B}$$

两位符号位为 01，表示运算结果正溢出，而运算结果为+135 也印证了这一点。

1.3.3　BCD 码和 ASCII 码

1. BCD 码

所谓 BCD 码，是指用若干位二进制数来表示 1 位十进制数。十进制数有 0～9 这 10 个数码，所以要表示 1 位十进制数，至少需要 4 位二进制数。但 4 位二进制数可以产生 16 种组合，而从中选出 10 种来表示十进制数的 10 个数码，选取方案有很多，即有很多不同的编码方案。表 1.1 列举了目前常用的几种 BCD 编码。

表 1.1 常用的几种 BCD 编码

十进制编码	8421BCD 码	余 3 码	2421 码	余 3 循环码
0	0000	0011	0000	0010
1	0001	0100	0001	0110
2	0010	0101	0010	0111
3	0011	0110	0011	0101
4	0100	0111	0100	0100
5	0101	1000	1011	1100
6	0110	1001	1100	1101
7	0111	1010	1101	1111
8	1000	1011	1110	1110
9	1001	1100	1111	1010

8421BCD 码是最基本、最常用的一种编码方案。在这种编码方式中，每一位二进制编码都代表一个固定的数值，把每一位的 1 代表的十进制数加起来，得到的结果就是它所代表的十进制数。由于编码中从左到右每一位的 1 分别表示 8、4、2、1，因此把这种编码叫作 8421BCD 码。在 8421BCD 码中每一位的 1 代表的十进制数称为这一位的权。由于 8421BCD 码中的每一位的权是固定不变的，因此属于恒权码。需要注意的是，在 8421BCD 码中，不允许出现 1010～1111 这几个编码，因为在十进制数中，没有数码与之对应。

余 3 码是由 8421BCD 码加 3 后形成的，所以称为余 3 码。余 3 码是一种“对 9 的自补”编码，它的 0 和 9、1 和 8、2 和 7、3 和 6、4 和 5 对应的编码互为反码。

2421 码也是一种恒权码，编码中从左到右每一位的 1 分别表示 2、4、2、1。它的 0 和 9、1 和 8、2 和 7、3 和 6、4 和 5 对应的编码也互为反码，这一点和余 3 循环码相似。

余 3 循环码是一种变权码，每一位的 1 在不同编码中并不代表固定的数值。它的主要特点是相邻的两个编码之间仅有一位编码的取值不同。

2. ASCII 码

计算机处理的数据不仅有数码，还有字母、标点符号、运算符号及其他特殊符号。这些符号都必须用二进制编码来表示，计算机才能直接处理。通常，把用于表示各种字符的二进制编码称为字符编码。

目前，国际上采用的 ASCII 码（美国信息交换标准代码）是一种常用的字符编码。它由 7 位二进制数码组成，为 128 个字符的编码。这 128 个字符可分为两类：一类是图形字符，共 96 个；另一类是控制字符，共 32 个。

在 8 位微型计算机中，信息通常按字节存储和传送。ASCII 码为 7 位，作为一字节还多出一位。多出的这一位为最高位，常常用作奇偶校验位。

部分字符的 ASCII 码如表 1.2 所示。

表 1.2　部分字符的 ASCII 码

字　符	ASCII 码	字　符	ASCII 码
空　格	010　0000	A	100　0001
.	010　1110	B	100　0010
(	010　1000	C	100　0011
+	010　1011	D	100　0100
$	010　0100	E	100　0101
*	010　1010	F	100　0110
)	010　1001	G	100　0111
—	010　1101	H	100　1000
/	010　1111	I	100　1001
,	010　1100	J	100　1010
´	010　0111	K	100　1011
=	011　1101	L	100　1100
0	011　0000	M	100　1101
1	011　0001	N	100　1110
2	011　0010	O	100　1111
3	011　0011	P	101　0000
4	011　0100	Q	101　0001
5	011　0101	R	101　0010
6	011　0110	S	101　0011
7	011　0111	T	101　0100
8	011　1000	U	101　0101
9	011　1001	V	101　0110
		W	101　0111
		X	101　1000
		Y	101　1001
		Z	101　1010

1.4　单片微型机的发展及应用

1.4.1　单片微型机的发展过程

单片微型机（即单片机）是将中央处理器（CPU）、随机存储器（RAM）、只读存储器（ROM）、I/O 接口、中断系统、定时/计数器等功能集成在一片芯片上，构成的一个小而完善的计算机系统。其技术发展十分迅速，至今产品种类繁多。从整个单片机技术的发展历程来看，可主要分为以下四个阶段。

1．初期形成阶段

1976—1978 年是单片机的初期形成阶段。代表器件为 Intel 公司的 MCS-48 单片机，其在一片芯片内集成了 8 位 CPU、1KB 程序存储器（ROM）、64B 数据存储器（RAM）、1 个 8 位定时/计数器、2 个中断源，存储容量较小、寻址范围小、无串行接口，且指令功能不强。

2. 结构成熟阶段

1978—1982 年是单片机的结构成熟阶段。代表器件为 Intel 公司的 MCS-51 单片机，其基本型产品在片内集成了 8 位 CPU、4KB 程序存储器、128B 数据存储器、2 个 16 位定时/计数器、5 个中断源（2 个优先级）及 1 个全双工串行接口。与 MCS-48 单片机相比，MCS-51 单片机的存储容量增大，寻址范围可达 64KB，结构体系成熟，是至今公认的经典单片机类型。

3. 16 位单片机阶段

1982—1990 年是 16 位单片机的发展阶段。代表器件为 Intel 公司的 MCS-96 单片机，其片内集成了 16 位 CPU、8KB 程序存储器、232B 数据存储器，中断处理能力为 8 级，片内还带有 10 位 A/D 转换器和高速输入/输出部件等。与以往器件相比，16 位单片机的 RAM 和 ROM 容量进一步增大，实时处理能力也更强。

4. 全面发展阶段

1990 年至今是单片机的全面发展阶段。各公司的产品在尽量兼容的同时，向高速、强运算能力、寻址范围大、小型廉价等方向发展。

现今的单片机市场中可供用户选择的品种繁多。但多年来的应用实践证明，51 系列单片机结构合理、技术成熟，单片机生成厂商不断推出与 51 系列单片机兼容的产品，从而形成了 51 系列单片机产品的主流地位。这些兼容的产品主要有 Atmel 公司的 AT89 系列单片机、Philips 公司的 80C51 及 80C552 系列高性能单片机、华邦公司的 W78C51 及 W77C51 系列高速低价单片机、ADI 公司的 ADμC8xx 系列高精度 ADC 单片机、LG 公司的 GMS90/97 系列低压高速单片机、Maxim 公司的 DS89C420 高速单片机、Cygnal 公司的 C8051F 系列高速 SoC 单片机等。

1.4.2　单片微型机的应用

单片机具有良好的控制性能和嵌入式品质，在各种应用领域都得到了广泛的使用。

1. 智能仪器仪表

单片机应用于仪器仪表，一方面可以提高仪器仪表的使用精度，使产品智能化，另一方面可以简化仪器仪表的硬件结构，方便产品的升级换代，例如，各类智能电气测量仪表、智能传感器等。

2. 机电一体化产品

机电一体化产品是集机械技术、微电子技术、自动化技术和计算机技术于一体，具有智能特征的各种机电产品。单片机在机电一体化产品中应用得极为普遍，如机器人、数控机床、自动包装机、点钞机、医疗设备、传真机、打印机、复印机等。

3. 实时工业控制

单片机可以方便地实现对各种物理量的采集与控制，如电压、电流、温度、液位、流量等物理量。在这类系统中，单片机作为系统控制器，根据被控对象的不同特征采用不同的智能算法，实现期望的控制指标，从而提高生产效率和产品质量。例如，电机转速控制、温度控制、自动生产线等。

4．分布系统的前端模块

在较复杂的工业系统中，经常使用分布式测控系统完成大量分布参数的采集。单片机经常用作分布式系统的前端采集模块，系统具有运行可靠、数据采集方便灵活、成本低廉等优点。

5．家电产品

单片机也被大量地应用到家电产品设计中，如空调、电冰箱、洗衣机、电饭煲、高档洗浴设备及高档玩具等。

另外，在交通领域中，汽车、火车、飞机、航天器等中都有单片机的广泛应用，如汽车自动驾驶系统、航天测控系统等。

习 题 1

1.1 十进制数和二进制数各有什么特点？请举例说明。

1.2 将下列十进制数转换成二进制数、十六进制数（精确到小数点后 4 位）。

（1）19　　（2）1.25　　（3）15.333

1.3 将下列二进制数转换成十进制数、十六进制数。

（1）1101001B　　（2）101.011B　　（3）0.101001B

1.4 将下列十六进制数转换成二进制数、十进制数。

（1）C.CH　　（2）128.08H　　（3）BBH

1.5 一个 16 位的二进制定点整数，其原码数表示的范围是多少？一个 16 位的二进制浮点数（阶码 5 位，尾数 9 位，阶符和数符各 1 位），其表示数的范围是多少？

1.6 完成下列二进制表达式的运算。

（1）10101B+1001B　　（2）110101B−1111B　　（3）1010B×101B　　（4）1001101B÷111B

1.7 先把下列十六进制数转换成二进制数，然后分别完成逻辑乘、逻辑加、逻辑异或运算。

（1）33H 和 BBH　　（2）CDH 和 80H　　（3）78H 和 0FH

1.8 用补码完成下列运算。

（1）46+55　　（2）−51+97　　（3）112−83

1.9 写出下列十进制数的 8421BCD 码。

（1）47　　（2）59　　（3）0.125

1.10 简述单片机有哪些应用场合。

第 2 章　MCS–51 单片机的工作原理

自 20 世纪 80 年代初 Intel 公司的 MCS-51 单片机问世以来，该系列的单片机产品已扩充到几十种型号，而 8051 是其中最早、最典型的代表，许多新的单片机都是以它为核心、再增加一定的功能部件后构成的。作为微型计算机的一个分支，单片机在原理与结构上与微型计算机之间不但没有根本性的差别，而且微型计算机的许多技术与特点都被单片机继承了下来。因此可以用微型计算机的眼光来看待单片机，用微型计算机的思路来学习单片机。

2.1　MCS-51 单片机的内部结构

迄今为止，计算机科学与技术得到了飞速的发展，甚至已经提出量子计算机的设计概念并取得了长足的进步，但现实应用中的计算机体系结构仍然没有突破其开拓者——数学家冯·诺依曼提出的经典体系结构框架，即计算机是由运算器、控制器、存储器、输入设备、输出设备这五个基本部分组成的。微型计算机如此，单片机也不例外，只是单片机将运算器、控制器、较小容量的存储器、基本输入/输出接口电路、串行接口电路、中断和定时电路等都集成在了一个尺寸有限的芯片上，所以单片机的全称应是单片集成微型计算机。MCS-51 单片机的系统结构框图如图 2.1 所示，其内部逻辑结构图如图 2.2 所示。

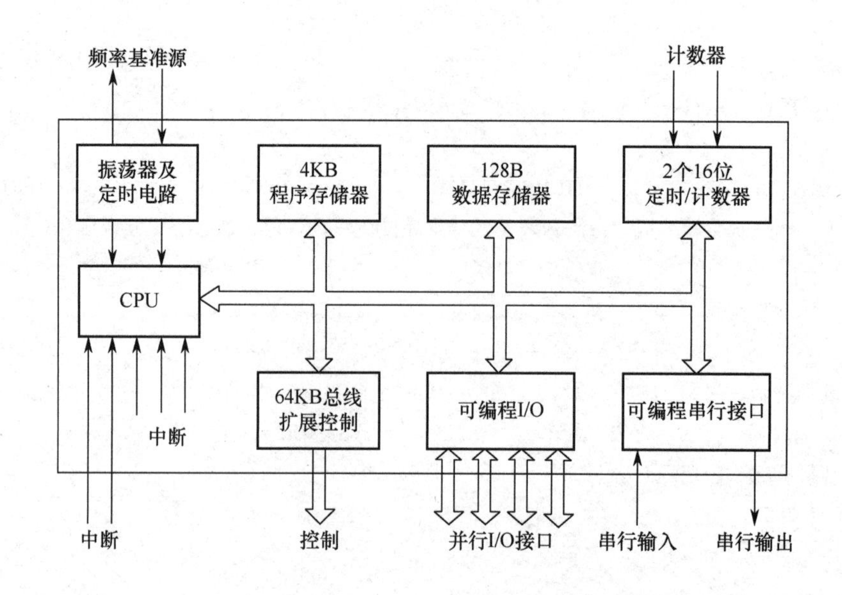

图 2.1　MCS-51 单片机的系统结构框图

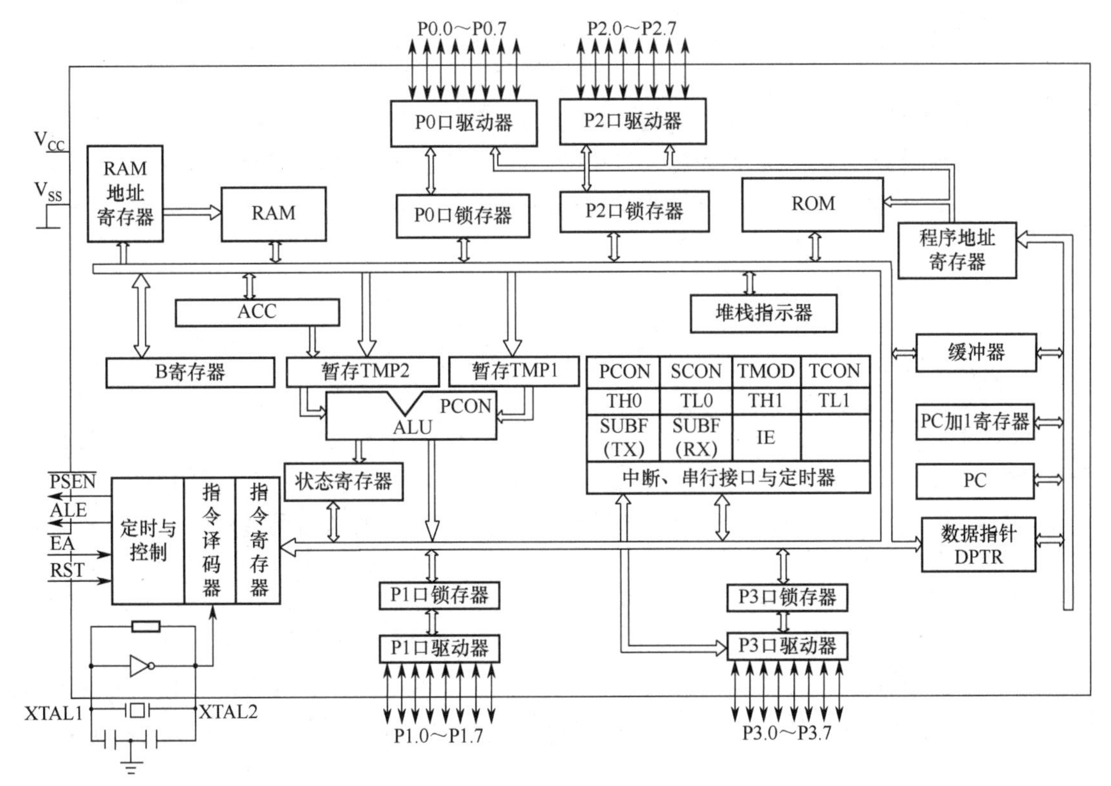

图 2.2　MCS-51 单片机内部逻辑结构图

2.1.1　CPU 结构

中央处理器简称为 CPU（Central Processing Unit），是一个字长为 8 位的中央处理单元，对数据的处理是按字节为单位进行的。它包括运算器与控制器两部分电路，是单片机的核心，主要完成运算与控制功能。

1．运算器

运算电路是单片机的运算部件，包括算术逻辑单元（Arithmetic Logic Unit，ALU）、累加器（Accumulator，ACC）、B 寄存器、程序状态字（Program Status Word，PSW）等，用于实现算术与逻辑运算。以 ALU 为核心，既可以完成加、减、乘、除四则运算，也可以进行与、或、非、异或等逻辑运算，还具有数据传送、移位、判断及程序转移等功能，其运算与操作的结果由程序状态字保存。

ALU 由一个加法器、两个 8 位暂存器（TMP1 与 TMP2）和一个性能优异的布尔处理器组成。其中暂存器 TMP1 与 TMP2 对用户不开放，但可用于为加法器与布尔处理器暂存两个 8 位的二进制操作数。图 2.2 中虽然未画出布尔处理器，但它是 ALU 的重要组成部分，单片机强大的位处理功能就是由布尔处理器来完成的，它能用 PSW 中的进位标志 C 来进行置位、复位、取反、判断转移等一系列位操作，从而实现单片机的控制功能。

2．控制器

控制电路是单片机的指挥控制部件，保证单片机的各部分能自动协调地运行工作，包括程序计数器（Program Counter，PC）、PC 加 1 寄存器、指令寄存器、指令译码器、定时与控制电路等。

单片机执行指令的过程必须在控制电路的控制下进行。首先从 ROM 中读出指令，送指令寄存器保存；再送指令译码器译码，结果送定时控制电路，由定时控制电路产生一系列定时与控制信号，送到单片机的各部件去执行相应的操作。单片机的程序执行则是上述过程的不断重复。

2.1.2 存储器结构

1. 片内 ROM

8051 的内部有 4KB 的 ROM，地址范围为 0000H～0FFFH，而 8031 的片内则无 ROM，实际应用时需要外接 ROM，但无论是 8051 还是 8031，其片内与片外 ROM 的容量之和都不能超过 64KB。8051 在扩展外部 ROM 的情况下，其 4KB 的地址范围可被片内与片外 ROM 公用。其中 1000H～FFFFH 的 60KB 的地址区为片外 ROM 专用，而关于片外 ROM 与 8051 的扩展连接将在后续章节中详细介绍。对于 0000H～0FFFH 的 4KB 地址区，片内与片外 ROM 都可占用，但是片内与片外 ROM 不能同时占用，为了区别机器的这种占用，设计者为用户提供了一条专用的控制信号引脚 $\overline{EA}$ 以区分。若 $\overline{EA}$ 接+5V 高电平，则机器使用片内 4KB 的 ROM；若 $\overline{EA}$ 接低电平，则机器自动使用片外 ROM。8031 片内无 ROM，在实际使用时，其 $\overline{EA}$ 引脚应接地。

2. 片内 RAM

8051 片内有 256 个数据存储器单元，通常按功能将其分为两部分：片内低 128 个单元（单元地址 00H～7FH）和高 128 个单元（单元地址 80H～FFH）。由于高 128 个单元是专为专用寄存器（SFR）提供的，主要用来存放功能部件的控制命令、状态与数据，其寄存器的功能也已做专门的规定，故用户真正能够使用的只有低 128 个单元（单元地址 00H～7FH），因此以后在讲 8051 的内部 RAM 时，均特指这低 128 个单元。

1）片内低 128 个单元

在 00H～7FH 这 128 个单元中，根据不同功能可分为 3 个区域，即工作寄存器区、位寻址区和用户 RAM 区（便签区），其内部 RAM 分配图如图 2.3 所示。

（1）工作寄存器区。内部 RAM 单元的 00H～1FH 有 32 个单元，分为 4 组，每组 8 个单元，分别用 R0～R7 表示，每个单元 8 位，作为寄存器使用。由于这些寄存器的功能及使用不做预先规定，因此称为通用寄存器，也叫工作寄存器。任意时刻 CPU 只能使用其中的一组寄存器，到底是哪一组，由程序状态字（PSW）中的 RS1、RS0 位的状态组合来决定。其使用方法可用寄存器符号来表示，也可用单元地址的形式表示。

通用寄存器为 CPU 提供了存储数据的便利，利于提高机器的处理速度，并能提高程序设计的灵活性，因此在应用程序的编制中应充分利用这些寄存器，简化程序设计，提高运行效率。

（2）位寻址区。内部 RAM 中的 20H～2FH 既可以作为一般 RAM 单元使用，进行字节操作，也可以对其任一单元中的任一位进行操作，因此将此区域称为位寻址区。该区有 16 个单元，共 128 位，每一位都有相应的位地址，其位地址范围为 00H～7FH。其表示既可用直接位地址的形式，如 7FH，也可用字节地址加位数的形式，如 2FH.7，都表示内部 RAM 中 2FH 单元的最高一位。

（3）用户 RAM 区（便签区）。用户 RAM 区共有 80 个单元，地址范围为 30H～7FH，用于存放数据或作为堆栈区来使用。CPU 对其中的每个 RAM 单元都是按照字节来进行存取的。

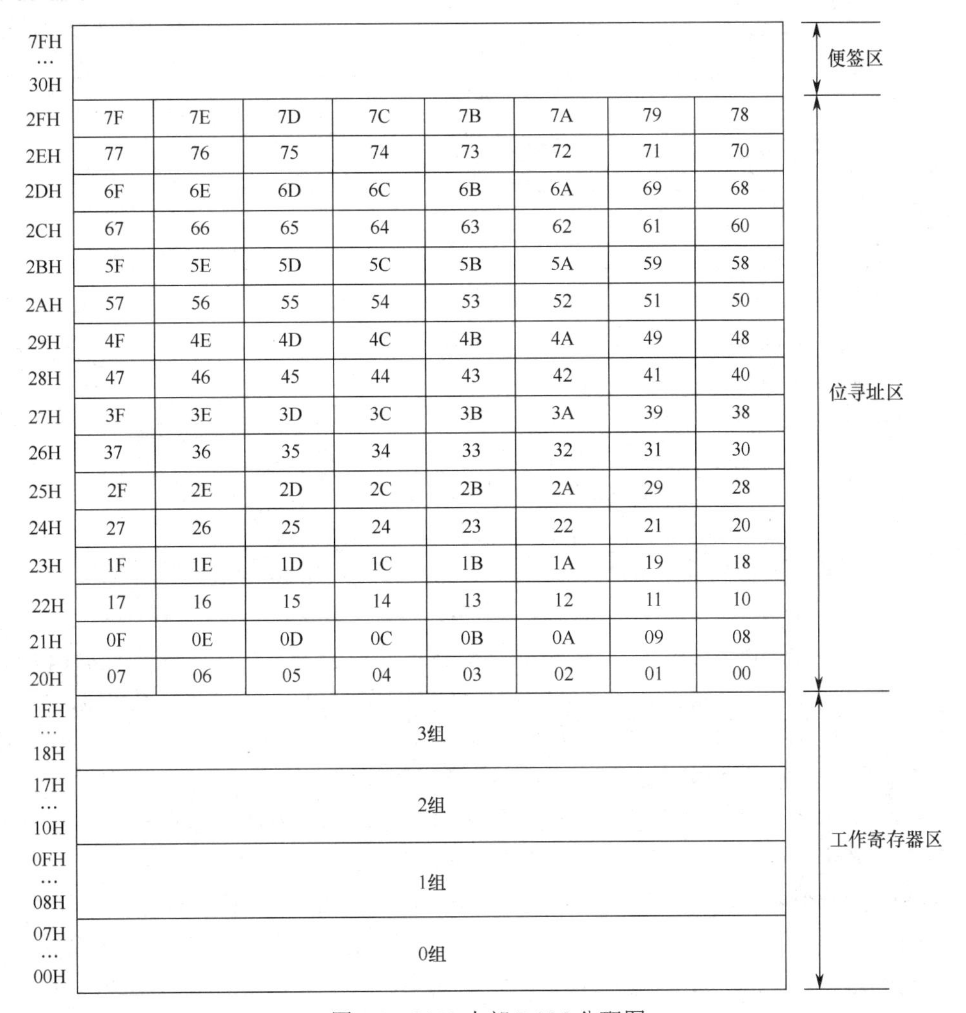

图 2.3　8051 内部 RAM 分配图

2）片内高 128 个单元

片内高 128 个单元是专为 SFR 提供的，因此又称为专用寄存器区或特殊功能寄存器区。SFR 共有 22 个，可供寻址的有 21 个，如表 2.1 所示。现介绍其中 6 个，其余的将在后续章节中陆续说明。

表 2.1　可寻址的特殊功能寄存器一览表

符　号	物 理 地 址	名　称
ACC	E0H	累加器
B	F0H	B 寄存器
PSW	D0H	程序状态字

（续表）

符　号	物理地址	名　称
SP	81H	堆栈指针
DPL	82H	数据指针寄存器（低 8 位）
DPH	83H	数据指针寄存器（高 8 位）
P0	80H	I/O 接口 0
P1	90H	I/O 接口 1
P2	A0H	I/O 接口 2
P3	B0H	I/O 接口 3
IP	B8H	中断优先级控制寄存器
IE	A8H	中断允许控制寄存器
TMOD	89H	定时器方式选择寄存器
TCON	88H	定时器控制寄存器
TH0	8CH	定时器 0 高 8 位
TL0	8AH	定时器 0 低 8 位
TH1	8DH	定时器 1 高 8 位
TL1	8BH	定时器 1 低 8 位
SCON	98H	串行接口控制寄存器
SBUF	99H	串行数据缓冲器
PCON	87H	电源控制器

（1）程序计数器（PC）是一个 16 位的计数器。其内容为下一条将要执行的指令地址，具有自动加 1 的功能，以实现程序的顺序执行。CPU 在执行指令的时候，先根据 PC 中的地址从存储器中取出当前需要执行的指令代码，送给控制器进行分析，然后 PC 内容自动加 1，以便为 CPU 取下一条指令做好准备。在下一条指令代码取出执行后，PC 又自动加 1，这样 PC 一次次加 1，指令便被一条条执行。因此需要执行程序的机器码必须在程序执行前预先存放在程序存储器中，并要为 PC 设置第一条指令的内存地址。

由于 PC 为一个 16 位的计数器，因此其编码范围为 0000H～FFFFH，共计 64KB，意味着 8051 对程序存储器的寻址范围为 64KB，但并不是说 PC 是可以寻址的，PC 本身没有地址，用户不能对其进行读/写操作，但是在执行转移、调用、返回等指令时能自动改变其内容，从而改变程序的执行顺序。

（2）累加器 A 又记作 ACC，是一个具有特殊用途的 8 位寄存器，主要用来存放操作数或中间结果，功能较多，地位重要，是 ALU 数据输入时的一个重要来源。大部分单操作数指令的操作数均取自累加器，大部分数据传送需要累加器，在变址寻址时还需要作为变址寄存器来使用。

（3）B 寄存器是一个 8 位的寄存器，主要和累加器 A 一起用于乘、除法运算。在做乘法时，B 存放乘数，乘法操作后，存放乘积的高 8 位；除法运算时，存放除数，运算结束后，存放余数。当然，B 寄存器也可作为一般数据寄存器来使用。

（4）程序状态字（PSW）是一个 8 位寄存器，用来存放指令执行后的有关状态信息，其各位状态是在程序执行过程中自动形成的，但是用户也可以通过传送指令改变某些位的状态。其各标志位的定义如表 2.2 所示。

表 2.2　PSW 各标志位的定义

位序	PSW.7	PSW.6	PSW.5	PSW.4	PSW.3	PSW.2	PSW.1	PSW.0
标志位	CY	AC	F0	RS1	RS0	OV	—	P

（a）进位标志位 CY：用于表示加、减法运算中最高位 A7（累加器最高位）有无进位或借位。在加法运算时，若累加器 A 中的最高位 A7 有进位，则 CY=1；否则 CY=0。在减法运算时，若累加器 A 中的最高位 A7 有借位，则 CY=1；否则 CY=0。另外，CPU 在进行移位操作时也会影响这个标志位。

（b）辅助进位位 AC：用于表示加、减法运算时低 4 位（A3）有无向高 4 位（A4）进位或借位。若 AC=1，则表示在加、减法过程中，低 4 位（A3）向高 4 位（A4）产生了进位或借位；若 AC=0，则表示在加、减法过程中，低 4 位（A3）没有向高 4 位（A4）产生进位或借位。

（c）用户标志位 F0：F0 一般不由机器在指令执行过程中自动形成，而是由用户根据程序的需要通过传送指令确定，即用户可由指令实现 F0 的设定，并决定程序的流向。

（d）寄存器组选择位 RS1、RS0：8051 的工作寄存器区有 4 组，每组为 8 个 8 位的工作寄存器，分别命名为 R0～R7，常被用户用来进行程序设计。这 4 组中由于每组寄存器都使用 R0～R7 的名称，为区分各组中同名的寄存器号及其实际物理地址，可以通过改变 RS1、RS0 的状态来实现。工作寄存器 R0～R7 的实际物理地址与 RS1、RS0 的关系如表 2.2 所示。

表 2.3　RS1、RS0 对工作寄存器的选择

RS1、RS0	R0～R7 的组号	R0～R7 的实际物理地址
00	0	00H～07H
01	1	08H～0FH
10	2	10H～17H
11	3	18H～1FH

例如，8051 复位后，RS1、RS0 的初始态为 00，故其选择第 0 组工作寄存器，其中 R0 所对应的实际物理地址为 00H，R1 所对应的实际物理地址为 01H……R7 所对应的实际物理地址为 07H。但是若机器执行如下指令

SETB RS0（置位命令，将 RS0 这位置 1）

则 RS1、RS0 变为 01，故工作寄存器组号从第 0 组变为第 1 组，而 R0～R7 工作寄存器的实际物理地址也从 00H～07H 变为 08H～0FH。这种处理方法使得用户在程序设计的过程中能够非常灵活地应用各工作寄存器来完成各种操作。

（e）溢出标志位 OV（Overflow）：用于指示运算过程中机器是否产生了溢出，此标志由机器在指令执行过程中自动形成。若在指令执行过程中，累加器 A 中的运算结果超出了 8 位带符号数所能表示的范围，即−128～+127，则 OV 标志自动置 1；否则 OV=0。因此用户可以根据指令运行后 OV 的状态来判断累加器 A 中的运算结果是否正确。

（f）奇偶标志位 P（Parity）：P 为奇偶标志，用于指示运算结果中 1 的个数的奇偶性。若 P=1，则表示运算结束后，累加器 A 中 1 的个数为奇数；若 P=0，则表示运算结束后，累加器 A 中 1 的个数为偶数。

另 PSW.1 为无定义位，用户可不使用。一般将其保留为初始状态 0。

（5）数据指针（Data Pointer，DPTR）：DPTR 是一个 16 位的寄存器，由两个 8 位的寄存器 DPH 和 DPL 拼接而成，其中 DPH 为其高 8 位，DPL 为其低 8 位。DPTR 用于存放片内

ROM 地址，还可用于存放片外 RAM 或片外 ROM 的地址。

（6）堆栈指针（Stack Pointer，SP）：SP 是一个 8 位的寄存器，能够自动加 1 或减 1，专用于存放堆栈的栈顶地址。

堆栈是一种典型的数据结构，按照“先进后出”或“后进先出”的规律完成基本的堆栈操作。8051 的片内 RAM 128 字节的地址范围 00H～07H 都可以作为堆栈区来进行操作，但是由于 00H～1FH 为常用的工作寄存器区、20H～2FH 为位寻址区，因此用户一般可将堆栈开在 30H 以上。

堆栈可分为栈顶与栈底，在 8051 中，栈底地址是固定不变的，它决定了堆栈在片内 RAM 中的实际物理位置，而栈顶始终存放于 SP 中，即 SP 是可以改变的。若堆栈中没有存入数据，则栈顶地址必然与栈底地址重合，此时 SP 中的内容就是栈顶地址或栈底地址；若堆栈中存入了数据，则此时栈底地址仍然不变，而 SP（存放栈顶地址）则随着存放数据的增减而变化，但是它始终都是存放栈顶地址的。例如，程序执行以下指令后，堆栈的变化情况如图 2.4 所示。

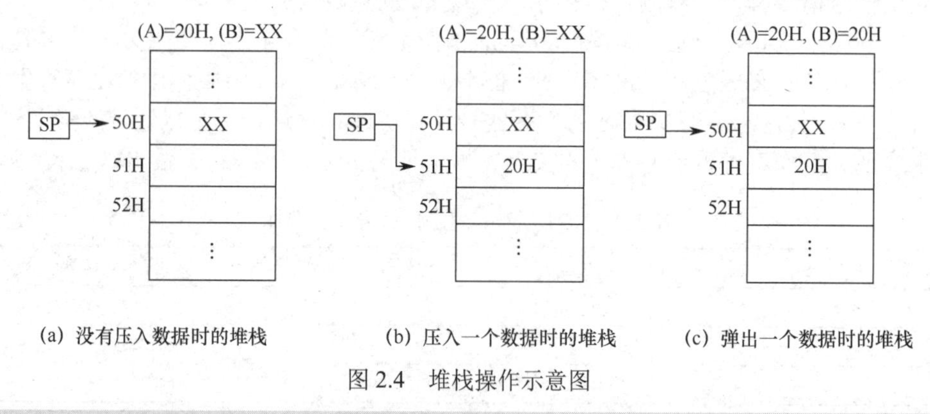

图 2.4 堆栈操作示意图

```
MOV SP，#50H；50H 送给 SP，即堆栈从片内 RAM 50H 处开始，SP 的内容为 50H
MOV A，#20H；将操作数 20H 送给累加器 A
PUSH ACC；SP 的内容自动加 1，变为 51H，再将累加器 A 中的数据 20H 压入现有 SP 所指示的堆栈单元中，即 51H 单元中压入了数据 20H
POP B；将 SP 所指示的堆栈单元（51H）中的内容（即 20H）弹出堆栈，送给寄存器 B，然后 SP 的内容自动减 1，此时 SP 又变为 50H
```

有关堆栈操作的详细过程在后续指令系统中还会讲解。

2.1.3 I/O 接口

I/O 接口是单片机与外部设备之间实现信息交换的桥梁，可实现 CPU 与外设之间速度的匹配和信号变换等功能。I/O 接口分为并行与串行两类，其中并行 I/O 接口一次可传送 8 位二进制信息，而串行 I/O 接口一次只能传送 1 位二进制信息。

1. 并行 I/O 接口

8051 有 P0、P1、P2、P3 共 4 个并行 I/O 接口，每个接口都具有双向的 I/O 功能，即 CPU 既可以向 4 个并行 I/O 接口中的任意一个输出数据，也可以从任意一个并行 I/O 接口输入数据。4 个并行 I/O 接口都属于 SFR，都有相对应的实际物理地址，其中 P0 口地址为 80H，P1 口地址为 90H，P2 口地址为 A0H，P3 口地址为 B0H。每个并行 I/O 接口内部都有一个 8 位数据输出锁存器和一个 8 位数据输入缓冲器，因此数据输入时可得到缓冲，数据输出时可得到锁存。

4 个并行 I/O 接口在内部的具体结构上有所不同，因此在功能与用途上存在较大差异。其中 P0 口与 P2 口内部均有一个受控的二选一电路，因此它们既可作通用的 I/O 口，又具有与其结构相对应的特殊功能。如 P0 口既可作为片外存储器的低 8 位地址输出口，也可作为数据读/写的数据口；而 P2 口除作为通用 I/O 口外，还往往输出片外存储器的高 8 位地址；P1 口一般用作通用 I/O 口；P3 口除作为通用 I/O 口外，往往使用其第二功能，其各位的第二功能如表 2.4 所示。真正的双向 I/O 口只有 P0 口，其具有较大的负载能力，最多可驱动 8 个 TTL 门，其余三个口是准双向口，只能驱动 4 个 TTL 门。至于 4 个并行 I/O 接口的读/写操作及其过程会在后续章节中介绍。

表 2.4　P3 口各位的第二功能

P3 口的各位	对应的第二功能	注　释
P3.0	RXD	串行数据接收口
P3.1	TXD	串行数据发送口
P3.2	$\overline{\text{INT0}}$	外部中断 0 输入
P3.3	$\overline{\text{INT1}}$	外部中断 1 输入
P3.4	T0	计数器 0 输入
P3.5	T1	计数器 1 输入
P3.6	$\overline{\text{WR}}$	外部 RAM 写信号
P3.7	$\overline{\text{RD}}$	外部 RAM 读信号

2．串行 I/O 接口

8051 内部有一个全双工的可编程串行 I/O 接口，能够把 8 位并行的二进制数据变成串行数据一位一位地从发送数据线（TXD）上传送出去，也能将从接收数据线（RXD）上接收过来的串行数据变为 8 位的并行数据送给 CPU，并且因其具有全双工的工作模式，其发送与接收可以同时进行。其数据接收与发送是利用 P3 口的第二功能实现的，即利用 P3.0 引脚作为串行数据的接收线 RXD，P3.1 引脚作为串行数据的发送线 TXD。

8051 的这个全双工可编程串行 I/O 接口内部包括串行接口控制寄存器（SCON）、发送电路与接收电路这三部分，有关内容将在后续章节中进行详细介绍。

2.1.4　定时/计数器与中断系统

1．8051 的定时/计数器

8051 内部有两个 16 位的可编程定时/计数器，分别为 T0 与 T1。定时/计数器由两个 8 位的寄存器 TH 与 TL 拼接而成，T0 的高 8 位为 TH0，低 8 位为 TL0，T1 与其类似。这 4 个寄存器都属于 SFR，用户可通过指令对其进行数据存取。工作时，一旦设定了定时或计数的初值，就能够完成对内部定时脉冲或外部计数脉冲的加 1 计数操作，因此其最大的计数值为 65536。

T0 与 T1 具有定时与计数两种工作模式，每种模式又对应若干种工作方式。在定时模式下，其计数脉冲由单片机时钟脉冲的 12 分频得到，因此定时时间与单片机的时钟频率有关；在计数模式下，其计数脉冲由 P3 口的 P3.4 与 P3.5 引脚引入，以实现对外部计数脉冲的计数。

对 T0 与 T1 定时/计数器的控制由两个 8 位的特殊功能寄存器完成。一个是 TMOD，称为定时器方式选择寄存器，用于确定定时/计数器到底是工作在定时模式还是计数模式；另一个是 TCON，称为定时器控制寄存器，用于决定定时器或计数器的启动与停止及进行定时中断的控制。有关内容将在后续章节中进行详细介绍。

2. 中断系统

计算机的中断是指 CPU 暂停原程序的执行转而执行中断服务程序（外设请求的服务），并在中断服务程序执行完成后返回到原程序执行的过程。中断系统则是指能够实现上述中断过程的具体电路。

中断源是指能够产生中断请求信号的来源。8051 能够处理的中断源有 5 个，并能对这 5 个中断源实现控制与优先级排队。8051 的 5 个中断源分为内、外两部分：外部中断源 2 个，其产生的外部中断请求信号可由 P3.2 与 P3.3 引脚（即 $\overline{\text{INT0}}$ 与 $\overline{\text{INT1}}$）引入，中断请求的触发方式有两种，即电平触发与边沿触发；内部中断源 3 个，分别为定时/计数器 T0、T1 和串行接口，其中定时/计数器 T0、T1 的中断请求是在定时/计数器内部计数值从全“1”变为全“0”时产生溢出而自动向中断系统提出的，串行接口中断则是当串行接口每发送完一组 8 位二进制数据或接收到一组 8 位二进制数据时自动向中断系统提出的。

8051 的中断系统主要由中断允许控制寄存器（IE）和中断优先级控制寄存器（IP）等组成。其中 IE 用于控制 5 个中断源的中断请求是否被允许或禁止；IP 用于决定 5 个中断源的优先级。IE 与 IP 同属于 SFR，其状态可由指令设定。

2.2 MCS-51 单片机的引脚功能

MCS-51 单片机通常有两种封装形式：一种为双列直插封装（DIP），常为 HMOS 器件所用；另一种为方形封装，常为 CHMOS 器件所用。如图 2.5 所示为 8051 的 DIP 封装图。

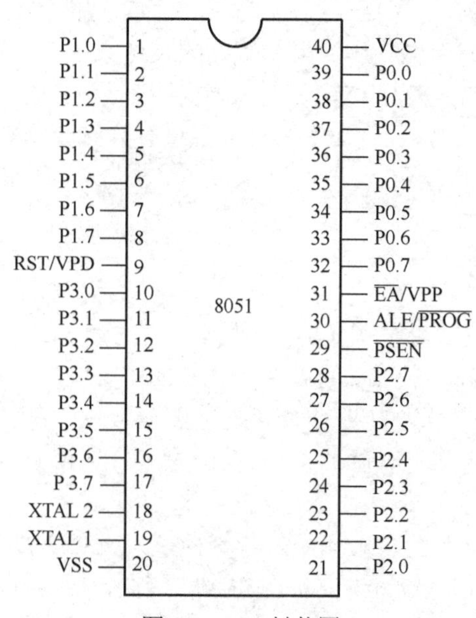

图 2.5 DIP 封装图

8051 有 40 个引脚，分为接口引脚、电源引脚与控制引脚三类。同时又因为实现单片机各种功能所需的信号数目远远大于 8051 所能提供的 40 个引脚数量，因此 8051 采取了部分引脚复用的方法，即赋予部分引脚双重功能。

1. 接口引脚 32 根

8051 有 4 个并行的 I/O 接口，每个接口都有 8 根接口引脚，用于传送数据/地址，或作为第二功能使用。各个接口具有不同的功能与用途，具体如下。

1）P0.0 ~ P0.7

这 8 根引脚为 P0 口所专用，主要功能为：若 8051 不带片外存储器，则 P0 口作为一般通用 I/O 接口使用，用于输入/输出数据。由于其内部带有数据输入缓冲器与输出数据锁存器，因此无须外接锁存器，即能完成数据的输入/输出；若 8051 带片外存储器，则 P0 口首先用于传送片外存储器地址的低 8 位，即作为低 8 位地址的地址口来使用，然后传送 CPU 对片外存储器的读/写数据，即作为 CPU 的数据口来使用。

2）P1.0 ~ P1.7

P1 口一般作为通用 I/O 接口使用，用于传送输入/输出的数据。

3）P2.0 ~ P2.7

这 8 根引脚为 P2 口所专用，主要功能为：若 8051 不带片外存储器，则 P2 口作为一般通用 I/O 接口使用；若 8051 带片外存储器，则 P2 口只能用于传送片外存储器地址的高 8 位，不能像 P0 口那样传送 CPU 对片外存储器的读/写数据。

4）P3.0 ~ P3.7

P3 口除了可作为一般 I/O 口使用，还可利用其第二功能的控制作用，其具体每根引脚的第二功能如表 2.4 所示。

2. 控制引脚 6 根

1）ALE/$\overline{\text{PROG}}$

地址锁存控制/编程信号线，在访问片外存储器时，8051 的 CPU 在 P0.7～P0.0 引脚线上输出片外存储器的低 8 位地址信号，同时在 ALE/$\overline{\text{PROG}}$ 输出一个高电平脉冲，在其下降沿锁存输出的低 8 位地址信号到外部专用的锁存器，然后空出 P0.7～P0.0 引脚线去传送随后需要读/写的片外存储器数据。在不访问片外存储器时，8051 可自动在 ALE/$\overline{\text{PROG}}$ 上输出频率为晶振频率六分之一的脉冲，此脉冲可作为外部时钟源或定时脉冲源使用。

对于 8751 来说，此引脚线还可在对 8751 片内 EPROM 编程/校验时传送 52ms 宽的编程脉冲。

2）$\overline{\text{EA}}$/VPP

访问程序存储器控制/编程电源信号线，控制 8051 使用片内或片外 ROM。若 $\overline{\text{EA}}=1$，则允许使用片内 ROM；$\overline{\text{EA}}=0$，则允许使用片外 ROM。

对于 8751 来说，此引脚线还可在对 8751 片内 EPROM 编程/校验时提供 21V 的编程电源。

3）$\overline{\text{PSEN}}$

片外 ROM 的读选通信号线，在读外部 ROM 时低电平有效，实现对外部 ROM 单元的读操作。

4）RST/VPD

复位/备用电源线号线，用于单片机的复位操作或提供外接备用电源。复位时工作时，当输入的复位信号持续 2 个机器周期以上的高电平时即为有效，从而完成单片机的复位；当主电源发生故障而降低到下限值时，可启动备用电源向内部 RAM 供电，以保证内部 RAM 的信息不丢失。

单片机的复位电路一般有三种，分别为上电复位、按键电平复位与按键脉冲复位，如图 2.6 所示。

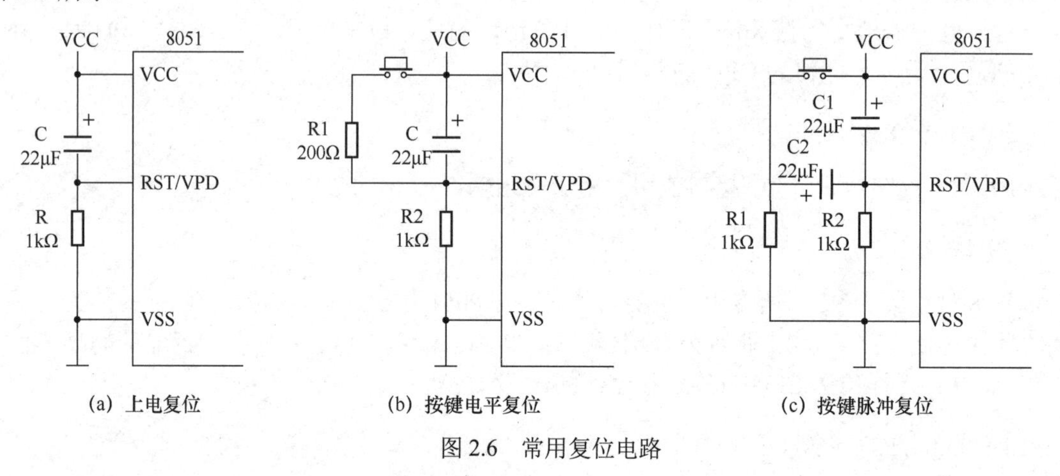

图 2.6　常用复位电路

5）XTAL1、XTAL2

外接晶振引脚线，当使用片内时钟时，这两个引脚外接石英晶体和微调电容，晶振起振后，在 XTAL2 引脚线上可输出一个 3V 左右的正弦波。通常外接晶振的频率范围为 0～12MHz，典型值为 12MHz 或 11.0592MHz，微调电容的典型值为 30pF。其连接构成的振荡电路如图 2.7 所示。

8051 所需的时钟还可由外部振荡器提供，常用的几种电路结构如图 2.8 所示。

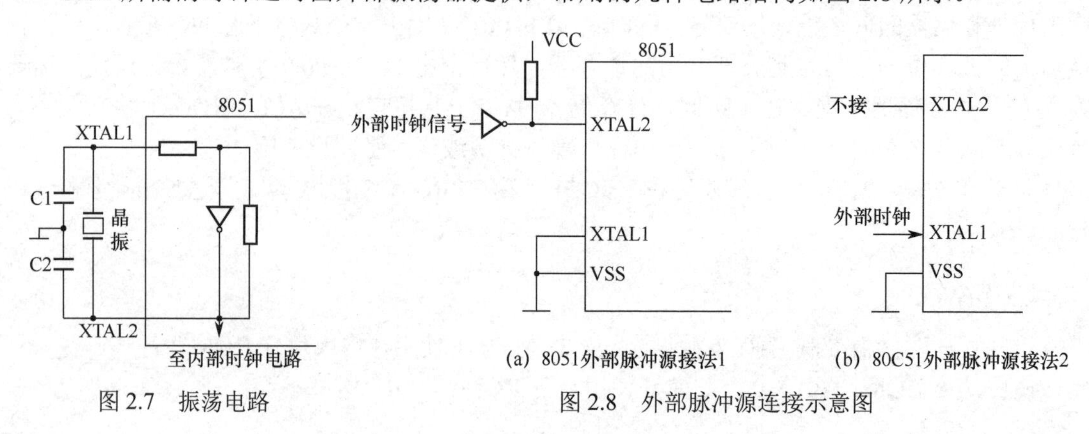

图 2.7　振荡电路

图 2.8　外部脉冲源连接示意图

注意此时外接的脉冲信号应当是高低电平持续时间大于 20ns 的方波，且频率应低于 12MHz。而对于 80C51 来说，外接脉冲信号需从 XTAL1 引脚注入，XTAL2 引脚悬空不接。

3．电源引脚 2 根

VCC 为+5V 电源引脚，VSS 为接地引脚。

2.3　MCS-51 单片机的工作方式

单片机的工作方式包括复位方式、程序执行方式、节电方式、编程和校验方式这 4 种。

2.3.1　复位方式

复位是单片机的初始化操作，其主要功能是把 PC 初始化为 0000H，是指单片机从 0000H 单元开始执行程序。除进入系统正常初始化外，当程序由于各种原因出现错误或系统锁死时，为摆脱困境，也需要按键进行系统复位，重新启动程序的正常运行。单片机复位后，其内部各寄存器的状态如表 2.4 所示

表 2.5　复位后内部各寄存器的状态

寄 存 器 名	内　容	寄 存 器 名	内　容
PC	0000H	TMOD	00H
ACC	00H	TCON	00H
B	00H	TH0	00H
PSW	00H	TL0	00H
SP	07H	TH1	00H
DPTR	0000H	TL1	00H
P0～P3	FFH	SCON	00H
IP	×××00000B	PCON	0×××0000B
IE	0××00000B	SBUF	不定

2.3.2　程序执行方式

程序执行方式是单片机非常重要的工作方式，通常分为单步执行方式与连续执行方式。

1．单步执行方式

单步执行方式是指利用单片机的外部中断功能，按一次单步执行按键，就执行一条用户指令的方式，常用于进行用户程序的调试。

2．连续执行方式

连续执行方式是所有单片机都需要的一种工作方式。由于单片机复位后 PC=0000H，因此程序总是从 0000H 处开始执行的，如在此处放置一条转移指令，则程序可以跳至 0000H～FFFFH 中的任何地方执行。

2.3.3 节电方式

节电方式是一种能够降低单片机功耗的工作方式，通常分为掉电方式与空闲方式，只有低功耗的 CHMOS 器件才有这种工作方式。正常工作电流为十几毫安，空闲电流为几毫安，掉电电流仅为几十微安，因此 CHMOS 器件被广泛地应用于低功耗的场合。

CHMOS 器件的 80C51 的节电方式由特殊功能寄存器 PCON 控制，其中 PCON 中的低两位 PCON.1 和 PCON.0 分别对应为 $\overline{PD}$ 位（掉电控制位）和 $\overline{IDL}$ 位（空闲控制位）。其节电方式控制电路如图 2.9 所示

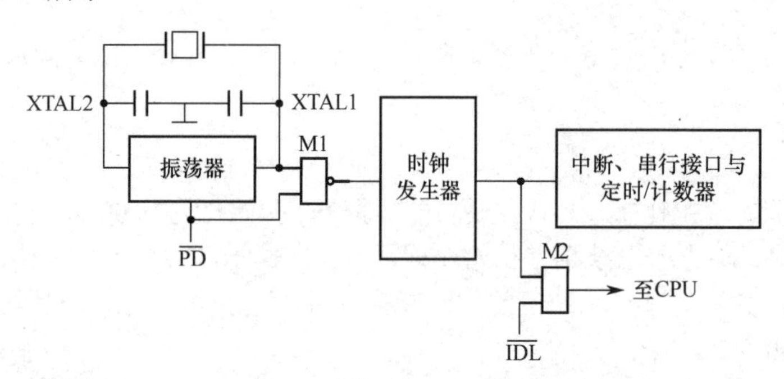

图 2.9 节电方式控制电路

若将 $\overline{PD}$ 位置为高电平，则振荡器停止，片内所有部件停止工作，但片内 RAM 和特殊功能寄存器中的内容保持不变。掉电期间，VCC 电源可降为 2V（可由干电池供电），待电源电压恢复后，备用电源再持续供电一段时间（通常为 10ms），等系统稳定工作后，才能退出掉电方式。

若将 $\overline{IDL}$ 位置为高电平，则与门 M2 无输出，CPU 暂停工作，但中断、串行接口、定时/计数器还在继续工作，此时 SP、PC、PSW、ACC 等 CPU 中的重要参数及片内 RAM、特殊功能寄存器（SFR）中的其他寄存器的内容均保持不变。总之，在空闲状态下 CPU 是不工作的，故在低功耗设计时，若 CPU 无事可做或不希望其执行相关程序，则应使其进入空闲状态，一旦需要，就将其唤醒，退出空闲状态。80C51 退出空闲方式有两种方法：一是通过中断系统接收中断请求，利用片内硬件电路实现自动退出（PCON 中的 $\overline{IDL}$ 位被硬件清零，与门 M2 重新打开），使 CPU 激活空闲指令的下一条指令继续执行程序；二是硬件复位，即在 RST 引脚上加一个脉宽大于 24 个时钟周期的脉冲，使其有效复位（PCON 中的 $\overline{IDL}$ 位被硬件清零），CPU 进入空闲方式之前的用户程序进而执行。

2.3.4 编程和校验方式

编程和校验方式是指利用特殊方法对单片机内的 EPROM 进行写入和对其写入的代码进行读出验证的过程，因此只有像 8751 这样内部具有 EPROM 的单片机才有此工作方式。

编程工作时，8751 受另外一台计算机的控制，12 位片内 EPROM 的地址由 P0.0～P0.7 和 P2.0～P2.3 提供，程序代码由 P0 口写入，此时 ALE/$\overline{PROG}$ 引脚上应输入 50ms 宽的编程负脉冲，如加上 5ms 左右的余量，8751 片内 4KB 的 EPROM 编程至少需要 3.75min 的时间。其地址、编程代码及其与 ALE/$\overline{PROG}$ 编程脉冲之间必须要遵循严格的时序。

校验工作与编程工作类似，控制计算机先把 12 位地址送到 8751 的 P0 与 P2 口，选中

要读出的单元并读出数据，经 P0 口送至计算机，计算机将该读出的代码与编程写入的代码进行比较，若两者相同，则说明该单元编程无误；否则，则查明原因后重新编程，直至正确为止。

另外 8751 还可进行保密编程，一旦完成保密编程，其内部 EPROM 中的程序代码就不能以任何形式被读出并对其进一步修改，此时，8751 也丧失了对外部 ROM 执行程序的功能。

2.4　MCS-51 单片机的工作时序

单片机的时序是指 CPU 在执行指令的过程中所需控制信号的时间顺序，即 CPU 在执行指令时，要先到程序存储器中取出相应的指令代码，译码后由时序控制部件产生一系列控制信号去完成指令的执行，这些控制信号在时间上的相互关系就是时序。重要的是，必须为完成这些工作的时序电路提供一个时钟脉冲。因此为了对单片机的时序进行分析，首先要定义一些非常重要的时间单位，即时钟周期、机器周期和指令周期，然后在此基础上，才能分析单片机的工作时序。

2.4.1　时钟周期、机器周期、指令周期和典型指令的工作时序

1. 时钟周期

时钟周期 T 又称为振荡周期，由单片机片内振荡电路产生，为时钟脉冲频率的倒数。如单片机的时钟频率为 1MHz，则其时钟周期为 1μs。它是整个单片机工作的基本工作脉冲，由它控制单片机的工作节奏，协调单片机的内部时序电路有条不紊地工作。

2. 机器周期

机器周期定义为为实现特定功能所需要的时间，通常由若干时钟周期构成。不同的机器，其机器周期和它所包含的时钟周期也不相同，而 MCS-51 单片机的机器周期是固定的，均由 12 个时钟周期 T 组成，分为 6 个状态，每个状态又分为 P1、P2 两个节拍。因此，MCS-51 单片机的一个机器周期由 12 个时钟周期组成，用状态与节拍分别表示为：S1P1、S1P2、S2P1、S2P2、S3P1、S3P2、S4P1、S4P2、S5P1、S5P2、S6P1、S6P2。

3. 指令周期

指令周期指的是完成一条指令所需要的时间。由于不同指令的执行时间不同，因此不同指令所包含的机器周期数也不相同。通常将包含一个机器周期的指令称为单周期指令，将包含两个机器周期的指令称为双周期指令，将包含四个机器周期的指令称为四周期指令。MCS-51 单片机只有这三种指令周期。其中，乘法指令与除法指令为四周期指令，其余指令都属于单周期指令或双周期指令。

4. 典型指令的工作时序

单片机的任何一条指令执行都可分为取指令阶段与指令执行阶段。取指令阶段要把程序计数器（PC）中的地址送至程序存储器，经程序存储器的地址译码后，找到相应单元中存放

的指令代码，即需要执行指令的操作码与操作数；指令执行阶段则完成对操作码的指令译码，并产生一系列的微控制信号去完成指令的执行。

MCS-51 单片机中若按照指令字节数与机器周期数，指令可分为 6 大类，对应 6 类相应的工作时序，即单字节单周期指令、单字节双周期指令、单字节四周期指令、双字节单周期指令、双字节双周期指令和三字节双周期指令。现将其中三种主要时序做简要分析，如图 2.10 所示。

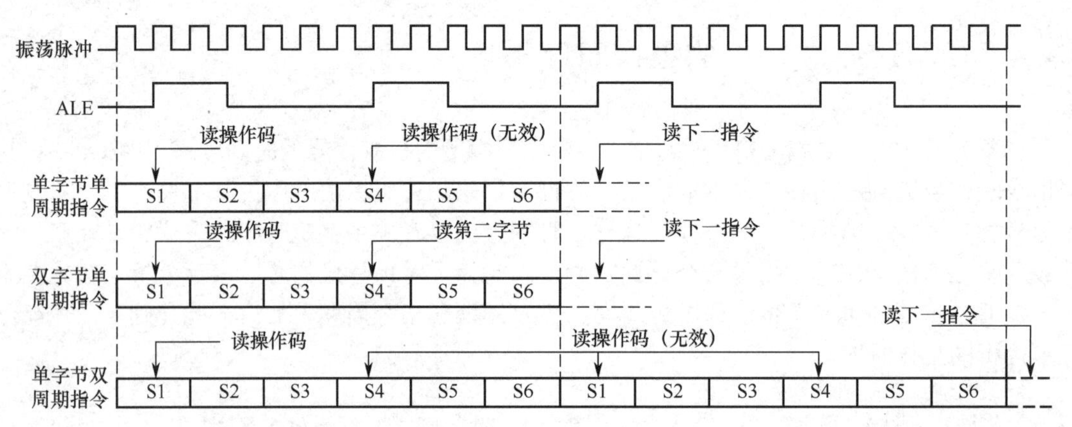

图 2.10　典型指令的工作时序

1）单字节单周期指令时序

此类指令的指令码只有一字节（如 INC A 指令），存放于 ROM 中，机器从指令的取出阶段到指令的执行完成只需要一个机器周期。

机器在 ALE 信号第一次有效（S1P1）时从 ROM 中取出指令码，送至指令寄存器（IR），然后执行指令；在执行期间，CPU 一方面在 ALE 第二次有效（S4P2）时封锁 PC 加“1”操作，使第二次操作无效，另一方面在 S6P2 时完成指令的执行。

2）双字节单周期指令时序

此类指令执行需要分两次从 ROM 中读出指令码。ALE 信号第一次有效（S1P1）时从 ROM 中取出指令码，送至指令寄存器（IR），指令译码后，知道是双字节指令，便将程序计数器（PC）加“1”；ALE 第二次有效（S4P2）时读出指令的第二字节，同时将 PC 加“1”，最后在 S6P2 时完成指令的执行。

3）单字节双周期指令时序

此类指令在 S1 期间从 ROM 中读出指令的操作码，经译码后知道是单字节双周期指令，因此自动封锁后续三次操作，并在第二个机器周期的 S6P2 时完成指令的执行。

2.4.2　单片机的读/写时序

单片机最为重要的两类工作时序就是对片外 ROM 的读操作及对片外 RAM 的读/写操作。而这两类操作需要用到单片机对片外存储器的专用指令。一类是读片外 ROM 指令，另一类是读/写片外 RAM 指令。现将这两类工作时序介绍如下。

1. 片外 ROM 的读操作时序

片外 ROM 的读操作指令为

MOVC　A，@A+DPTR；A←(A+DPTR)

或

MOVC　A，@A+PC；A←(A+PC)

现以 MOVC　A，@A+DPTR 指令为例分析读片外 ROM 的时序。

此条指令的含义为：将 A 中的内容作为地址偏移量与 DPTR 中的地址相加，其和作为片外 ROM 的地址，读出该地址单元中的数据并送至累加器 A 中。其工作时序如图 2.11 所示，其指令相应的执行过程如下。

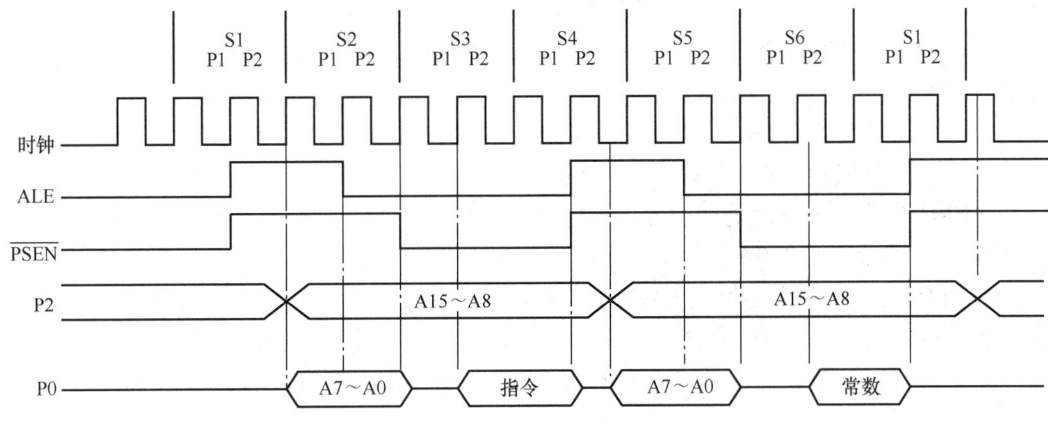

图 2.11　片外 ROM 的读操作时序

（1）ALE 信号在 S1P2 时有效，$\overline{\text{PSEN}}$ 继续保持高电平或从低电平变为高电平无效状态。

（2）S2P1 时 PC 中的高 8 位地址送至 P2 口，PC 中的低 8 位地址送至 P0 口，且 P0 口的低 8 位地址信号在 ALE 的下降沿被锁存至片外地址锁存器，而 P2 口的高 8 位地址则一直保持到 S4P2。

（3）$\overline{\text{PSEN}}$ 在 S3 到 S4P1 期间有效，选中片外 ROM，并根据 P2 口的高 8 位地址与片外地址锁存器锁住的 P0 口的低 8 位地址形成的 16 位地址信息，找到对应的片外 ROM 单元进行读操作，将其中的指令代码 93H（MOVC 指令的指令码）经过 P0 口送至 CPU 的指令寄存器 IR。

（4）对指令寄存器 IR 中的内容进行指令译码，产生执行该指令所需要的一系列控制信号。

（5）在 S4P2 时，CPU 将累加器 A 中的地址偏移量与 DPTR 中的地址相加，把和地址中的高 8 位送至 P2 口，低 8 位送至 P0 口，并在 ALE 的第二次下降沿锁存 P0 口的低 8 位地址到片外地址锁存器。

（6）$\overline{\text{PSEN}}$ 在 S6 到下一个机器周期的 S1P1 期间第二次有效，并在 S6P2 时从片外 ROM 中读出由 P2 口与片外地址锁存器输出地址所对应 ROM 单元中的数据，将其经过 P0 口送到累加器 A 中。

上述指令的执行过程表明，MOVC 指令执行时分为两个阶段：一是指令的取指阶段，可根据 PC 中的内容到片外 ROM 中取出指令；二是指令执行阶段，可将累加器 A 和 DPTR 中的内容相加得到对应 ROM 单元的地址，然后对其进行读操作，取出读出的数据并送至累加器 A 中。

2．片外 RAM 的读/写操作时序

片外 RAM 的读/写指令为

MOVX　A，@DPTR；A←(DPTR)

MOVX　@DPTR，A；(DPTR)←A

现以指令 MOVX　@DPTR，A 为例分析写片外 RAM 的时序。

此条指令的含义为：将 A 中的数据写入以 DPTR 内容为单元地址的片外 RAM 单元中。其工作时序如图 2.12 所示，其指令相应的执行过程如下。

（1）ALE 信号在第一次和第二次有效期间，用于从片外 ROM 中读取 MOVX 指令的指令码，即 PC 中的高 8 位地址送至 P2 口，PC 中的低 8 位地址送至 P0 口，且 P0 口的低 8 位地址信号在 ALE 的下降沿被锁存至片外地址锁存器。

（2）CPU 在 $\overline{\text{PSEN}}$ 有效（低电平）时，把从片外 ROM 中读得的指令码经 P0 口送入指令寄存器（IR），译码后产生一系列控制信号。

（3）CPU 在 S5P1 把 DPTR 中的高 8 位地址送 P2 口，把低 8 位地址送 P0 口，并在 ALE 的第二个下降沿时锁存 P0 口上的低 8 位地址。

（4）CPU 在第二个机器周期的 S1～S3 期间使 $\overline{\text{WR}}$ 有效（低电平），选中片外 RAM 工作，将累加器 A 中的数据写入 16 位地址所对应的片外 RAM 单元中。

上述指令的执行过程表明，MOVX @DPTR，A 指令执行时分为两个阶段：一是指令的取指阶段，可根据 PC 中的内容到片外 ROM 中取出指令；二是指令执行阶段，将 DPTR 中的地址经地址译码后找到相对应的 RAM 单元，然后对其进行写操作，将累加器 A 中的数据写入该 RAM 单元。

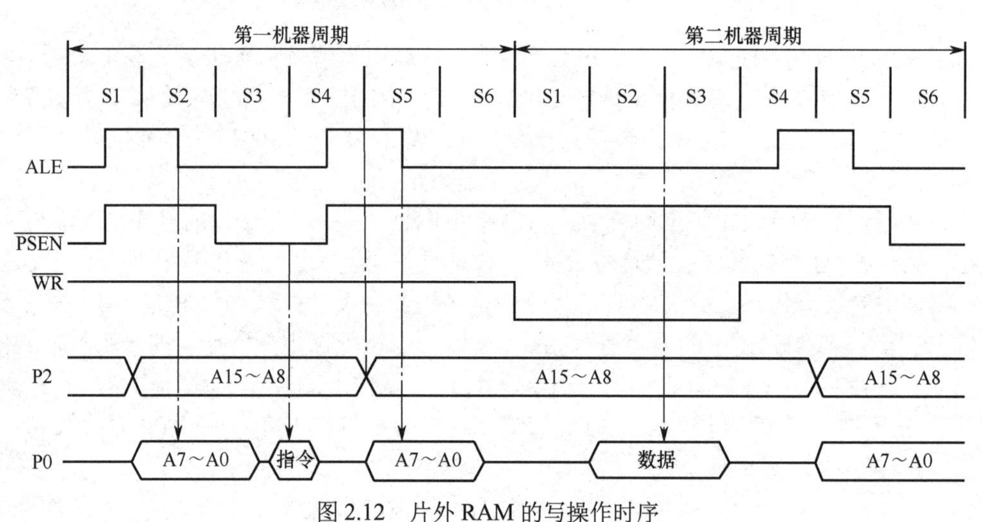

图 2.12　片外 RAM 的写操作时序

习　题　2

2.1　简述 MCS-51 单片机的组成结构。

2.2　什么是 CPU？简述 MCS-51 单片机 CPU 的组成结构与特点。

2.3　简述 8051 各引脚的作用，并进行分类。

2.4　什么是 ALU？简述 MCS-51 单片机 ALU 的功能与特点。

2.5　程序计数器的符号是什么？MCS-51 单片机的程序计数器有几位？它的内容是什么？

2.6　什么是程序状态字？其各位的含义是什么？

2.7　什么是堆栈？简述 MCS-51 单片机堆栈的功能与特点。

2.8　什么是数据指针（DPTR）？它存放的内容是什么？有什么作用？

2.9　MCS-51 单片机的内部 RAM 分为哪几个区？各有什么功能与特点？

2.10　P0 口与 P2 口各有什么特点？在进行外部存储器的读/写时，各起什么作用？

2.11　$\overline{\text{PSEN}}$ 信号线的作用是什么？

2.12　ALE 信号线的作用是什么？当无须外部存储器操作时，其频率为多少？

2.13　MCS-51 单片机有几种工作方式？各有什么特点？

2.14　什么是单片机的节电方式？如何进入与退出？

2.15　什么是 MCS-51 单片机的时钟周期、机器周期、指令周期？它们之间有什么联系？

2.16　简述 MCS-51 单片机片外 ROM 的读操作时序。

2.17　简述 MCS-51 单片机片外 RAM 的写操作时序。

第 3 章　MCS–51 单片机的指令系统

前面几章对单片机的内部结构和工作原理做了较为详细的介绍，对指令的执行过程有了基本的了解，本章将进一步介绍 MCS-51 单片机的指令格式、寻址方式和指令系统，为汇编语言程序设计打下基础。

3.1　指令系统概述

3.1.1　指令格式及指令的表示形式

1．指令格式

指令是指计算机用于控制各功能部件完成某一特定动作的指示或命令，在计算机中以不同的代码形式出现，故又称为指令码。指令格式是指指令码的结构形式，一般可将其分为指令的操作码与操作数两部分。其中，操作码用于指示指令执行何种操作，操作数指示要进行具体操作的数据或数据的地址。MCS-51 单片机指令的结构形式为

```
<操作码>  <目的操作数>，<源操作数>
```

注意在书写指令时，操作码与操作数之间要用一个或几个空格分开，目的操作数与源操作数之间要用逗号分开。

例如，将工作寄存器 R0 的内容传送到累加器 A 的指令格式为

```
MOV  A，R0
```

2．指令的表示形式

MCS-51 单片机指令的表示形式有三种，分别为二进制形式、十六进制形式和汇编语句形式。其中，二进制形式指令是计算机所能识别并执行的，因此又称为机器代码，但由于二进制形式指令书写、记忆、修改极不方便，因此目前很少采用；十六进制形式指令需要机器内部的监控程序将其翻译为二进制形式指令存入内存，而后才能被机器所识别；目前广泛采用的是汇编语句形式指令，又称为指令的助记符形式，它采用英文单词或其缩写来表示指令，不仅易于理解与记忆，而且方便书写、修改，所以成为用户常用的程序设计形式，但是由于它不能被机器所识别，因此编写好的程序必须经过人工或机器翻译成为二进制代码后，才能被机器所识别并执行。如一条典型的汇编语句助记符形式为

```
MOV  A，#23H；A←23H
```

其中，MOV 为操作码，指示进行数据传送的操作；23H 为十六进制形式的源操作数；累加器 A 为目的操作数寄存器，指令执行完成后，为结果操作数寄存器；分号后为注释，不是指令的组成部分，不会在汇编过程中产生机器代码，只是表示本条指令的功能。

3.1.2　指令系统

指令系统是指所有指令的集合，是单片机整个应用系统中非常重要的组成部分，不同类

型的单片机，其指令系统也不相同。对于 MCS-51 单片机来说，共有 111 条指令，可实现 51 种基本操作，其所有指令如附录 B 所示。由于指令数量较多，涉及的助记符形式多样，因此有必要对指令系统中所用的符号做较为详细的介绍。

MCS-51 单片机指令系统操作码的助记符形式共有 42 种，由于用英文单词及其缩写表示其操作功能，因此较易理解与记忆，但还有一些在操作数中常用的符号，现介绍如下。

（1）Rn：工作寄存器，可以为 R0～R7 中的任意一个。

（2）#data：8 位立即数，使用时可以是 00H～FFH 中的任一个。

（3）direct：8 位直接地址，使用时可以是 00H～FFH 中的任一个，也可以是特殊功能寄存器（SFR）中的任一个。

（4）@Ri：寄存器间接寻址，Ri 中的 i 只能为 0 或 1，即只能使用 R0 或 R1 进行寄存器间接寻址。

（5）#data16：16 位立即数，使用时可以是 0000H～FFFFH 中的任一个。

（6）@DPTR：以 DPTR 为数据指针间接寻址，用于对外部 64KB 的存储器进行寻址。

（7）bit：位地址，指示位寻址区中的任一位地址或可进行位寻址的其他特殊功能寄存器中的位地址。

（8）addr11：11 位目标地址。

（9）addr16：16 位目标地址。

（10）rel：8 位带符号的地址偏移量，实际应用时表示的区间为−128～+127。

（11）$：当前指令所在的起始单元地址。

3.1.3　指令分类

1. 按照字节数分

若按照指令所占用的字节数来分，MCS-51 单片机指令可分为以下几种。

1）单字节指令

单字节指令的指令代码只占一字节，由 8 位二进制数组成。此类指令可以只有操作码，而将操作数隐含在操作码中。如 INC　DPTR 指令的二进制形式为

1 0 1 0 0 0 1 1

其中，8 位二进制数均为操作码，而 DPTR 数据指针由操作码隐含了。

此类指令还可以在单字节中既包含操作码，也包含操作数所在的寄存器号。如 MOV　A，Rn 的二进制形式为

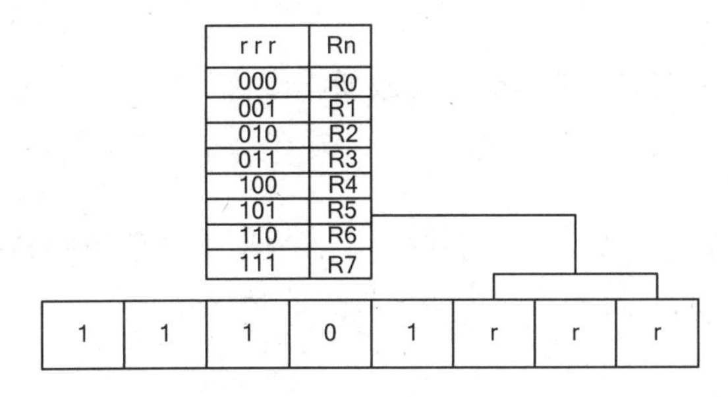

其中，r r r 这 3 位可以指示源操作数所对应的寄存器号，取值范围为 000～111；其余 5 位为操作码，目的操作数寄存器为累加器 A，也由操作码隐含。

2）双字节指令

双字节指令占两字节，分别存放于相邻的两个存储单元中，操作码字节在前，操作数字节在后。其中，操作数可以是立即数，也可以是操作数所在的片内 RAM 单元的地址。如指令 MOV　A，#data 为

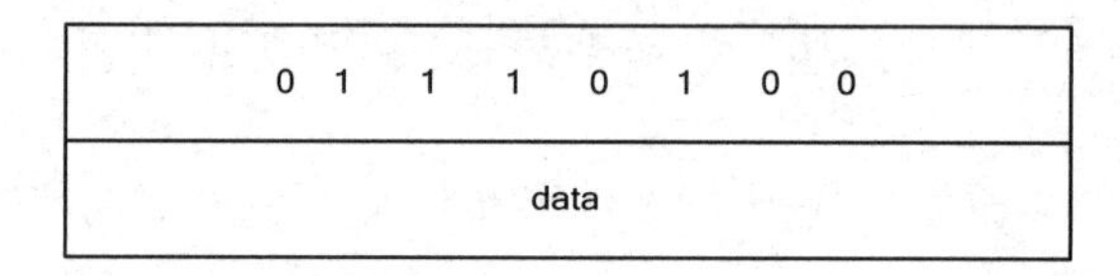

其中，前一个单元的内容 74H 为操作码，占一字节；data 为 8 位立即数，也占一字节；累加器 A 为目的操作数寄存器，由操作码隐含。

3）三字节指令

此类指令的特点是占三字节，第一字节为操作码，第二字节和第三字节为操作数或操作数所在的地址。如指令 MOV　DPTR，#data16 为

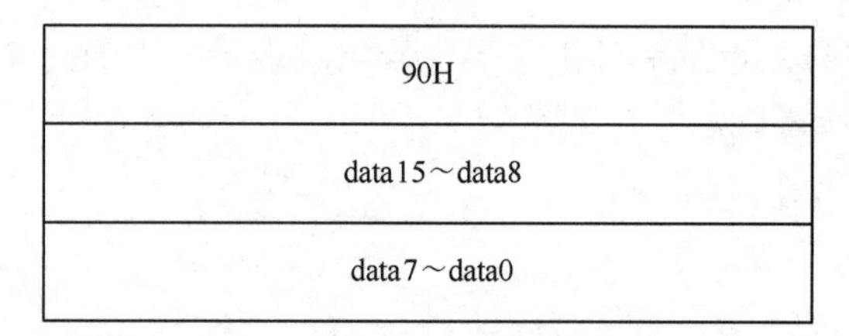

其中，第一字节 90H 为操作码，占一字节；data16 为 16 位立即数，先存高 8 位，再存低 8 位，占两字节；数据指针 DPTR 作为目的操作数寄存器，隐含在操作码中。

2．按照功能分

若按照指令的功能来分，MCS-51 单片机指令可分为以下几种。

（1）数据传送指令。

完成内部 RAM 和特殊功能寄存器之间、片内与片外存储单元之间的数据传送。

（2）算术与逻辑运算指令。

完成加、减、乘、除四则运算和逻辑乘、加、取反、异或操作。

（3）移位指令。

对累加器 A 中的数进行移位，完成带进位或不带进位的循环右移、左移操作。

（4）控制转移指令。

通过改变程序计数器（PC）的内容从而改变程序执行的流向，分为无条件转移、条件转移、调用和返回等指令。

（5）位操作指令。

位操作指令也称布尔操作指令，分为位操作、位运算和位控制转移等指令，完成对位的清 0、置 1 传送或通过判断某位的状态来实现程序的转移。

3.2　寻址方式

计算机中的寻址方式是一个非常重要的概念，所谓寻址方式，就是寻找操作数的方法。只有找到相应存储单元中的操作数，才能进行相关操作。程序执行的过程其实就是不断地在存储单元中寻找操作数并对操作数进行特定操作的过程。一般来说，指令的寻址方式越多，意味着指令的功能越强。

MCS-51 单片机的寻址方式共有 7 种，分别为直接寻址、立即数寻址、寄存器寻址、寄存器间接寻址、变址寻址、相对寻址、位寻址，下面一一介绍。

3.2.1　直接寻址

在指令中直接给出操作数地址，就属于直接寻址方式。其指令特点是指令的指令码中含有操作数所在的地址。

8051 单片机中，用直接寻址方式可以访问内部 RAM 区中 00～7FH 共 128 个单元以及所有的特殊功能寄存器。在指令助记符中，直接寻址的地址可用 2 位十六进制数或直接地址 direct 表示。对于特殊功能寄存器，可用它们各自的名称符号来表示，这样可以提高程序的可读性。例如

```
MOV  A, 3AH
```

就属于直接寻址，其中 3AH 所表示的就是直接地址，即内部 RAM 区中的 3AH 单元。这条指令的功能是将内部 RAM 区中 3AH 单元的内容传送到累加器 A，即 A←(3AH)。该指令的功能如图 3.1 所示。

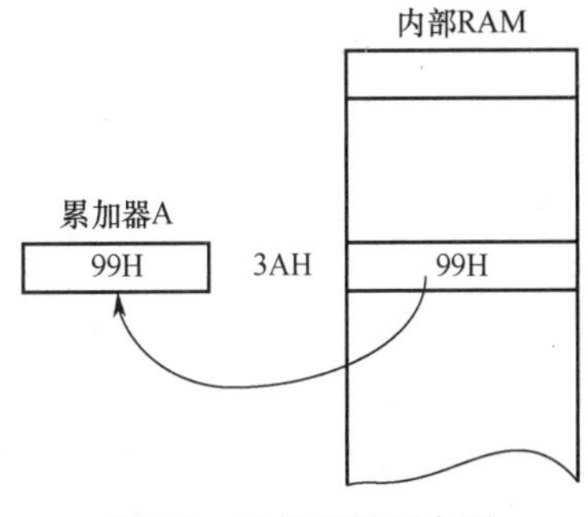

图 3.1　直接寻址示意图

3.2.2　立即数寻址

若指令的操作数是一个 8 位或 16 位的二进制数，则称为立即寻址，指令中的操作数称为立即操作数。其指令的特点为指令码中直接包含所需寻址的操作数。

由于 8 位立即数和直接地址都是 8 位二进制数（两位十六进制数），因此在书写形式上必须有所区别。在 8051 单片机中采用“#”号来表示后面的是立即数而不是直接地址。如#3AH 表示立即数为 3AH，而直接写 3AH 则表示 RAM 区中地址为 3AH 的单元。例如

```
MOV  A, #3AH
MOV  A, 3AH
```

前一条指令为立即寻址，执行后累加器 A 中的内容变为 3AH；后一条指令为直接寻址，执行后累加器 A 中的内容变为 RAM 区中地址为 3AH 单元的内容。在 8051 单片机中，只有一条 16 位立即数寻址指令

```
MOV  DPTR, #data16
```

其功能是将 16 位立即数送往数据指针寄存器。由于 16 位立即数需要用 2 字节表示，因此这是一条三字节的指令，即一字节指令码、二字节立即数，指令格式如下

10010000	立即数高 8 位	立即数低 8 位

3.2.3　寄存器寻址

寄存器寻址就是以通用寄存器的内容作为操作数，在指令的助记符中直接用寄存器的名字来表示操作数的位置。在 8051 单片机中，没有专门的通用硬件寄存器，而是把内部 RAM 区中的 00～1FH 地址单元作为工作寄存器使用，共有 32 个地址单元，分成 4 组，每组 8 个工作寄存器，命名为 R0～R7，每次可以使用其中一组。当用 R0～R7 来表示操作数时，属于寄存器寻址方式。例如：

```
MOV  A, R0
ADD  A, R0
```

前一条指令是将 R0 寄存器的内容传送到累加器 A 中， 后一条指令则是对 A 和 R0 的内容做加法运算。寄存器寻址示意图如图 3.2 所示。

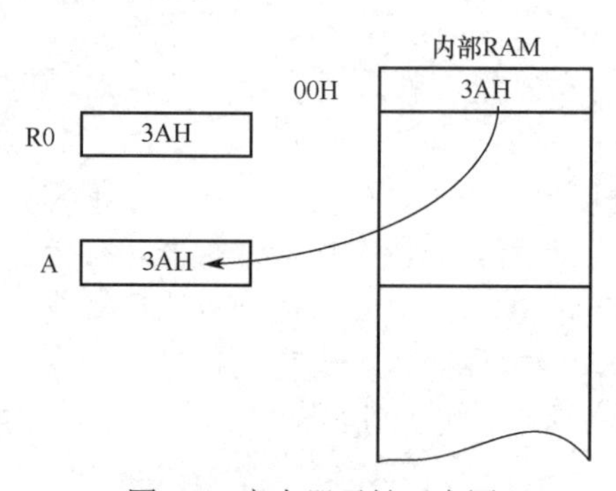

图 3.2　寄存器寻址示意图

特殊功能寄存器 B 也可当作通用寄存器使用，但用 B 表示操作数地址的指令不属于寄存器寻址，而属于直接寻址。

3.2.4　寄存器间接寻址

若以寄存器的名称间接给出操作数的地址，则称为寄存器间接寻址。在这种寻址方式中，指令中工作寄存器的内容不是操作数，而是操作数的地址。指令执行时，先通过工作寄存器的内容取得操作数地址，再到此地址所规定的存储单元中取得操作数。

8051 单片机可采用寄存器间接寻址方式访问全部内部 RAM 地址单元（8051 单片机为 00H～7FH，8052 单片机为 00H～FFH），也可访问 64KB 的外部 RAM。但是这种寻址方式不能访问特殊功能寄存器。通常用工作寄存器 R0、R1 或数据指针寄存器 DPTR 来间接寻址，为了对寄存器寻址和寄存器间接寻址加以区别，在寄存器名称前面加一个符号@来表示寄存器间接寻址，例如

```
MOV  A, @R0
```

该指令的功能如图 3.3 所示。指令执行之前，R0 寄存器的内容 3AH 是操作数的地址，内部 RAM 区中地址为 3AH 单元的内容 77H 才是操作数，执行后，累加器 A 中的内容变为 77H。若采用寄存器寻址指令

```
MOV  A, R0
```

则执行后累加器 A 中的内容变为 3AH。对这两类指令的差别和用法，一定要区分清楚、正确使用。

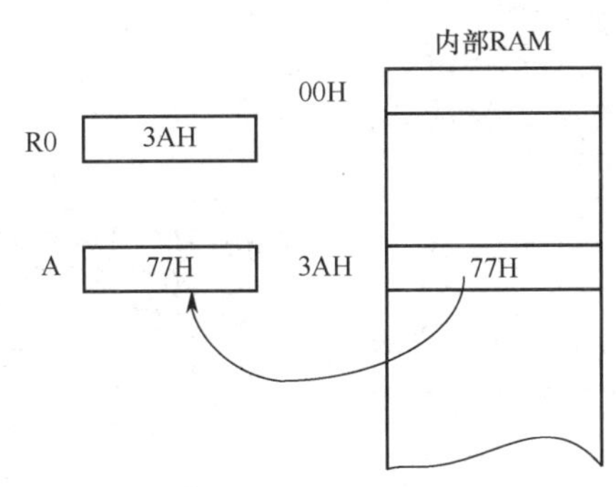

图 3.3　寄存器间接寻址示意图

3.2.5　变址寻址

变址寻址是指以某个寄存器的内容为基本地址（简称基址），在这个基址上加地址的偏移量，才是真正的操作数地址。8051 单片机没有专门的变址寄存器，而是采用数据指针 DPTR 或程序计数器（PC）的内容作为基本地址，地址偏移量则是累加器 A 中的内容，将基址与偏移量相加，即以 DPTR 或者 PC 的内容与 A 的内容之和作为实际的操作数地址。8051 单片机采用变址寻址方式可以访问 64KB 的外部 ROM 地址空间。例如

```
MOVC  A，@A+DPTR
```

该指令的功能如图 3.4 所示。指令执行前（A）=11H，（DPTR）=02F1H，故实际操作数的地址应为 02F1H+11H=0302H。指令执行后将 ROM 中 0302H 单元的内容 99H 传送到累加器 A。需要注意的是，虽然在变址寻址时采用数据指针 DPTR 作为基址寄存器，但变址寻址的区域都是 ROM 而不是 RAM，另外尽管变址寻址方式的指令助记符和指令操作都较为复杂，但是其是单字节指令。

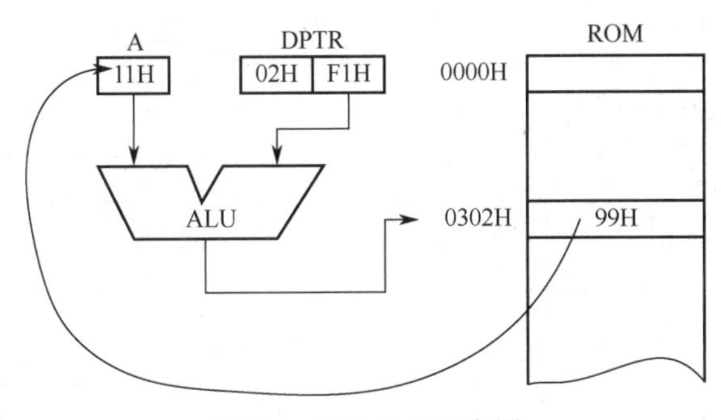

图 3.4　变址寻址示意图

3.2.6　相对寻址

8051 单片机设有转移指令，分为直接转移指令和相对转移指令。相对转移指令需要采用相对寻址方式，此时指令的操作数部分给出的是地址的相对偏移量。在指令中以 rel 表示相对偏移量，rel 为一个带符号的常数，可正也可负，若 rel 值为负数，则应用补码表示。一般将相对转移指令本身所在的地址称为源地址，转移后的地址称为目的地址，它们的关系为

```
目的地址=源地址+指令字节数+rel
```

例如

```
SJMP  rel
```

该指令的功能如图 3.5 所示。这条指令的机器码为 80，rel，共两字节。设该指令所在的源地址为 2000H，rel 的值为 54H，则转移后的目的地址为 2000H+02+54H=2056H。

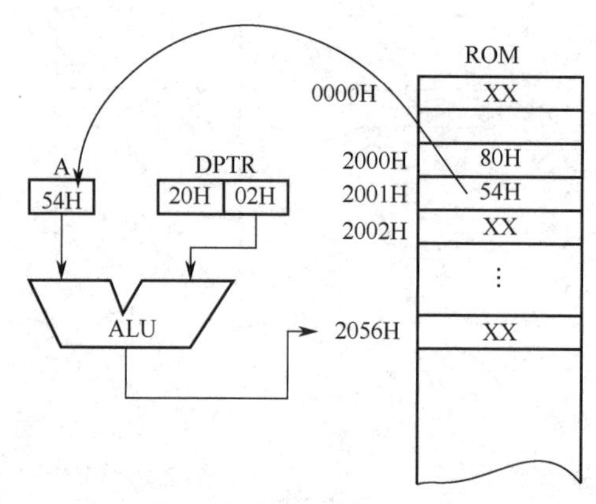

图 3.5 相对寻址示意图

3.2.7 位寻址

采用位寻址方式的指令，其操作数是 8 位二进制数中的某一位，在指令中要给出是内部 RAM 单元中的哪一位，即给出位地址，位地址在指令中用 bit 表示。

8051 单片机的内部 RAM 中有 1 个可位寻址区，地址为 20H～2FH，共 16 个单元，其中每个单元的每一位都可单独作为操作数，共 128 位。另外，如果特殊功能寄存器的地址值能被 8 整除，则该特殊功能寄存器也可以进行位寻址。表 3.1 列出了这些特殊功能寄存器及其位地址。

表 3.1 可位寻址的特殊功能寄存器一览表

特殊功能寄存器	单 元 地 址	表 示 符 号	位 地 址
ACC	E0H	ACC.0～ACC.7	E0H～E7H
B	F0H	B.0～B .7	F0H～F7H
PSW	D0H	PSW.0～PSW.7	D0H～D7H
P0	80H	P0.0～P0.7	80H～87H
P1	90H	P1.0～P1.7	90H～97H
P2	A0H	P2.0～P2.7	A0H～A7H
P3	B0H	P3.0～P3.7	B0H～B7H
IP	B8H	IP.0～IP.7	B8H～BFH
IE	A8H	IE.0～IE.7	A8H～AFH
TCON	88H	定时器控制寄存器	88H～8FH
SCON	98H	串行接口控制寄存器	98H～9FH

在 8051 单片机中，位地址的表示可以采用以下几种方式：

（1）直接用位地址 00H～FFH 表示，如 20H 单元的 0～7 位可表示为 20H～27H；

（2）用第 *n* 单元第 *n* 位的表示方法，如 25H.5 表示 25H 单元的第 5 位；

（3）对于特殊功能寄存器，可直接用寄存器名加位数的表示方法，如 ACC.3、PSW.7 等；

（4）用汇编语言中的伪指令定义。

3.3　数据传送指令

数据传送是单片机最基本、最主要的操作，可以在内部 RAM 和 SFR 内进行，也可以在累加器 A 与外部存储器之间进行。指令中要指出传送数据的源地址与目的地址，以便机器在执行指令时把源地址中的内容传送到目的地址，但是源地址的内容保持不变。在此类数据传送指令中，除以累加器 A 为目的操作数的指令会对奇偶标志位 P 产生影响外，其余指令执行时均不会影响任何标志。根据 MCS-51 单片机的存储器组织结构和特点，数据传送指令可分为四大类：一是内部数据传送指令，完成内部 RAM 单元、SFR 寄存器之间的数据传送；二是外部数据传送指令，完成外部 ROM 和外部 RAM 与累加器 A 之间的数据传送；三是堆栈操作指令，可根据堆栈指针寄存器 SP 中的栈顶地址进行数据传送；四是数据交换指令，完成内部 RAM 单元之间或内部 RAM 与外部 RAM 单元之间的数据交换。

3.3.1　内部数据传送指令

1．数据传送到累加器 A 的指令

```
MOV  A, Rn ; A←Rn, n=0～7
MOV  A, direct ; A←(direct)
MOV  A, @Ri ; A←(Ri), i=0 或 1
MOV  A, #data; A←data
```

这组指令的功能是把源操作数的内容送入累加器 A。

【例 3.1】已知 R0=30H，（30H）=20H，试问 8051 单片机分别执行下列指令后累加器 A 中的内容是什么？

（1）MOV　A，R0

（2）MOV　A，30H

（3）MOV　A，@R0

（4）MOV　A，#30H

解答：

（1）A=30H

（2）A=20H

（3）A=20H

（4）A=30H

2．数据传送到工作寄存器 Rn 的指令

```
MOV  Rn, A ;Rn←A, n=0～7
MOV  Rn, direct ;Rn←(direct), n=0～7
MOV  Rn, #data ;Rn←data, n=0～7
```

这组指令的功能是把源操作数的内容送入当前工作寄存器区中的某一个寄存器 R0～R7。

【例 3.2】已知 A=30H，（30H）=20H，试问 8051 单片机分别执行下列指令后工作寄存器 R0 中的内容是什么？

（1）MOV　R0，A
（2）MOV　R0，30H
（3）MOV　R0，#30H
解答：
（1）R0=30H
（2）R0=20H
（3）R0=30H

3. 数据传送到内部 RAM 单元或特殊功能寄存器（SFR）的指令

```
MOV  direct，A ;direct←A
MOV  direct，Rn ; direct←Rn， n=0～7
MOV  direct1，direct2; direct1←(direct2)
MOV  direct，@Ri ; direct←(Ri)，i=0 或 1
MOV  direct，#data ;direct←data
MOV  @Ri，A ; (Ri)←A，i=0 或 1
MOV  @Ri，direct ; (Ri)←direct，i=0 或 1
MOV  @Ri，#data ; (Ri)←data，i=0 或 1
```

这组指令的功能是把源操作数的内容送入指定的内部 RAM 单元或特殊功能寄存器。

【例 3.3】 已知 A=30H，（30H）=20H，（31H）=21H，R0=31H，试问 8051 单片机分别执行下列指令后 31H 中的内容是什么？
（1）MOV　31H，A
（2）MOV　31H，R0
（3）MOV　31H，30H
（4）MOV　31H，@R0
（5）MOV　31H，#22H
（6）MOV　@R0，A
（7）MOV　@R0，31H
（8）MOV　@R0，#22H
解答：
（1）（31H）=30H
（2）（31H）=31H
（3）（31H）=20H
（4）（31H）=21H
（5）（31H）=22H
（6）（31H）=30H
（7）（31H）=21H
（8）（31H）=22H

3.3.2 外部数据传送指令

1. 16 位数传送指令

```
MOV DPTR，#data16
```

这条指令的功能是将 16 位立即数送入数据指针寄存器 DPTR，将 DPTR 中的内容作为外部 RAM 或 ROM 的地址，以实现外部数据的传送。

2. 累加器 A 与外部数据存储器之间的数据传送指令

```
MOVX  A, @DPTR ;A ←(DPTR)
MOVX  A, @Ri  ;A ←(Ri), i=0 或 1
MOVX  @DPTR, A ;(DPTR)←A
MOVX  @Ri, A ;(Ri)←A
```

这是利用累加器 A 完成的与外部 RAM 之间的数据传送指令，可将外部 RAM 单元中的内容送至累加器 A 或将累加器 A 中的内容送至外部 RAM 单元中。利用 DPTR 传送时的地址范围为 0000H～FFFFH，利用 Ri 传送时的地址范围为 0000H～00FFH。

【例 3.4】已知外部 RAM 单元的 50H 中有一个数据 X，试编写程序，实现将 X 传送至外部 RAM 的 2000H 单元处。

解答：

```
ORG  0100H
MOV  R0, #50H
MOVX  A, @R0
MOV  DPTR, #2000H
MOVX  @DPTR, A
SJMP  $
END
```

3. 查表指令

```
MOVC  A, @A+PC ;PC←PC+1, A←(A+PC)
MOVC  A, @A+DPTR ;A←(A+DPTR)
```

这是两条很有用的查表指令，它们可用来查找存放在程序存储器中的常数表格。其中，第一条指令以程序计数器（PC）作为基址寄存器，累加器 A 的内容作为无符号数偏移量与 PC 的内容（下一条指令的起始地址）相加，得到一个 16 位的地址，并将该地址指出的程序存储器单元的内容送入累加器 A。这条指令的优点是不改变特殊功能寄存器和 PC 的状态，只要根据 A 中的内容就可以取出表格中的常数。缺点是表格只能放在该条查表指令后面的 256 个单元中，表格的大小受到限制，而且表格只能被一段程序所利用。第二条指令以数据指针寄存器 DPTR 作为基址寄存器，累加器 A 的内容作为无符号数偏移量与 DPTR 的内容相加，得到一个 16 位的地址，并将该地址指出的程序存储器单元的内容送入累加器 A。这条查表指令的执行结果只与 DPTR 和累加器 A 的内容有关，而与该条指令存放的地址及常数表格存放的地址无关，因此表格的大小和位置可以在 64KB 的程序存储器中任意安排，并且一个表格可以被各程序块所公用。

【例 3.5】已知累加器 A 中有一个 0～9 范围内的整数，试用查表指令编写出查找该数的平方值的程序。

解答：由于累加器 A 中的数已知，因此可确定一张与 0～9 对应的平方表，如图 3.6 所示。假设表的首地址为 2000H。

表中累加器 A 中的数正好等于该数的平方值对表首地址的偏移量。如 3 的平方值为 9，而 9 在表中的地址为 2003H，它对表的首地址 2000H 的偏移量也为 3，因此查表时作为基址寄存器的 PC 或 DPTR 中的当前值必须为 2000H。

1）用 PC 作为基址寄存器

```
ORG  1FFBH
1FFBH       ADD  A，#data
1FFDH       MOVC  A，@A+PC
1FFEH       SJMP  $
2000H       DB  0
2001H       DB  1
2002H       DB  4
2003H       DB  9
  ⋮           ⋮
2009H       DB  81
END
```

地址	内容
2000H	0
2001H	1
2002H	4
2003H	9
2004H	16
2005H	25
2006H	36
2007H	49
2008H	64
2009H	81

图 3.6　0～9 的平方表

几点说明如下。

（1）ORG 是伪指令，用于指示源程序的起始地址；END 用于指示源程序到此结束。实际汇编时不产生机器代码，不占用地址空间。实际汇编程序从 1FFBH 开始，至 2009H 处结束。

（2）每条指令都需占用地址空间存储其机器代码，如 ADD　A，#data 为双字节指令，占用两字节单元，分别存储其操作码与操作数，以下类同。

（3）表的起始地址为 2000H，连续 10 个单元（2000H～2009H）用 DB 伪指令定义其单元中的内容为 0～9 的平方值，即 2000H 单元中的内容为 0 的平方值 0、2001H 单元中的内容为 1 的平方值 1……2009H 单元中的内容为 9 的平方值 81。

（4）第一条指令执行前，A 中已存放平方表的地址偏移量；第二条指令取出后，PC 已变为 1FFEH，并不是表的首地址 2000H，故需将 A 中的内容进行调整，使其与当前 PC 值相加之后等于 2000H。因此在第一条指令中对 A 进行了加 data 的操作，其 data 值应为

```
Data=平方表的首地址-PC 当前值=2000H-1FFBH=02H
```

也可以理解为 data=表的首地址与查表指令之间的指令所占的字节数。此处表的首地址与查表指令之间的指令仅为 SJMP　$，它是一条双字节指令，故 data=02H。

2）用 DPTR 作为基址寄存器

采用 DPTR 作为基址寄存器来进行查表就比较简单了，只需要预先将表的首地址通过 16 位数传送指令存放于 DPTR 中即可，例如

```
MOV  DPTR，#2000H
MOVC  A，@A+DPTR
```

3.3.3　堆栈操作指令

在 8051 单片机的特殊功能寄存器中有一个堆栈指针寄存器（SP），进栈指令的功能是首先将 SP 的内容加 1，然后将直接地址所指出的内容送入 SP 所指定的内部 RAM 单元。出栈

指令的功能是将 SP 所指定的内部 RAM 单元的内容送入由直接地址所指定的字节单元，同时将 SP 的内容减 1。

堆栈操作指令如下

```
PUSH  direct ; SP←SP+1, (SP)←(direct)
POP  direct ; direct←(SP), SP←SP-1
```

【例 3.6】 设（30H）=X，（40H）=Y，试利用堆栈完成 30H 单元和 40H 单元的内容互换的程序设计。

解答：

```
MOV SP, #50H
PUSH    30H
PUSH    40H
POP     30H
POP     40H
```

堆栈变化示意图如图 3.7 所示。几点说明如下。

（1）堆栈是一个数据区，遵循“后进先出”或“先进后出”的原则。

（2）第一条指令用于开辟堆栈区的栈顶地址为 50H。

（3）PUSH　30H 是先将 SP 的内容加 1，变为 51H，然后将 30H 单元中的内容 X 推入栈顶地址为 51H 的堆栈单元中；PUSH　40H，是先将 SP 的内容加 1，变为 52H，然后将 40H 单元中的内容 Y 推入栈顶地址为 52H 的堆栈单元中。

（4）POP　30H 是先将栈顶地址为 52H 的堆栈单元中的内容 Y 弹出，送给直接地址单元 30H，然后 SP 的内容减 1，变为 51H；POP　40H 是先将栈顶地址为 51H 的堆栈单元中的内容 Y 弹出，送给直接地址单元 40H，然后 SP 的内容减 1，变为 50H；这时（30H）=Y，（40H）=X，从而完成两个单元的数据交换。

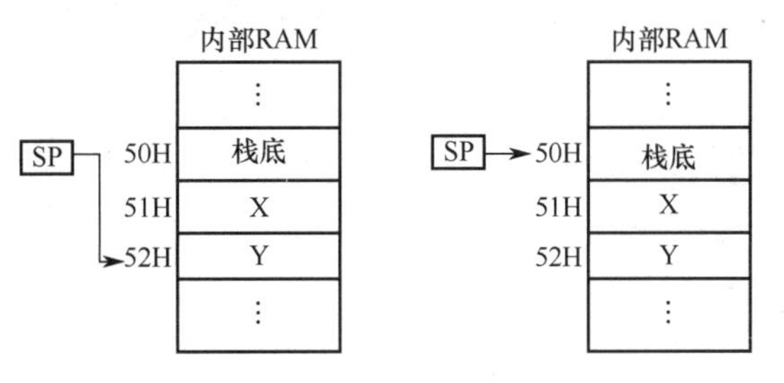

(a) 压入X、Y两数后的堆栈　　(b) 弹出X、Y两数后的堆栈

图 3.7　堆栈变化示意图

3.3.4　数据交换指令

1. 整字节交换指令

```
XCH   A, Rn ; A⇔Rn, n=0～7
XCH   A, direct ; A⇔(direct)
XCH   A, @Ri ; A⇔(Ri), i=0 或 1
```

这组指令的功能是将累加器 A 的内容和源操作数的内容相互交换。

2. 半字节交换指令

```
XCHD  A，@Ri ; A3～A0⇔(Ri)3～(Ri)0，i=0或1
```

这条指令的功能是将累加器 A 的低 4 位内容和 Ri 所指定的内部 RAM 单元的低 4 位内容相互交换。

【例 3.7】 已知外部 RAM 的 30H 单元有一个数 X，内部 RAM 的 30H 单元有一个数 Y，试编程完成两数互换。

解答： 利用整字节交换指令和数据传送指令完成

```
MOV  R0，#30H
MOVX  A，@R0
XCH  A，@R0
MOVX  @R0，A
```

【例 3.8】 已知内部 RAM 的 30H 单元有一个 0～9 范围内的数，试编写出将其转换为相应的 ASCII 码的程序。

解答： 0～9 的 ASCII 码为 30H～39H，与本身只差 30H，因此只需利用半字节交换指令将其高 4 位转换为 3 即可，如图 3.8 所示。

```
MOV  R0，#30H
MOV  A，#30H
XCHD  A，@R0
MOV  @R0，A
```

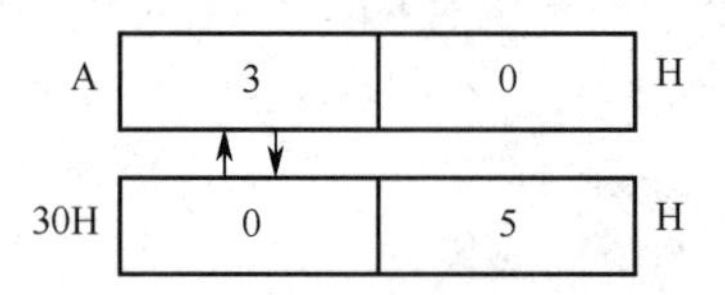

图 3.8　半字节交换指令示意图

3.4　算术与逻辑运算和移位指令

3.4.1　算术运算指令

1. 加法指令

算术运算指令包括加法、减法、乘法、除法指令，加法指令又分为普通加法指令、带进位加法指令和加 1 指令。

1）普通加法指令

```
ADD  A，Rn ; A←A+Rn，Rn(n=0～7)为工作寄存器
ADD  A，direct ; A←A+(direct)，direct 为直接地址单元
ADD  A，@Ri ; A←A+(Ri)，Ri(i=0～1)为工作寄存器
ADD  A，#data ; A←A+data，#data 为立即数
```

这组指令的功能是将累加器 A 的内容与源操作数的内容相加，结果送回到累加器 A 中。在执行加法的过程中，如果累加器 ACC.7 有进位，则置“1”进位标志位 CY，否则清零 CY。

如果 ACC.3 有进位，则置“1”辅助进位标志位 AC，否则清零 AC。如果 ACC.6 有进位而 ACC.7 没有进位，或者 ACC.7 有进位而 ACC.6 没有进位，则置“1”溢出标志位 OV，否则清零 OV；　如结果中“1”的个数为奇数，则置“1”奇偶标志位 P，否则清零 P。

几点说明如下。

（1）参与运算的必须为 8 位二进制的操作数，且会对 PSW 中的所有标志位产生影响。

（2）参与运算的两个操作数既可视为无符号数，也可视为带符号数。若为带符号数，通常采用补码形式（−128～+127）。计算机总是按照带符号数进行运算，并产生相应的 PSW 标志位的。

（3）若将两数视为无符号数，则可根据 CY 判断结果是否溢出；若视为带符号数，则可根据 OV 判断结果是否溢出。

【例 3.9】试分析 8051 单片机执行以下指令后累加器 A 和 PSW 中各标志位的变化情况。

```
MOV  A, #5AH
ADD  A, #6BH
```

解答：机器执行上述加法指令时仍然按照带符号数进行运算，并产生 PSW 的标志。假设运算之前 PSW 的各位状态都为 0，其竖式运算如下

```
          90    A =    0 1 0 1 1 0 1 0 B
         107    data=  0 1 1 0 1 0 1 1 B
   +)
---------------------------------------------
         197          [0]1 1 0 0 0 1 0 1 B
                       ↑ ↑
                       0 1
                      CP CS
```

其中 CY=0，AC=1，OV=CP⊕CS=1，P=0，PSW=44H。PSW 各位的状态如下

PSW.7	PSW.6	PSW.5	PSW.4	PSW.3	PSW.2	PSW.1	PSW.0
CY	AC	F0	RS1	RS0	OV	—	P
0	1	0	0	0	1	0	0

若将两数视为无符号数，则运算结果是正确的（CY=0）；若视为带符号数，则根据 OV=1 可知产生了溢出，结果是错误的，因为两个正数相加，结果不可能为负数。因此带符号数的加法运算可通过检测 OV 标志位来判断结果是否正确，若 OV=0，则结果正确，否则结果错误。

2）带进位加法指令

```
ADDC  A, Rn ; A←A+Rn+CY , Rn(n=0～7)为工作寄存器
ADDC  A, direct ; A←A+(direct) +CY , direct 为直接地址单元
ADDC  A, @Ri ; A←A+(Ri) +CY , Ri(i=0～1)为工作寄存器
ADDC  A, #data ; A←A+data+CY , #data 为立即数
```

这组指令的功能与普通加法指令类似，唯一的不同之处是在执行加法时，还要将上一次进位标志位 CY 的内容也一起加进去，注意这里的 CY 是指加法指令执行之前的 CY 值，并非指本加法指令执行中形成的 CY。标志位的影响与普通加法指令相同。

【例 3.10】已知 A=85H，R0=30H，CY=1，问 CPU 执行如下指令后累加器 A 和 CY 中的值为多少？

```
ADDC  A, R0
```

解答：A=B6H，CY=0。

3）加 1 指令

```
INC  A ; A←A+1
INC  Rn ; Rn←Rn+1Rn(n=0～7)为工作寄存器
INC  direct ; direct←(direct)+1，direct 为直接地址单元
INC  @Ri ; (Ri) ←(Ri)+1，Ri(i=0～1)为工作寄存器
INC  DPTR ; DPTR←DPTR+1，DPTR 为 16 位数据指针寄存器
```

这组指令的功能是将所指定的操作数的内容加 1，如果原来的内容为 0FFH，则加 1 后将产生溢出，使操作数的内容变成 00H，但不影响任何标志位。指令 INC DPTR 是对 16 位的数据指针寄存器 DPTR 执行加 1 操作，指令执行时，先对数据指针寄存器的低 8 位 DPL 的内容加 1，当产生上溢出时，对数据指针寄存器的高 8 位 DPH 加 1，但不影响任何标志。

2．十进制调整指令

```
DA  A; 若 AC=1 或 A3-A0>9，则 A←A+06H
       若 CY=1 或 A7-A4>9，则 A←A+60H
```

这条指令的功能是对累加器 A 中的内容进行 BCD 码调整，通常用于 BCD 码运算程序中，使 A 中的运算结果为两位 BCD 码。计算机中未设专门的 BCD 码加法指令，BCD 的加法必须在普通加法指令之后紧跟一条十进制调整指令才能完成。因为普通加法指令对两个 BCD 码相加，其结果不一定是 BCD 码，因此需要此条指令进行调整。

【例 3.11】 试编写能完成 85+59 的 BCD 码加法程序，并分析其工作过程。

解答：

```
ORG  0100H
MOV  A，#85H
ADD   A，#59H
DA  A
SJMP  $
END
```

其二进制加法与十进制加法调整过程如下

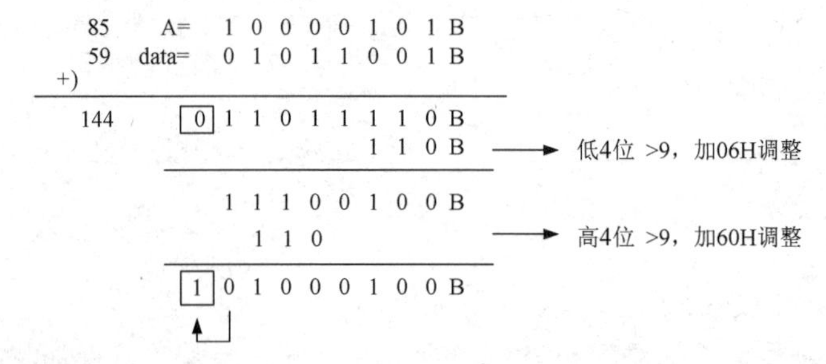

最后 CY=1，A=44H，即结果为 144。

3．减法指令

减法指令只有带进位减法指令和减 1 指令。

1）带进位减法指令

```
SUBB  A, Rn; A←A-Rn-CY , Rn(n=0～7)为工作寄存器
SUBB  A, direct ; A←A-(direct)-CY , direct 为直接地址单元
SUBB  A, @Ri ; A←A-(Ri)-CY , Ri(i=0～1)为工作寄存器
SUBB  A, #data ; A←A-data-CY , #data 为立即数
```

这组指令的功能是将累加器 A 的内容与第二个操作数的内容相减，同时还要减去上一次进位标志位 CY 的内容，结果送回到累加器 A 中。在执行减法的过程中，如果位 7 有借位，则置“1”当前进位标志位 CY，否则清零 CY。如果位 3 有借位，则置“1”辅助进位标志位 AC，否则清零 AC。如果位 6 有借位而位 7 没有借位，或者位 7 有借位而位 6 没有借位，则置“1”溢出标志位 OV，否则清零 OV。

几点说明如下。

（1）单片机内部的减法操作实际上是在控制器的控制下进行补码的加法操作，但在实际应用时，可通过二进制的减法法则来判断操作结果。

（2）减法操作总是按照带符号的二进制数进行的，并对 PSW 中的各标志位产生影响。若最高位有借位，则 CY=1，否则为 0；若低 4 位向高 4 位有借位，则 AC=1，否则为 0；若最高位有借位而次高位无借位或最高位无借位而次高位有借位，则 OV=1，否则为 0；奇偶校验位 P 与加法时的取指相同。

（3）在减法指令之前可通过预先设置一条将 CY 清零的指令以实现带借位的减法。

将 CY 清零的指令为

```
CLR  C; CY←0
```

【例 3.12】试判断 8051 单片机执行如下程序后累加器 A 和 PSW 中各标志位的状态。

```
CLR  C
MOV  A, #52H
SUBB  A, #0B4H
```

解答：第一条指令将 CY 清零；第二条指令将被减数 52H 送入累加器 A；第三条指令执行减法操作，而减数是一个负数。其减法指令的模拟过程如下

```
        82    A =    0 1 0 1 0 0 1 0 B
       -76    data=  1 0 1 1 0 1 0 0 B
 -)
-------------------------------------------
       158          [1]1 0 0 1 1 1 1 0 B
                     1  0
                    CP CS
```

减法后的正确结果应是十进制数 158，但累加器 A 中的实际结果为一负数，这显然是错误的。在执行指令的过程中形成了如下的 PSW 标志位

CY	AC	F0	RS1	RS0	OV	–	P
1	1	0	0	0	1	0	1

显然 PSW 中的 OV=1 指出了累加器 A 中结果的不正确。因此在实际使用减法指令时，要想在累加器 A 中获得正确的操作结果，必须对指令执行后的 OV 标志位进行检测。若减法指令执行后 OV=0，则结果正确，否则累加器结果产生了溢出。

2）减 1 指令

```
DEC  A ; A←A-1
DEC  Rn ; Rn←Rn-1，Rn(n=0～7)为工作寄存器
DEC  direct ; direct←(direct)-1，direct 为直接地址单元
DEC  @Ri ; (Ri)←(Ri)-1，Ri(i=0～1)为工作寄存器
```

这组指令的功能是将所指定的操作数的内容减 1，如果原来的内容为 00H，则减 1 后将产生下溢出，使操作数的内容变成 0FFH，但不影响任何标志位。只有 DEC A 这条指令会对奇偶标志位 P 产生影响。

【例 3.13】 已知 A=DFH，R1=40H，R7=19H，（30H）=00H，（40H）=FFH，试判断 8051 单片机分别执行如下指令后，累加器 A 和 PSW 中各标志位的状态如何。

（1）DEC A　　（2）DEC R7

（3）DEC 30H　　（4）DEC @R1

解答： 根据减 1 指令的功能，结果为

（1）A=DEH，P=0　　（2）R7=18H，PSW 不变

（3）（30H）=FFH，PSW 不变　　（4）（40H）=FEH，PSW 不变

4．单字节乘法指令

```
MUL  AB ; BA←A*B
```

这条指令的功能是将累加器 A 中的 8 位无符号整数与寄存器 B 中的 8 位无符号整数相乘，乘积为 16 位整数。乘积的低 8 位存放在累加器 A 中，高 8 位存放在寄存器 B 中。如果乘积大于 255（0FFH），则置“1”溢出标志位 OV，否则清零 OV；奇偶标志位 P 仍然由累加器 A 中“1”的个数确定；进位标志位总是被清零的。

【例 3.14】 已知两个 8 位无符号数分别存放在 40H 单元与 41H 单元，试编程求两数的积并将积的低 8 位放入 42H 单元，将积的高 8 位放入 43H 单元。

解答：

```
ORG  0100H
MOV  R0，#40H；将第一个乘数地址送给 R0
MOV  A，@R0；取出第一个乘数送给累加器 A
INC  R0；修改乘数地址，指向第二个乘数
MOV  B，@R0；取出第二个乘数送给 B
MUL  AB；将 A 与 B 的内容相乘，积的高 8 位在 B 中，积的低 8 位在 A 中
INC  R0；修改目标单元地址
MOV  @R0，A；积的低 8 位存入 42H 单元中
INC  R0；修改目标单元地址
MOV  @R0，B；积的高 8 位存入 43H 单元中
SJMP  $；停机
END
```

5．单字节除法指令

```
DIV  AB ; A÷B=A…B
```

这条指令的功能是将累加器 A 中的 8 位无符号整数除以寄存器 B 中的 8 位无符号整数，

所得商的整数部分存放在累加器 A 中，余数部分存放在寄存器 B 中，清“0”进位标志位 CY 和溢出标志 OV；奇偶标志位 P 仍然由累加器 A 中“1”的个数确定。如果原来 B 中的内容为 0（被 0 除），则执行除法后 A 和 B 中的内容不定，并置“1”溢出标志位 OV，表示除数为 0 是没有意义的。在任何情况下，进位标志位总是被清零的。

3.4.2　逻辑运算指令

逻辑运算指令分为累加器清零与取反指令、逻辑与指令、逻辑或指令、逻辑异或指令。

1. 累加器清零与取反指令

```
CLR  A ; A←0，对累加器 A 清零
CPL  A ; A←Ā，对累加器 A 的内容求反
```

这两条指令均为单字节单周期指令，其中取反指令往往用于对某带符号数进行求补操作。

【例 3.15】已知 50H 单元中有一正数 X，试编程求-X 的补码。

解答：一个 8 位带符号数的补码可定义为其反码加 1，因此程序如下

```
ORG  0100H
MOV  A，50H；取出 X
CPL  A；取反
INC  A；加 1
MOV  50H，A；将-X 的补码送回 50H 单元
SJMP  $；停机
END
```

2. 逻辑与指令

```
ANL  A，Rn ; A←(A)∧(Rn)，n=0～7
ANL  A，direct ; A←(A)∧(direct)
ANL  A，@Ri ; A←(A)∧((Ri))，i=0 或 1
ANL  A，#data ; A←(A)∧#data
ANL  direct，A ; direct←(direct)∧(A)
ANL  direct，#data ; direct←(direct)∧#data
```

这组指令的功能是将两个操作数的内容按位进行逻辑与运算，并把结果送入累加器 A 或由 direct 所指定的内部 RAM 单元。实际编程中往往用于从某个存储单元中取出某几位，而把其他位变为 0。

【例 3.16】已知 R0=30H，（30H）=55H，试问 8051 单片机分别执行如下指令后，累加器 A 与 30H 单元中的内容是什么？

```
（1）MOV  A，#0FFH
     ANL  A，R0
（2）MOV  A，#0F0H
     ANL  A，@R0
（3）MOV  A，#60H
     ANL  30H，A
```

解答：

（1）A=30H，（30H）=55H

（2）A=50H，（30H）=55H

（3）A=60H，（30H）=40H

【例 3.17】 已知 30H 单元中有一个对应数字为 5 的 ASCII 码 35H，试将其变为 BCD 码的形式（高 4 位变为 0，低 4 位保持不变）。

解答：

```
MOV  A, 30H
ANL  A, #0FH
MOV  30H, A
```

如 30H 中的内容为带符号数，若要取出其符号位，只需将其与立即数 80H 相与即可。

3. 逻辑或指令

```
ORL  A, Rn ;A←(A)∨(Rn), n=0～7
ORL  A, direct ;A←(A)∨(direct)
ORL  A, @Ri ;A←(A)∨((Ri)), i=0 或 1
ORL  A, #data ;A←(A)∨#data
ORL  direct, A ;direct←(direct)∨(A)
ORL  direct, #data ;direct← (direct)∨#data
```

这组指令的功能是将两个操作数的内容按位进行逻辑或运算，并把结果送入累加器 A 或由 direct 所指定的内部 RAM 单元。实际编程中往往用于将某个存储单元中的某几位变为“1”，而其他位不变。

【例 3.18】 已知（30H）=55H，（31H）=06H，试将两个单元的内容合并为 56H 并存入 32H 单元中。

解答：

```
ORG  0100H
MOV  A, 30H; 从 30H 单元取出 55H 送入累加器 A 中
ANL  A, #0F0H; 与 0F0H 相与，保留 A 中内容的高 4 位，其低 4 位变为 0
ORL  A, 31H; 与 31H 单元中的内容相或
MOV  32H, A; 结果存在 32H 单元中
SJMP  $; 停机
END
```

4. 逻辑异或指令

```
XRL  A, Rn ; A←(A)⊕(Rn), n=0～7
XRL  A, direct ; A←(A)⊕(direct)
XRL  A, @Ri ; A←(A)⊕((Ri)), i=0 或 1
XRL  A, #data ; A←(A)⊕#data
XRL  direct, A ; direct←(direct)⊕(A)
XRL  direct, #data ; direct←(direct)⊕#data
```

这组指令的功能是将两个操作数的内容按位进行逻辑异或运算，并把结果送入累加器 A 或由 direct 所指定的内部 RAM 单元。实际编程中往往用于对某个存储单元中的某几位进行取

反操作，而其他位不变。变换原则是：某位与“1”异或则取反，与“0”异或则不变。

【例 3.19】 已知（30H）=55H，欲将其高 4 位保持不变，而低 4 位取反，试编程实现。

解答：

```
ORG   0100H
MOV  A，30H；取出 55H 送入累加器 A 中
XRL  A，#0FH；与 0FH 异或，高 4 位不变，低 4 位取反
MOV  30H ，A；结果送回累加器 A 中
SJMP  $；停机
END
```

3.4.3　移位指令

```
RL  A ；累加器 A 的内容向左环移一位
```

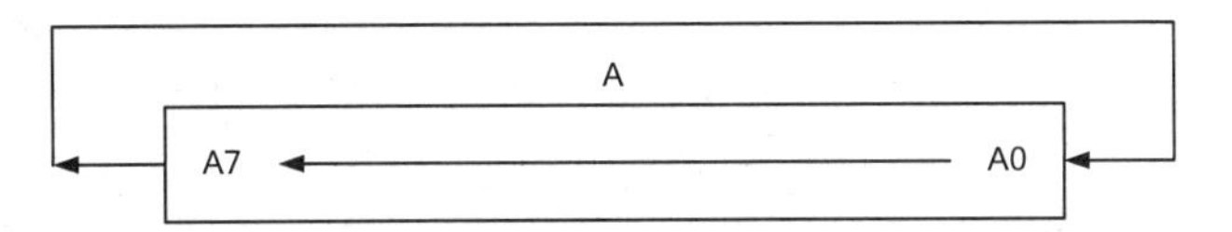


```
RLC  A；累加器 A 的内容带进位位 CY 向左环移一位
```

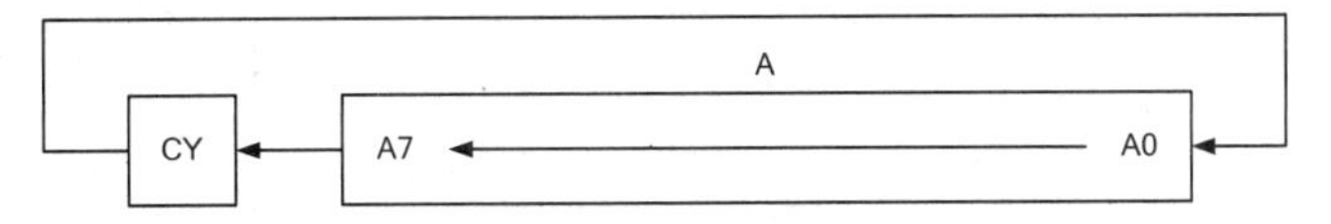


```
RR  A；累加器 A 的内容向右环移一位
```

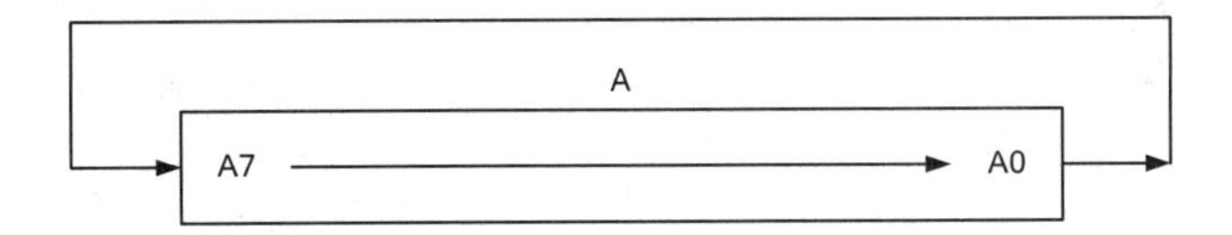


```
RRC  A；累加器 A 的内容带进位位 CY 向右环移一位
```

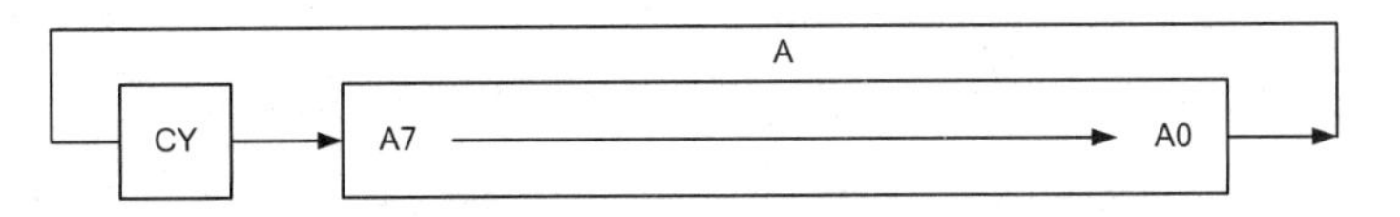


```
SWAP  A；将累加器 A 的高半字节（A7～A4）与低半字节（A3～A0）交换
```

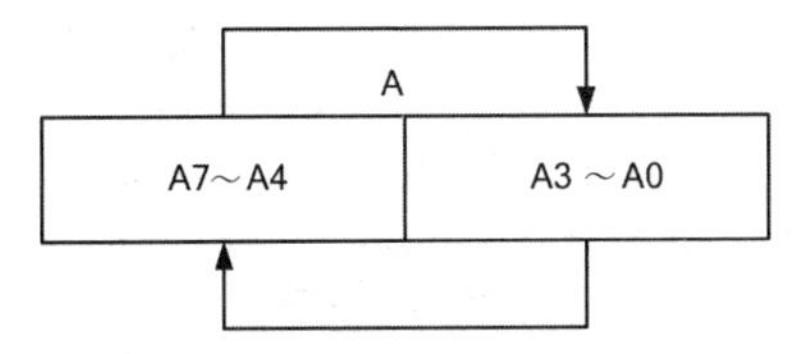

【例 3.20】 已知（30H）=86H，（31H）=79H，试将两个单元的内容合并为 69H 并存入 32H 单元中。

解答：

```
ORG  0100H
```

```
MOV  R0，#30H ;确定起始地址 30H
MOV  A，@R0 ;取出 30H 单元中的数 86H 送入 A 中
ANL  A，#0FH ;保留 A 中低 4 位，高 4 位变为 0
SWAP  A ;将 A 中内容的高、低 4 位互换，将 A 中内容变为 60H
MOV  B，A ;暂存于 B 中
INC  R0 ;修改地址，指向 31H 单元
MOV  A，@R0 ;取出 31H 单元中的数 79H 并送入 A 中
ANL  A，#0FH ;保留 A 中的低 4 位，高 4 位变为 0
ORL  A，B ;与 31H 单元中的内容相或，A 中的内容变为 69H
INC  R0 ;修改地址，指向 32H 单元
MOV  @R0，A ;结果存在 32H 单元中
SJMP  $ ;停机
END
```

【例 3.21】已知 50H 和 51H 单元中有一个 16 位的二进制数（50H 中为低 8 位，51H 中为高 8 位），试编程使其扩大到原来的两倍（假设扩大后的数小于 65536）。

解答：

```
ORG  0100H
CLR  C; CY 清零
MOV  R0，#50H; 低 8 位地址送 R0
MOV  A，@R0; 取出低 8 位数并送 A
RLC  A; 低 8 位数左移，最低位补 0
MOV  @R0，A; 送回 50H 单元，CY 中为最高位
INC  R0; 修改地址
MOV  A，@R0; 取出高 8 位数送 A
RLC  A; 高 8 位数左移，CY 中为原低 8 位数的最高位
MOV  @R0，A; 送回 51H 单元
SJMP  $; 停机
END
```

3.5　控制转移和位操作指令

3.5.1　控制转移指令

1. 无条件转移指令

1）绝对跳转指令

```
AJMP  addr11
```

这是一条双字节双周期指令，其 11 位地址在指令中的分布如下

a10 a9 a8 0 0 0 0 1	a7 a6 a5 a4 a3 a2 a1 a0

其中，00001B 是操作码。在程序设计中，11 位地址也可用符号表示，但在汇编时需按上述指

令格式加以代真。

该指令可实现 2KB 范围内的无条件跳转，若把外部可寻址的 64KB 程序存储器划分为 32 个区，则每个区为 2KB，转移的目标地址必须与 AJMP 后面一条指令的第一字节在同一个 2KB 的范围之内（即转移目标地址必须与 AJMP 下一条指令的地址 A11～A15 相同），否则将引起混乱。该指令执行时先将 PC 的内容加 2，然后将 11 位地址送入 PC.0～PC.10，而 PC.11～PC.15 保持不变，如下

PC.15～PC.11	a10	a9	a8	a7	a6	a5	a4	a3	a2	a1	a0

【例 3.22】 已知如下绝对跳转指令

```
CCC: AJMP  addr11
```

其中，CCC=2000H，addr11=10110100101B，试分析执行该指令后的情况及指令码的确定方法。

解答： 将 11 位地址按照其指令格式填入，可得到其指令码为

1 0 1 0 0 0 0 1	1 0 1 0 0 1 0 1

即 A1A5H。指令执行后，将 PC.11～PC.15 按照上述格式填入，可得

PC.15～PC.11					a10	a9	a8	a7	a6	a5	a4	a3	a2	a1	a0
0	0	1	0	0	1	0	1	1	0	1	0	0	1	0	1

即程序转至 25A5H 处执行。

2）短跳转指令

```
SJMP  rel
```

这是一条双字节双周期的无条件跳转指令，执行时在（PC）+2 后，把指令中的有符号偏移量 rel 加到 PC 上，计算出偏移地址。因此转移的目标地址可以在这条指令前 128 字节到后 127 字节之间，即 rel 的取值范围是-128～+127。其指令码为

操作码	地址偏移量
80H	rel

其中，80H 为操作码；rel 是地址偏移量，在程序中可用符号表示，但在汇编时需按上述指令格式加以代真。目标转移地址的计算如下

$$目标转移地址=源地址+2+rel$$

而所谓的停机指令

```
HERE: SJMP  HERE
```

或

```
SJMP  $
```

按照其指令码的格式与目标地址的计算方法可发现，其目标转移地址与源地址重合了，因此机器始终在连续不断地执行该指令，相当于原地踏步，在效果上就起到了停机的作用。

3）长跳转指令

```
LJMP  addr16
```

这条指令执行时把指令的第 2 和第 3 字节分别装入 PC 的高 8 位和低 8 位字节中，无条件地转向指定的地址。转移的目标地址可以在 64KB 程序存储器地址空间的任何地方。其中，addr16 常用符号地址表示，但在汇编时需按上述指令格式加以代真。其指令码格式为

操作码	高8位地址	低8位地址
02H	addr15～addr8	addr7～addr0

如执行指令

```
LJMP  5060H; PC←5060H
```

则程序跳转至 5060H 处执行。

4）散转指令

```
JMP  @A+DPTR
```

这是一条单字节双周期指令。功能是把累加器 A 中的 8 位无符号数与数据指针 DPTR 中的 16 位数相加，结果作为下一条指令的地址并送入 PC，不改变累加器 A 和数据指针 DPTR 的内容，也不影响标志。通常散转指令往往用于实现程序的多分支转移。

【例 3.23】已知累加器 A 中存有编号为 0～4 的待处理命令，程序存储器中存有起始地址为 MING 的三字节长跳转指令表。请编写能根据 A 中的命令编号转去执行相应命令的程序。

解答：

```
ZHUAN: MOV  R1, A
       RL  A
       ADD  A, R1
       MOV  DPTR, #MING
       JMP  @A+DPTR
MING: LJMP  MING0
      LJMP  MING1
      LJMP  MING2
      LJMP  MING3
      LJMP  MING4
...
```

2. 条件转移指令

条件转移指令是当满足某一特定条件时执行转移操作的指令。条件满足时转移（相当于一条相对转移指令），条件不满足时则顺序执行下面一条指令。转移的目的地址在以下一条指令的起始地址为中心的 256 字节范围（−128～+127）之内。当条件满足时，把 PC 的值加到下一条指令的第一字节地址，再把带符号的相对偏移量 rel 加到 PC 上，计算出转移地址。

1）一般条件转移指令

```
JZ  rel ;(A)=0 时, PC←PC+2+rel
```

```
            (A)≠0 时，PC←PC+2
JNZ  rel ;(A)≠0 时转移，PC←PC+2+rel
            (A)=0 时；PC←PC+2
JC  rel ;CY=1 时，PC←PC+2+rel
            CY=0 时，PC←PC+2
JNC  rel ;CY=0 时，PC←PC+2+rel
            CY=1 时，PC←PC+2
JB  bit，rel ;(bit)=1 时，PC←PC+3+rel
                (bit)=0 时，PC←PC+3
JNB  bit，rel ;(bit)=0 时，PC←PC+3+rel
                (bit)=1 时，PC←PC+3
JBC  bit，rel ;(bit)=1 时，PC←PC+3+rel，且清零 bit 位
                (bit)=0 时，PC←PC+3
```

【例 3.24】已知外部 RAM 中以 30H 为起始地址的数据块以零作为结束标志，试编程将其传送到以 50H 为起始地址的内部 RAM 中。

解答：

```
ORG  0100H
MOV  R0，#30H
MOV  R1，#50H
LOOP：MOVX A，@R0
JZ  DONE
MOV  @R1，A
INC  R0
INC  R1
SJMP  LOOP
DONE：SJMP $
END
```

【例 3.25】已知内部 RAM 的 30H 和 31H 单元中各有一个 8 位的二进制无符号数，试编程比较两者的大小，并将大数送入 32H 单元。

解答：

```
ORG  0100H
CLR C
MOV  R0，#30H
MOV  A，@R0
MOV  R1，A
INC  R0
MOV  B，@R0
SUBB  A，@R0
INC  R0
JNC  DONE
MOV  A，B
SJMP  LOOP
```

```
DONE: MOV  A, R1
LOOP: MOV  @R0, A
SJMP  $
END
```

2）比较条件转移指令

8051 单片机没有专门的比较指令，但是提供了如下 4 条比较条件转移指令。

```
CJNE  A, direct, rel       ;若 A≠(direct), 则 PC←PC+3+rel
                            若 A=(direct), 则 PC←PC+3
                            若 A≥(direct), 则 CY=0;否则 CY=1
CJNE  A, #data, rel        ;若 A≠data, 则 PC←PC+3+rel
                            若 A=data, 则 PC←PC+3
                            若 A≥data, 则 CY←0;否则 CY=1
CJNE  Rn, #data, rel       ;若 Rn≠data, 则 PC←PC+3+rel
                            若 Rn=data, 则 PC←PC+3
                            若 Rn≥data, 则 CY=0;否则 CY=1
CJNE  @Ri, #data, rel      ;若(Ri)≠data, 则 PC←PC+3+rel
                            若(Ri)=data, 则 PC←PC+3
                            若(Ri)≥data, 则 CY=0;否则 CY=1
```

这组指令的功能是比较前面两个操作数的大小，如果它们的值不相等，则转移。在把 PC 的值加到下一条指令的起始地址后，再把指令最后一字节的带符号相对偏移量加到 PC 上，计算出转移地址。如果第一个操作数（无符号整数）小于第二个操作数（无符号整数），则置“1”进位标志位 CY，否则清零 CY。此指令不影响任何一个操作数的内容。

几点说明如下。

（1）4 条指令均为三字节指令，指令执行时 PC 三次加 1，再加地址偏移量 rel，由于 rel 的地址范围为−128～+127，因此指令的相对转移范围为−125～+130。

（2）指令执行过程中的比较操作实际上是减法操作，不保存两数之差，但会形成 CY 标志。

（3）若要进行两个无符号数 X、Y 的大小比较，则可直接根据指令执行后形成的 CY 标志来进行判断。若 CY=0，则 X≥Y；若 CY=1，则 X<Y。

若要进行两个带符号数 X、Y 的大小比较，则首先将其变为带符号数的补码形式，并根据图 3.9 中的比较方法进行两数的比较。

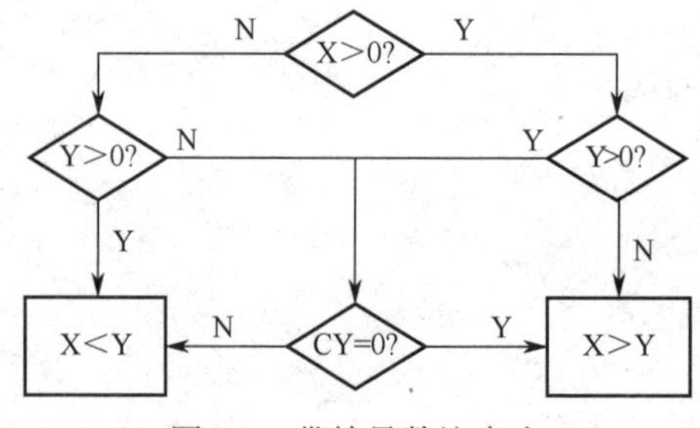

图 3.9　带符号数比大小

【例 3.26】已知内部 RAM 的 30H 单元中有一个无符号数 X，若 X<50，则程序转至 LOOP1

处执行；若 X=50，则程序转至 LOOP2 处执行；若 X>50，则程序转至 LOOP3 处执行，请编写相应程序。

解答：

```
ORG  0100H
MOV  A，30H
CJNE  A，#50，COMP
SJMP  LOOP2
COMP：JNC  LOOP3
LOOP1：…
…
…
LOOP2：…
…
…
LOOP3：…
…
…
END
```

【例 3.27】已知在外部 RAM 的 2000H 处开始有一个数据缓冲区，该缓冲区的数据以回车符 CR（ASCII 码为 0DH）为结束标志，试编写一段程序，实现将正数送入以 30H 为起始地址、将负数送入以 40H 为起始地址的内部 RAM。

解答：

```
ORG  0100H
MOV  DPTR，#2000H
MOV  R0，#30H
MOV  R1，#40H
NEXT：MOVX  A，@DPTR
CJNE  A，#0DH，COMP
SJMP  DONE
COMP：JB  ACC.7，LOOP
MOV  @R0，A
INC  R0
INC  DPTR
SJMP  NEXT
LOOP：MOV  @R1，A
INC  R1
INC  DPTR
SJMP  NEXT
DONE：SJMP $
END
```

3）减 1 不为 0 转移指令

```
DJNZ  Rn，rel;          若 Rn-1≠0，则 PC←PC+2+rel
```

```
                              若Rn-1=0，则PC←PC+2
DJNZ  direct，rel；           若(direct)-1≠0，则PC←PC+3+rel
                              若（direct）-1=0，则PC←PC+3
```

这组指令把源操作数（Rn、direct）的内容减 1，并将结果回送到源操作数。如果相减的结果不为 0，则转移到由相对偏移量 rel 计算得到的目的地址。其中，第一条指令是双字节指令，第二条指令是三字节指令。此指令常用于循环程序的退出循环体判断。

【例 3.28】试编程实现以内部 RAM 单元的 30H 为起始地址的数据块中连续 10 个无符号数的加和，将结果送入内部 RAM 的 40H 单元。假设结果不超出 8 位二进制数所能表示的范围。

解答：

```
ORG  0100H
MOV  R7，#0AH
MOV  R0，#30H
CLR  A
LOOP：ADD  A，@R0
INC  R0
DJNZ  R7，LOOP
MOV  40H，A
SJMP  $
END
```

4）子程序调用与返回指令

8051 单片机提供了两条子程序调用指令，即短调用和长调用指令。

（1）短调用指令如下

```
ACALL   addr11 ；PC←PC+2
SP←SP+1，(SP) ←PCL
SP←SP+1，(SP) ←PCH
PC10～PC0←addr11
```

这是一条双字节的 2KB 范围内的子程序调用指令。执行时先把 PC 的值加 2，获得下一条指令的地址，然后把获得的 16 位地址压入堆栈（PCL 先进栈，PCH 后进栈），并将堆栈指针 SP 的值加 2，最后把 PC 值的高 5 位与指令提供的 11 位地址 addr11 相连接（PC11～PC15，a0～a10），形成子程序的入口地址并送入 PC，使程序转向执行子程序。所调用的子程序的起始地址必须在与 ACALL 指令后面一条指令的第一字节在同一个 2KB 区域的程序存储器中。

【例 3.29】假设 ACALL addr11 指令在程序存储器中的起始地址为 2000H，当前 SP=70H，试画出指令执行时的堆栈变化示意图，并指出调用子程序在程序存储器中的合法地址范围。

解答：根据 ACALL addr11 指令的含义，可得到上述指令执行时堆栈中的数据变化如图 3.10 所示。

由于该指令为双字节指令，因此断点地址为 2000H+02H=2002H，且被调用的子程序的起始地址就是断点地址的高 5 位，其余 11 位地址由 addr11 决定。其变化范围为 00000000000B～11111111111B，因此被调用的子程序的合法地址范围为 2002H～2801H 的 2KB 区域。

（2）长调用指令如下

```
LCALL  addr16；  SP←SP+1，(SP) ←PCL
```

```
                    SP←SP+1，(SP) ←PCH
                    PC15～PC0←addr16
```

这条指令无条件地调用位于 16 位地址 addr16 处的子程序。它把 PC 的值加 3 以获得下条指令的地址并将其压入堆栈（先低字节后高字节），同时把 SP 的值加 2，接着把指令的第 2 和第 3 字节（A8～A15、A0～A7）分别装入 PC 的高 8 位和低 8 位字节，然后从 PC 所指定的地址开始执行程序。LCALL 指令可以调用 64KB 范围内程序存储器中的任何一个子程序，不影响任何标志。

【例 3.30】 假设 LCALL 5000H 指令在程序存储器中的起始地址为 2000H，当前 SP=70H，试画出指令执行时的堆栈变化示意图，并指出 PC 中的内容是什么。

解答： 根据 LCALL addr16 指令的含义，可得到在上述指令执行时堆栈中的数据变化如图 3.11 所示。

而 PC 中的内容为 5000H。

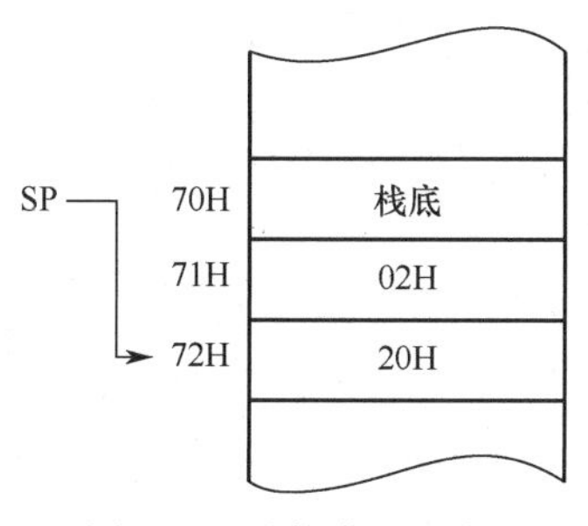

图 3.10　堆栈变化示意图

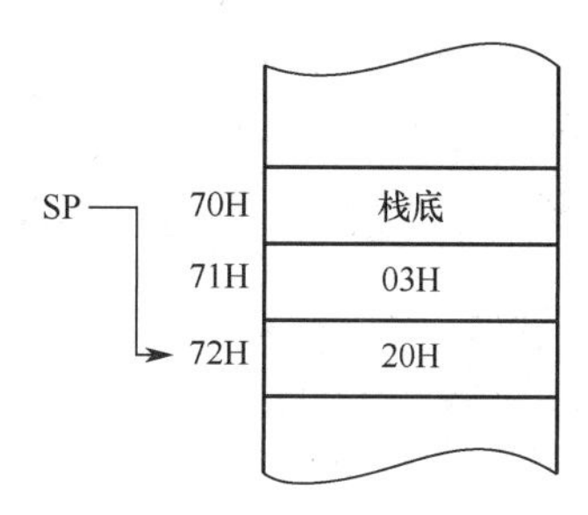

图 3.11　堆栈变化示意图

（3）返回指令如下

子程序返回指令如下

```
RET; PCH←(SP), SP← SP-1
     PCL←(SP), SP← SP-1
```

这条指令的功能是从堆栈中弹出 PC 的高 8 位和低 8 位字节，同时把 SP 的值减 2，并从 PC 指向的地址开始继续执行程序，不影响任何标志。

中断返回指令如下

```
RETI;   PCH←(SP), SP← SP-1
        PCL←(SP), SP← SP-1
```

这条指令的功能与 RET 指令相似，不同的是它还清零单片机的内部中断状态标志。

几点说明如下。

（1）RET 为子程序返回指令，只能在子程序的末尾使用。

（2）RETI 为中断返回指令，只能在中断服务程序的末尾使用。机器在执行 RETI 后除返回原程序断点处继续执行外，还可将相应的中断优先级清除，以允许机器相应低级别的中断请求。

【例 3.31】 请利用子程序完成 30H～3FH、40H～4FH 两个内部 RAM 数据区的清零工作。

解答：

```
ORG  0100H
MOV  SP, #60H
MOV  R0, #30H
```

```
MOV  R1, #10H
ACALL  ZERO
MOV  R0, #40H
MOV  R1, #10H
ACALL  ZERO
SJMP  $
ORG  0150H
ZERO: MOV  @R0, #00H
INC  R0
DJNZ  R1, ZERO
RET
END
```

5）空操作指令

```
NOP
```

这是一条单字节单周期指令，指令只完成 PC+1，而不执行任何其他操作，需要消耗 12 个时钟周期，因此常常在延时程序中使用。

3.5.2 位操作指令

8051 单片机的内部 RAM 中有一个位寻址区，还有一些特殊功能寄存器也可以位地址，为此提供了丰富的位操作指令。

位数据传送指令如下

```
MOV  C, bit; Cy←(bit)
MOV  bit, C; bit←Cy
```

这组指令的功能是把由源操作数所指定的位变量送到目的操作数指定的位单元。其中一个操作数必须为进位标志，另一个操作数可以是任何可寻址位。

位变量修改指令如下

```
CLR  C ;  Cy←0
CLR  bit ;  bit←0
CPL  C ;  Cy←/Cy
CPL  bit ;  bit←(/bit)
SETB  C ;  Cy←1
SETB  bit ;  bit←1
```

这组指令对操作数所指定的位进行清零、取反、置 1 的操作，不影响其他标志。

位变量逻辑与指令如下

```
ANL  C, bit ; Cy←Cy∧(bit)
ANL  C, /bit ; Cy←Cy∧(/bit)
```

这组指令的功能是将进位标志与指定的位变量（或位变量的取反值）相“与”，结果送到进位标志，不影响别的标志。

位变量逻辑或指令如下

```
ORL  C, bit ; Cy←Cy∨(bit)
```

```
ORL  C, /bit ; Cy←Cy∨(/bit)
```

这组指令的功能是将进位标志与指定的位变量（或位变量的取反值）相“或”，结果送到进位标志，不影响别的标志。

【例 3.32】 已知一个组合逻辑电路如图 3.12 所示，试编程实现此功能。

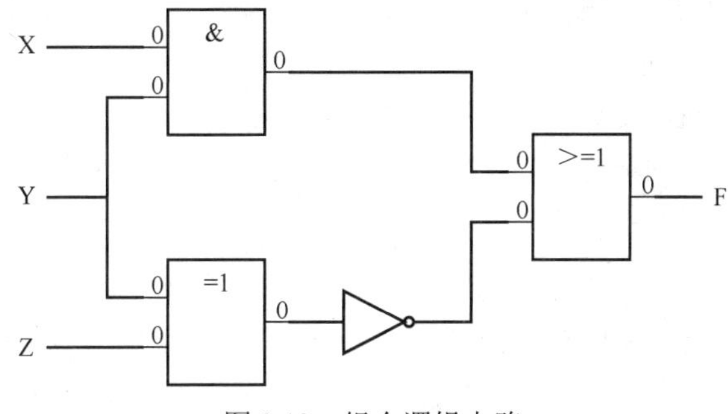

图 3.12　组合逻辑电路

解答：

```
ORG  0100H
MOV  C, Y
ANL  C, /Z
MOV  F, C
MOV  C, Z
ANL  C, /Y
ORL  C, F
CPL   C
MOV  F, C
MOV  C, X
ANL  C, Y
ORL  C, F
MOV  F, C
SJMP  $
END
```

习　题　3

3.1　指令通常有哪三种形式？各有什么特点？

3.2　MCS-51 单片机的指令按功能分为哪几类？各类指令的作用是什么？

3.3　MCS-51 单片机共有几种寻址方式？各有什么特点？

3.4　指出下列指令中源操作数的寻址方式与功能。

（1）MOV　A，#30H

（2）MOV　A，30H

（3）MOV　A，@R1

（4）MOV　A，R1

（5）MOVC　A，@A+PC

（6）SJMP　LOOP

3.5　变址寻址与相对寻址中的地址偏移量有什么异同？

3.6　要访问内部 RAM，有哪几种寻址方式？

3.7　要访问外部 RAM，有哪几种寻址方式？

3.8　要访问 ROM，有哪几种寻址方式？

3.9　绘图说明 MCS-51 单片机中数据传送指令满足的各种传送关系。

3.10　写出能完成下列数据传送的指令。

（1）将立即数 30H 送累加器；

（2）将累加器内容送工作寄存器 R6；

（3）将累加器内容送内部 RAM 的 30H 单元；

（4）将累加器内容送外部 RAM 的 30H 单元；

（5）将累加器内容送外部 RAM 的 2030H 单元；

（6）将外部 ROM 的 2030H 单元的内容送累加器。

3.11　指出下列程序执行后的操作结果。

（1）
```
MOV   A，#80H
MOV   R0，#30H
MOV   @R0，A
MOV   50H，R0
XCH   A，R0
```

（2）
```
MOV   DPTR，#2000H
MOV   A，#30H
MOV   30H，#20H
MOV   R0，#30H
XCH   A，@R0
```

3.12　试编程完成将外部 RAM 的 2000H 单元中的内容与 2010H 单元中的内容相互交换的程序。

3.13　已知（30H）=X，（31H）=Y，（32H）= Z。请画出下列程序执行时堆栈的变化示意图。

（1）
```
MOV   SP，#50H
PUSH  30H
PUSH  31H
PUSH  32H
```

（2）
```
MOV   SP，#60H
POP   32H
POP   31H
POP   30H
```

3.14　试问下列程序执行后，累加器 A 与程序状态字 PSW 中的内容是什么？

（1）
```
MOV   A，#0FDH
ADD   A，#09H
```

（2）
```
MOV   A，#88H
ADD   A，#0FEH
```

3.15　已知 A=77H，R0=30H，（30H）=99H，PSW=80H，试问下列程序执行后的结果是什么？

（1）ADDC　A，30H
　　INC　30H

（2）SUBB　A，#30H
　　DEC　R0

（3）SUBB　A，R0
　　DEC　30H

（4）SUBB　A，30H
　　INC　A

3.16　试编写能完成下列操作的程序。

（1）使 30H 单元中数的高三位变“0”，其余位不变；

（2）使 30H 单元中数的高三位变“1”，其余位不变；

（3）使 30H 单元中数的高三位取反，其余位不变；

（4）使 30H 单元中数的所有位取反。

3.17　已知 SP=50H，PC=2100H。试问 8051 单片机执行调用指令 LCALL　3100H 后，堆栈指针和堆栈中的内容是什么？此时机器调用何处的子程序？

3.18　请说明 RET 与 RETI 这两条指令的区别。

3.19　试编写当累加器 A 中的内容分别满足如下条件时能转至 DONE 处执行的程序（不满足时则停机）。

（1）A>10；（2）A≤10；（3）30<A<40

3.20　利用 DJNZ 指令完成如下程序设计：将内部 RAM 的起始地址为 20H 的 10 个数据传送至内部 RAM 的起始地址为 60H 的单元，结束后停机。

3.21　试编程：将两个 4 位的二进制数并存于一字节。

3.22　已知内部 RAM 的 50H、51H 两个单元中存有两个 8 位的无符号数，试编程将小数存放于 52H 单元。

第 4 章　汇编语言程序设计

4.1　汇编语言概述

单片机应用系统是硬件和软件的有机组合。软件是各种指令按一定的规律组合而成的程序。程序设计的目的就是利用计算机语言对系统需要完成的任务进行描述。

MCS-51 单片机的程序设计可采用汇编语言或高级语言（如 C51）。汇编语言是人们用来替代机器语言进行程序设计的一种语言，由助记符、保留字和伪指令等组成，容易被人们识别、记忆和读/写，也称为符号语言。它生成的目标代码具有占用存储空间小、编写效率高、运行速度快及实时性强等特点，适合编写短小高效的程序。高级语言是面向过程和问题并能独立于机器的通用程序设计语言，是一种接近人的自然语言和常用数学表达式的计算机语言。它对系统功能的描述比汇编语言简单，且程序的阅读、修改和移植比较方便，适合复杂程序的编写。

采用汇编语言编程，程序设计人员可以直接控制单片机内部的工作寄存器和 RAM 单元，数据处理过程能表达得非常具体和翔实，尽管对设计者的硬件知识的要求较高，但对单片机硬件结构的掌握非常有益。

4.1.1　汇编语言格式

汇编语言源程序由一条一条的汇编语言语句构成，每条语句都必须符合相应的语法规则。支持 MCS-51 单片机的汇编器种类很多，其中 Keil 公司的 A51 汇编器功能强大，是单片机程序设计人员常用的汇编工具。A51 汇编器识别的汇编语句应当符合典型的四分段格式

```
[标号:] 操作码 [操作数] [; 注释]
```

操作码为必选项，其余内容为任选项，即方括号中的内容可选。标号与操作码之间用“：”隔开；操作码与操作数之间用空格隔开；操作数与注释之间用“；”隔开；依据指令的不同，操作数可能是单操作数、双操作数或多操作数，有的指令也可能没有操作数（如 NOP 指令），若不止一个操作数，则操作数之间用“，”隔开，如

```
START: ADD  A, R1; A←A+R1
```

1. 标号

标号位于一条语句的开头，以指明指令操作码在内存中的地址。标号又称为标号地址或符号地址，是一个可有可无的任选项。标号由 1～8 个字符组成，以非数字字符开头，后跟字母、数字、“－”和“？”等字符。注意，不能使用系统的保留字来命名标号（如伪指令、指令助记符、寄存器名和运算符等）。

2. 操作码

操作码可以是指令助记符、伪指令和宏指令的助记符，用于指示计算机进行何种操作。

它是任一语句都不可少的必选项，汇编器根据它生成目标代码。

3．操作数

操作数是操作码要操作的数据或数据的地址，可以采用字母和数字的形式表达。根据指令的不同，操作数可能空缺，也有可能是一项、两项或三项。操作数之间用“，”隔开，操作数可以有以下几种情况。

（1）数据，有二进制数、十进制数、十六进制数和 ASCII 码几种形式。二进制数末尾以字母 B 标识，如 01001001B；十进制数末尾以字母 D 标识或省略，如 75D、34；十六进制数末尾以字母 H 标识，如 39H、2BH，但特别注意，若十六进制数以字母 A～F 开头，则应在前面加上数字“0”，以便汇编器将其与标号或符号名区别开，如 0C9H；ASCII 码以单引号括起来标识，如‘NUM’和‘1568’。

（2）符号，可以是标号、符号名、工作寄存器名、特殊功能寄存器名以及特定符号“$”（常用在转移指令中，用于表示该转移指令所在的内存地址）等。

（3）表达式，由运算符和数据构成的算式。

4．注释

注释是任选项，用于语句和程序的解释，可以提高程序的可读性，有益于编程人员对程序的阅读和维护。注释以“；”开头，可以换行书写，但换行时必须再以“；”开头。

4.1.2　汇编语言构成

汇编语言语句是构成汇编语言源程序的基本要素，也是汇编语言程序设计的基础。汇编语言语句因机器而有不同，但通常可分为指令性语句和指示性语句两类。

1．指令性语句

指令性语句是指由指令助记符构成的汇编语言语句。对 MCS-51 单片机而言，指令性语句就是 111 条指令的助记符语句，是汇编语言语句的主体，也是汇编语言程序设计的基本语句。每条指令性语句都有对应的机器码，由汇编器在汇编时翻译成目标代码。

2．指示性语句

指示性语句又称作伪指令语句，简称伪指令，是在汇编时供汇编程序识别，并对汇编过程进行某种指示的汇编命令。它不是真正可执行的指令，因此汇编时不会产生可执行的目标代码。MCS-51 单片机常用的伪指令有 8 条。

1）起始地址定义伪指令 ORG

格式：

```
ORG  表达式
```

该伪指令用于定义紧跟其后的程序的起始地址。表达式通常为十六进制地址，也可以是已定义的标号地址，如

```
ORG      2100H
MAIN:    ADD A, #45H
```

```
    ...
```

在上面的程序中，ORG 伪指令规定了汇编后机器代码从地址 2100H 单元开始依次存放。

在每段汇编语言源程序的开始，都应该使用 ORG 伪指令来定义该程序在存储器中存放的起始地址。若省略，则默认程序从 0000H 单元开始存放。可以在同一程序中多次使用 ORG 伪指令来定义不同程序块的起始地址，但地址必须从小到大按顺序设置，且不允许空间重叠。

2）汇编结束伪指令 END

格式：

```
END
```

该伪指令用于控制汇编器结束汇编。汇编器检测到该指令后，认为汇编语言源程序结束，对该指令后的程序不进行处理。一段汇编语言源程序只能有一条 END 语句，且只能放在整段程序的末尾。

3）赋值伪指令 EQU

格式：

```
符号名  EQU  表达式
```

该伪指令的功能是将表达式的值赋给指定的符号名，表达式可以是一个数据、地址或某个汇编符号（如 R0～R7）。程序设计中可以方便地引用该符号名，汇编器在汇编时会将源程序中的该符号名用 EQU 定义的表达式的值或对应的汇编符号来取代。

应当注意，符号名与标号不同。标号只能代表地址，符号名可以代表地址、常数、字符串、寄存器名或位名等，符号名不需要后接"："。表达式没有类型限定，但它的值在汇编时应是确定的，如

```
ORG 0100H
START   EQU     30H
COUNT   EQU 32H
        MOV R1，#START      ；起始地址
        MOV     R0，#COUNT  ；设置 32H 字节计数值
        MOV     A，#00H
LOOP:   MOV     @R1，A
        INC     R1          ；指向下一个地址
        DJNZ    R0，LOOP    ；计数值减 1
        SJMP    $
        END
```

该程序的功能是将 30H 地址开始的 50 个单元的内容清零。

使用时还应注意，用 EQU 赋值的符号名一经赋值，便不能重新赋值和改变。

4）数据地址赋值伪指令 DATA

格式：

```
符号名  DATA  表达式
```

该伪指令的功能和 EQU 伪指令类似，是把表达式的值赋给指定的符号名。表达式可以是数据或地址，也可以是包含已定义"符号名"在内的表达式，但不可以是一个汇编符号（如 R0～R7）。DATA 伪指令与 EQU 伪指令的区别在于，EQU 定义的"符号名"必须先定义后使

用，而DATA定义的“符号名”没有这种限制。因此，EQU伪指令用在源程序的开头，DATA伪指令可以用在源程序的开头或末尾。

应注意，有的汇编器只允许DATA语句定义8位数据或地址，而16位数据或地址需要使用XDATA伪指令定义，如

```
        ORG      0220H
DA      DATA     30H
DELAY   XDATA    0B2A5H
        MOV A, DA              ; A←(30H)
        …
        LCALL    DELAY         ; 调用B2A5H处的延时子程序
        …
        END
```

5）字节数据定义伪指令DB

格式：

```
[标号:] DB  字节数据表
```

该伪指令的功能是将字节数据表中的数据依次存放到以标号为起始地址的存储单元中。字节数据表中的数可以是一字节，也可以是用逗号隔开的多字节。每字节可以采用二进制数、十进制数、十六进制数或ASCII码等多种表示形式，如

```
        …
TABLE:  DB       10110001B, 11, 0C5H, 'a', 'we'
        DB       36H, 47H
        …
        END
```

上述程序在汇编时，汇编器会将TABLE单元内容置成B1H，TABLE+1单元内容置成0BH，TABLE+2单元内容置成C5H，TABLE+3单元内容置成61H（a的ASCII码），TABLE+4单元内容置成77H（w的ASCII码），TABLE+5单元内容置成65H（e的ASCII码），TABLE+6单元内容置成36H，TABLE+7单元内容置成47H。

6）字数据定义伪指令DW

格式：

```
[标号:] DW  字数据表
```

该伪指令的功能与DB伪指令的功能类似，不同在于：DB定义的是一字节，而DW定义的是一个字（即双字节）。汇编时，高位字节先存入，低位字节后存入，如

```
        ORG      1600H
        MOV      A, #29
        …
        ORG      1630H
DTAB:   DW       4659H, 9, 0A3H
        …
        END
```

上述程序在汇编后，（1630H）=46H，（1631H）=59H，（1632H）=00H，（1633H）=09H，

（1634H）=00H，（1635H）=A3H。

7）存储空间定义伪指令 DS

格式：

```
[标号:] DS  表达式
```

该伪指令的功能是从标号地址开始，保留若干字节的内存空间以备存放数据。保留字节单元的个数由表达式的值决定，如

```
ORG     1600H
DS      10H
DB      21H
…
END
```

汇编后从 1600H 地址开始，预留 16（10H）字节的内存单元，然后从 1610H 地址开始，按 DB 伪指令定义字节数据，即（1610H）=21H。

8）位地址赋值伪指令 BIT

格式：

```
符号名  BIT  位地址表达式
```

该伪指令的功能是将位地址赋给指定的符号名。位地址表达式可以是一个绝对地址，也可以是一个符号地址，如

```
        ORG     0200H
AD1     BIT     0A1H
AD2     BIT     P1.1
        …
        END
```

上述程序将位地址 A1H 定义为符号名 AD1，将 P1.1 的位地址赋给符号名 AD2。

4.2 汇编语言程序设计方法

为了编写出高质量且功能强大的实用程序，程序设计人员一方面要正确理解程序设计的目标和步骤，另一方面还要掌握程序编写的一些方法和技巧。

4.2.1 汇编语言程序的设计步骤

程序的编写，从任务分析到所编写的程序调试通过，通常包括以下几个步骤。

1. 任务分析

设计者应根据设计要求到系统现场运行环境进行调研，对系统的设计目标进行深入分析，明确系统设计任务：包括系统功能要求和性能指标等。这是应用系统程序设计的基础和条件。

2. 算法设计

算法是对具体问题的描述方法。在任务分析的基础上，把已明确的系统功能要求和性能指标用数学模型来描述。再根据系统的实时过程和逻辑关系，进一步把数学模型转换成计算机能够处理的程序算法。同一数学模型可以有不同的算法表述，程序设计人员需要对不同的算法进行分析比较，从中选取切合实际的最优算法。

3. 流程描述

这是程序设计前的准备阶段，目的在于进行程序的总体构建。首先需要确定程序结构、数据形式、资源分配和参数计算。然后根据程序运行的过程，规划程序执行的逻辑顺序，并绘制相应的程序流程图。对于简单的应用程序，可以不需要流程图。但对于较为复杂的程序设计，绘制流程图是一种良好的编程习惯。

4. 编写汇编语言源程序

这一阶段，设计人员根据程序流程图完成汇编语言程序的编写。设计者应在掌握程序编写基本方法和技巧的基础上，注意所编写程序的正确性和可读性，必要时要在程序的合适位置添加注释。

5. 上机调试

上机调试的目的是验证程序设计的正确性。任何程序的编写都难免存在缺点和错误，只有通过上机调试才能检查出这些问题并加以纠正。

4.2.2 程序编写的方法和技巧

1. 建立模块化设计思想

编写程序时应该采用模块化设计思想。应用程序应该由包含多个模块的主程序和各种功能的子程序组成。每个模块或子程序都对应一个具体的任务，如：发送、接收、延时或显示等。采用模块化设计，能将系统划分为不同的具体功能程序，进行独立设计和分别调试。最后，将这些模块程序装配成完整程序并进行联合调试。

进行程序设计学习，首先要建立模块化设计思想。采用模块化设计，能把一个复杂的多功能的程序划分为若干功能单一的程序模块，有利于程序分工设计，有利于程序的调试和优化，也有利于提高程序的阅读性和可靠性。

2. 采用循环和子程序结构

采用循环结构和子程序可以使程序占用的空间减小、程序结构清晰简洁。

使用多重循环，要注意各层循环的初值和循环结束的条件，避免出现“死循环”。使用子程序，要对存放入口参数的寄存器及子程序中用到的其他寄存器内容进行堆栈保护。使用堆栈要特别注意压入和弹出数据的一一对应关系。使用中断子程序，除保护程序用到的寄存器外，还必须对标志寄存器进行保护。因为中断子程序的执行会影响标志寄存器的内容，若不加保护，中断返回后，标志位被破坏，主程序的运行将发生混乱。

4.3 常用程序结构设计

汇编语言程序设计并不难，但要编写出质量高、可读性强且执行速度快的程序并不十分容易。熟练掌握汇编语言的指令系统及常用程序设计结构，将有益于汇编程序编写能力的提高。

4.3.1 顺序程序设计

顺序程序是指无分支、无循环的程序，是最简单的程序结构之一。顺序程序中的指令执行是依据指令在程序中的排列顺序依次进行的。这种结构只能实现简单的功能，通常作为复杂程序设计的一部分。

【例 4.1】将给定的一字节二进制数（0～255 之间）转换成十进制 BCD 码。待转换二进制数放在累加器 A 中，并将其拆为三个 BCD 码，结果存放在 RS 开始的三个单元。

由于 MCS-51 单片机支持除法指令，因此转换时只要将累加器 A 的内容除以 100，得到的商即为百位 BCD 码，余数再除以 10 便可以得到十位和个位的 BCD 码。此例程可用在数据的数码管显示中，数据的数码管显示需要将待显示数据进行拆分，得到每位的 BCD 码。

解答：

流程图如图 4.1 所示。实现程序如下

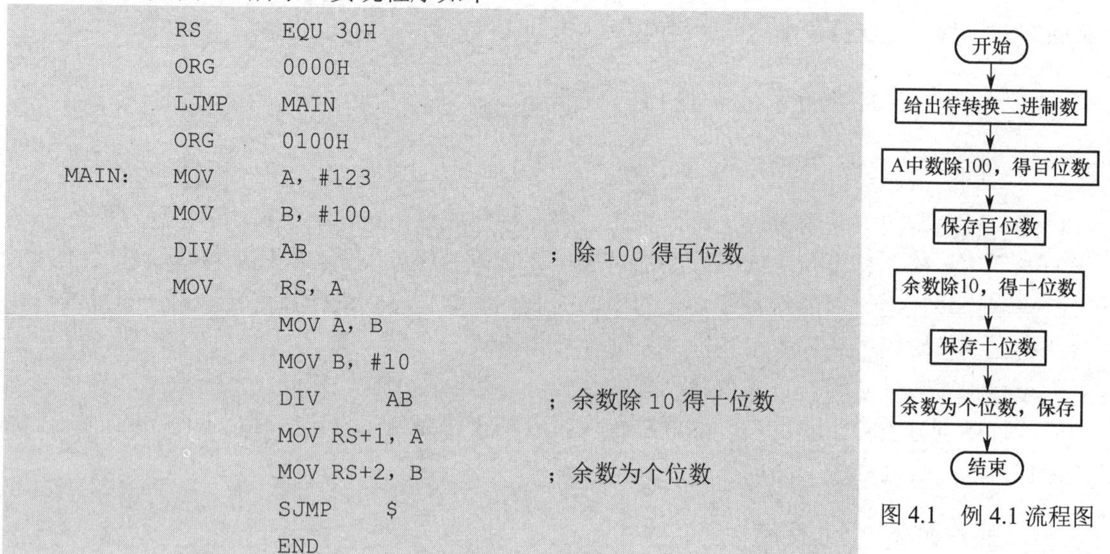

```
        RS      EQU 30H
        ORG     0000H
        LJMP    MAIN
        ORG     0100H
MAIN:   MOV     A，#123
        MOV     B，#100
        DIV     AB                 ；除 100 得百位数
        MOV     RS，A
                MOV A，B
                MOV B，#10
                DIV     AB         ；余数除 10 得十位数
                MOV RS+1，A
                MOV RS+2，B        ；余数为个位数
                SJMP    $
                END
```


图 4.1 例 4.1 流程图

4.3.2 分支程序设计

通常程序的执行是按照指令在程序存储器中存放的顺序进行的，但根据实际设计的需要可以改变程序的执行顺序，这种程序结构就属于分支程序结构。分支程序的特点是程序中包含转移指令。由于转移指令有无条件转移和条件转移之分，因此分支程序也有无条件分支程序和条件分支程序两类。

无条件分支程序包含无条件转移指令，分支结构相对简单。条件分支程序根据条件转移指令的不同，又有双分支和多分支几种情况，在实际中应用得较多。通过分析阅读一些典型程序，可提高这方面的编程能力。

【例 4.2】 设变量 VAR 以补码的形式存放在内部 RAM 的 35H 单元，输出变量 Y 与 VAR 之间的关系是：当 VAR＞0 时，Y=VAR；当 VAR=0 时，Y=15H；当 VAR＜0 时，Y=VAR+10。根据要求编写程序，将输出结果存放在 36H 单元。

解答： 流程图如图 4.2 所示，实现程序如下

```
VAR      EQU      35H
Y        EQU      36H
         ORG      0000H
         LJMP     MAIN
         ORG      0100H
MAIN:    MOV      A，VAR            ；取 VAR 至累加器
         JZ       ZERO              ；等于 0，转 ZERO
         JNB      ACC.7，DONE
                                    ；大于 0，转 DONE
         MOV A，#10                 ；小于 0，加 10
         ADD A，VAR
         SJMP     DONE
ZERO:    MOV A，#15H
DONE:    MOV Y，A
         SJMP     $
         END
```

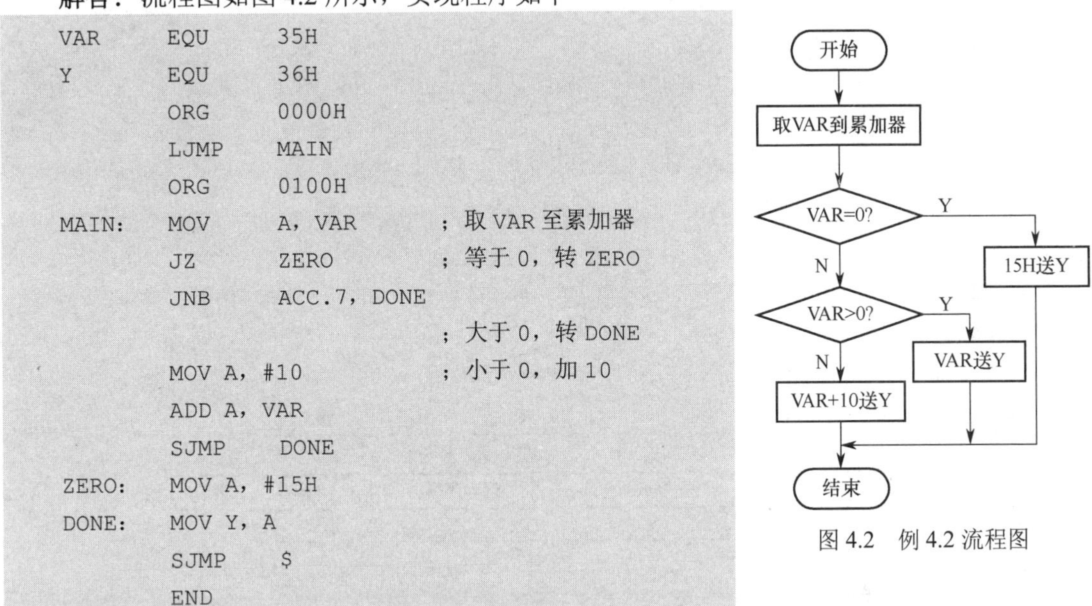

图 4.2　例 4.2 流程图

在分支不多的应用程序中，常采用的转移指令有 JZ、JNZ、JC、JNC、JB、JNB 和 CJNE 等。对于多分支应用程序，则需要使用 JMP　@A+DPTR 变址寻址转移指令，如例 4.3 所示。

【例 4.3】 根据 R7 的内容（处理程序号）转向相应的处理程序。R7 的内容为 0～3，对应处理程序的入口地址分别为 FUNC0～FUNC3。

解答： 流程图如图 4.3 所示，实现程序如下

```
         ORG      0000H
         LJMP     MAIN
         ORG      0100H
MAIN:    MOV      R7，#2                ；设置处理程序号，此例设为 2
MOV      A，R7
         ACALL    FUNCENTER
         AJMP     MAIN
FUNCENTER:
         ADD      A，ACC                ；AJMP 为 2 字节指令，地址偏移量乘 2
         MOV      DPTR，#FUNCTAB        ；设置基址
         JMP      @A+DPTR               ；跳转到目标地址
FUNCTAB:
         AJMP     FUNC0
```

```
        AJMP    FUNC1
        AJMP    FUNC2
        AJMP    FUNC3
FUNC0:  MOV     30H, #0
        RET
FUNC1:  MOV     31H, #1
        RET
FUNC2:  MOV     32H, #2
        RET
FUNC3:  MOV     33H, #3
        RET
        END
```

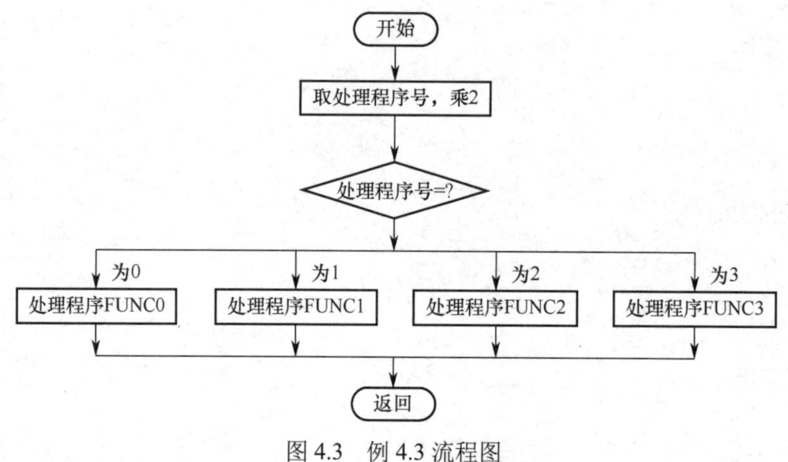

图 4.3 例 4.3 流程图

处理程序的数量及功能可以方便地在此程序的基础上进行扩展。

4.3.3 循环程序设计

在程序设计中，经常需要将某一部分程序重复执行若干次，以便用简短的程序完成大量的处理任务。这种按某种控制规律重复执行的程序结构称为循环程序结构。循环程序的特点是包含可重复执行的程序段，这部分程序段称为循环体。

循环程序通常由四部分组成：①循环初始化部分，位于循环程序的开头，用于完成循环前的准备工作；②循环处理部分，位于循环体内，是循环程序的工作程序，需要重复执行；③循环控制部分，同样位于循环体内，用于控制循环执行次数；④循环结束部分，用于存放执行循环程序所得的结果及恢复各工作单元的初值。

如图 4.4 所示，循环程序通常有两种编程结构：一种是先执行后判断结构，特点是进入循环后，先执行循环处理部分，再根据循环控制条件判断循环是否结束，该结构的循环处理部分至少被执行一次；另一种是先判断后执行结构，特点是将循环控制部分放在循环体的入口处，先根据循环控制条件判断是否结束循环，该结构的循环处理部分有可能一次也不执行。

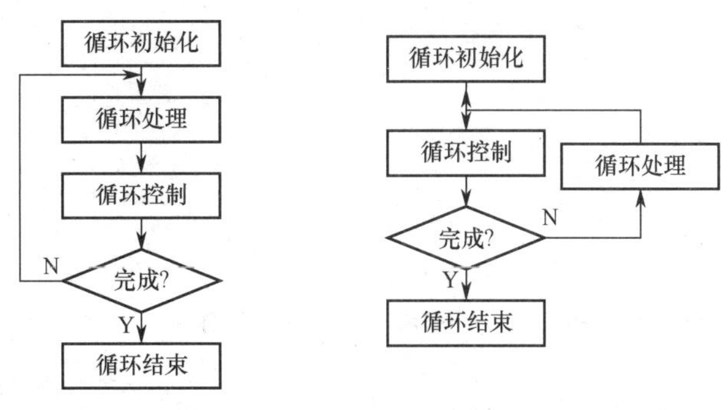

(a) 先执行后判断结构　　(b) 先判断后执行结构

图 4.4　循环程序结构类型

【例 4.4】将内部 RAM 的 30H 地址开始的 32 个单元的内容置为 FFH。

解答：采用先执行后判断的循环结构，实现程序如下

```
START   EQU     30H
        ORG     0000H
        LJMP    MAIN
        ORG     0100H
MAIN:   MOV     R1，#START   ；循环初始化
        MOV     R0，#32
        MOV     A，#0FFH
LOOP:   MOV     @R1，A       ；循环处理
        INC     R1
        DJNZ    R0，LOOP     ；循环判断及控制
        SJMP    $            ；循环结束
        END
```

【例 4.5】将内部 RAM 中起始地址为 35H 的数据串传送到外部 RAM 中起始地址为 1500H 的存储区域内，当发现‘/’字符时则停止传送。事先并不知道循环次数，但循环结束条件可以通过字符‘/’检测到。该程序设计采用先判断后执行的结构。

解答：实现程序如下

```
START   EQU     35H
DESTI   EQU     1500H
        ORG     0000H
        LJMP    MAIN
        ORG     0100H
MAIN:   MOV     R0，#START          ；循环初始化
        MOV     DPTR，#DESTI
LOOP1:  MOV     A，@R0
        CJNE    A，#2FH，LOOP2       ；循环判断及控制
        SJMP    DONE
LOOP2:  MOVX    @DPTR，A            ；循环处理
        INC     R0
        INC     DPTR
        SJMP    LOOP1
```

```
DONE:   SJMP    $                       ; 循环结束
        END
```

4.4 子程序设计

在实际应用中，经常会碰到一些具有通用性的设计问题，如数制转换、数值计算、延时设计等，而且在一个程序中可能会被反复使用，这时可以将其编写成通用子程序以便随时调用。因此，所谓的子程序就是指能完成一定任务并能为其他程序反复调用的程序段。而调用子程序的程序段往往称作主程序或调用程序。

子程序的设计仍然可以采用一般程序的三种常用结构，即顺序结构、分支结构和循环结构。在使用上，可被其他程序调用，执行完成后要返回调用程序。在编写子程序时要注意以下问题。

（1）子程序的第一条指令的地址为子程序的起始地址或入口地址。为方便调用，在该指令前必须添加标号，而且标号尽量以子程序完成的任务来命名。如延时子程序经常以 DELAY 作为标号。

（2）子程序的调用是通过主程序安排调用指令来实现的（如 LCALL 等），子程序返回主程序则需要在子程序的末尾安排一条 RET 指令来实现。

（3）为了使子程序可以存放在 64KB 程序存储器的任何子域，并能被主程序调用，子程序内必须使用相对转移指令，不使用绝对地址转移，以便汇编生成浮动代码。

另外，子程序的调用需要注意两个很重要的方面：一是主程序中调用现场的保护和恢复；二是主程序和子程序间的参数传递。

4.4.1 调用现场的保护与恢复

子程序的执行常常会用到单片机的一些通用单元，如累加器 A、工作寄存器 R0～R7、数据指针寄存器 DPTR 及相关的标志寄存器等。子程序调用前，这些单元的内容在子程序调用结束后，仍然有可能被主程序用到。因此，在调用子程序前需要对这些相关单元的内容进行保护，称为现场保护。执行完子程序，在返回主程序前需要恢复这些单元的原内容，称为现场恢复。现场的保护与恢复可以在主程序中实现，也可以在子程序中实现。

1. 在主程序中实现

其特点是结构灵活，如

```
…
PUSH    PSW             ; 现场保护，含当前工作寄存器组号
PUSH    ACC
PUSH    B
MOV     PSW, #08H       ; 更换当前工作寄存器组
LCALL   addr16          ; 子程序调用
POP     B               ; 现场恢复
POP     ACC
POP     PSW             ; 含当前工作寄存器组恢复
```

```
…
```

2. 在子程序中实现

其特点是程序规范、清晰，如

```
PRO1:   PUSH    PSW         ；现场保护，含当前工作寄存器组号
        PUSH    ACC
        PUSH    B
        MOV     PSW，#08H   ；更换当前工作寄存器组
        …
        POP     B           ；现场恢复
        POP     ACC
        POP     PSW         ；含当前工作寄存器组恢复
        RET
```

4.4.2　主程序和子程序的参数传递

子程序是为主程序服务的，执行时必然要和主程序发生数据联系。调用子程序时，主程序需要把相关参数传递给子程序，这些参数即为子程序的入口参数；子程序执行完毕后，需要把处理以后的相关参数传递给主程序，这些参数即为子程序的出口参数。对于 MCS-51 单片机，传递参数的方法主要有以下三种。

1. 利用寄存器或累加器传递参数

对于简单的子程序，入口参数和出口参数相对较少，可以把预传递的参数直接存放在工作寄存器 R0～R7 或累加器 A 中。主程序调用子程序时，子程序可以从这些指定单元中取得数据，执行运算。子程序结束后，也可以通过这些单元把结果传递给主程序。

【例 4.6】编写子程序完成单字节 BCD 码的求和运算。

入口参数：（R0）= 被加数两位 BCD 码；

（R1）= 加数两位 BCD 码。

出口参数：（R0）= 求和结果；

（CY）= 高位进位。

解答：实现的子程序如下

```
BCDAS:  MOV     A，R0
        ADD     A，R1
        DA      A
        MOV     R0，A
        RET
```

调用该子程序时，需要将两位 BCD 码的加数和被加数预先存入工作寄存器 R1 和 R0 中，子程序返回后，工作寄存器 R0 和 CY 的内容为求和结果与高位进位。

2. 利用寄存器传递参数表地址

利用寄存器或累加器直接传递参数，操作简单、方便，但传递参数的个数受到寄存器数目的限制。当传递参数较多时，利用寄存器传递参数表地址的方式使用起来更加方便。在这

种方式中，需要事先建立一个参数表。当参数表建立在内部 RAM 中时，可用工作寄存器 R0～R7 存放参数表的地址；当参数表建立在外部 RAM 中时，可用 DPTR 存放参数表的地址。

【例 4.7】 编写子程序完成多字节 BCD 码的求和运算。

入口参数：（R0）= 被加数高字节地址；

（R1）= 加数高字节地址；

（R7）= 字节数。

出口参数：（R0）= 和的高字节地址；

（CY）= 高位进位。

解答：实现的子程序如下

```
BCDAN:  MOV     A，R7              ；取字节数至 R2 中
        MOV     R2，A
        ADD     A，R0              ；初始化数据指针
        MOV     R0，A
        MOV     A，R2
        ADD     A，R1
        MOV     R1，A
        CLR     C
BCD1:   DEC     R0                 ；调整数据指针
                DEC     R1
                MOV     A，@R0
                ADDC    A，@R1     ；按字节相加
                DA      A          ；十进制调整
                MOV     @R0，A     ；将和存回以@R0 开始的存储单元中
                DJNZ    R2，BCD1   ；处理完所有字节
                RET
```

调用该子程序时，BCD 码形式的加数和被加数的高字节地址预先存入工作寄存器 R1 和 R0 中，求和的字节数存入 R7 中；子程序返回后，工作寄存器 R0 的内容为求和结果的高字节起始地址，CY 的内容为高位进位。

3．利用堆栈传递参数

任何符合先进后出或后进先出原则的内部 RAM 区域都可被称为堆栈。堆栈栈顶指针由 SP 指向。子程序可利用堆栈进行参数传递。调用子程序时，主程序利用 PUSH 指令将入口参数压入堆栈，子程序执行时将用到这些堆栈数据，子程序执行的结果又放于该堆栈单元。返回后，主程序再用 POP 指令从堆栈中弹出这些出口参数。

【例 4.8】 编写程序，将内部 RAM 中 25H 单元的两个十六进制数转换为两位 ASCII 码，并存入 26H 和 27H 单元。

首先编写一个子程序，用查表方式完成一个十六进制数的 ASCII 码转换。

入口参数：（SP）= 预转换十六进制数（低半字节）。

出口参数：（SP）= 转换结果（ASCII 码）；

解答：实现的子程序如下

```
HTASC:  MOV     R1，SP        ；堆栈指针存入 R1
```

```
        DEC     R1
        DEC     R1              ; R1 指向被转换数据
        XCH     A, @R1          ; 取转换数据
        ANL     A, #0FH         ; 取 1 位十六进制数
        ADD     A, #2           ; 偏移调整，所加值为 MOVC 与 DB 间的总字节数
        MOVC    A, @A+PC
        XCH     A, @R1
        RET
ASCTAB: DB      '0', '1', '2', '3', '4', '5', '6', '7'
        DB      '8', '9', 'A', 'B', 'C', 'D', 'E', 'F'
```

主程序如下

```
HEX     EQU     25H
ASC     EQU     26H
        ORG     0000H
        LJMP    MAIN
        ORG     0100H
MAIN:   MOV     A, HEX
        SWAP    A
        PUSH    ACC             ; 待转换数据（高半字节）入栈
        ACALL   HTASC
        POP     ASC             ; 弹出栈顶转换结果至 ASC
        MOV     A, HEX
        PUSH    ACC             ; 待转换数据（低半字节）入栈
        ACALL   HTASC
        POP     ASC+1           ; 弹出栈顶转换结果至 ASC+1
        SJMP    $
HTASC:  …
        END
```

上述程序通过堆栈完成子程序的参数传递，使用时应特别注意堆栈指针的指向。

总之，当调用子程序传递参数较少时，利用寄存器或累加器直接传递参数可获得较快的传递速度；当传递参数较多时，宜采用寄存器传递参数表地址或堆栈传递方式；在有子程序嵌套时，最好采用堆栈传递方式。

4.4.3　常用子程序介绍

1．算术运算子程序

在单片机构成的应用系统中，对数据的运算处理是不可避免的。虽然，数据运算并不是单片机的优势所在，但利用一些编程技巧和方法，单片机可以完成大部分测控应用中的数据运算处理功能。

例 4.7 已经给出了一个多字节 BCD 码求和子程序，接下来给出其他常用的算术运算子程序。

1）多字节 BCD 码减法子程序

多字节 BCD 码减法运算可以转换成多字节 BCD 码的补码加法运算。因此，首先编写一

个实现多字节 BCD 码取补运算的子程序。

【例 4.9】 编写子程序完成多字节 BCD 码的取补运算。

入口参数：（R0）= 待转换 BCD 码高字节地址；

（R7）= 字节数。

出口参数：（R0）= 补码结果高字节地址。

解答： 实现的子程序如下

```
NEG:    MOV     A，R7          ；取 R7 字节数并减 1 至 R2 中
        DEC     A
        MOV     R2，A
        MOV     A，R0          ；保护指针
        MOV     R3，A
NEG0:   CLR     C
        MOV     A，#99H
        SUBB    A，@R0         ；按字节进行十进制取补
        MOV     @R0，A         ；存回以@R0 开始的存储单元中
        INC     R0             ；调整数据指针
        DJNZ    R2，NEG0       ；处理完 R2 中的字节数
        MOV     A，#9AH        ；最低字节单独取补
        SUBB    A，@R0
        MOV     @R0，A
        MOV     A，R3          ；恢复指针
        MOV     R0，A
        RET
```

多字节 BCD 码的减法运算将使用多字节 BCD 码的取补运算和多字节 BCD 码的求和运算，相应子程序可参见例 4.9 和例 4.7。

【例 4.10】 编写子程序完成多字节 BCD 码的减法运算。

入口参数：（R0）= 被减数高字节地址；

（R1）= 减数高字节地址；

（R7）= 字节数。

出口参数：（R0）= 差的高字节地址；

（CY）= 高位借位。

解答： 实现的子程序如下

```
BCDBN:  LCALL   NEG1           ；减数进行十进制取补
        LCALL   BCDAN          ；按多字节 BCD 码加法处理
        CPL     C              ；将补码加法的进位标志转换成借位标志
        MOV     F0，C          ；保护借位标志
        LCALL   NEG1           ；恢复减数的原始值
        MOV     C，F0          ；恢复借位标志
        RET
NEG1:   MOV     A，R0
        XCH     A，R1          ；交换 R0 和 R1 指针
        XCH     A，R0
```

```
        LCALL   NEG             ; 减数取补
        MOV     A, R0
        XCH     A, R1           ; 换回 R0 和 R1 指针
        XCH     A, R0
        RET
NEG:    …                       ; 多字节 BCD 码取补运算子程序
BCDAN:  …                       ; 多字节 BCD 码求和运算子程序
```

验证程序编写如下

```
        ORG     0000H
        LJMP    MAIN
        ORG     0100H
MAIN:   MOV     30H, #57H
        MOV     31H, #82H
        MOV     32H, #64H       ; 设置被减数为 578264
        MOV     34H, #38H
        MOV     35H, #65H
        MOV     36H, #29H       ; 设置减数为 386529
        MOV     R7, #03H
        MOV     R0, #30H
        MOV     R1, #34H
        ACALL   BCDBN
        SJMP    $
BCDBN:  …
        END
```

结果：578264−386529=191735。

2）多字节 BCD 码左移十进制一位（乘十）运算子程序

【例 4.11】 编写子程序实现多字节 BCD 码左移十进制一位（乘十）运算。

入口参数：（R0）= BCD 码高字节地址；

（R7）= 字节数。

出口参数：（R0）= 左移十进制一位结果高字节地址；

（R3）= 移出的十进制最高位。

解答： 实现的子程序如下

```
BRLN:   MOV     A, R7           ; 取字节数至 R2 中
        MOV     R2, A
        ADD     A, R0           ; 初始化数据指针
        MOV     R0, A
        MOV     R3, #0          ; 工作单元初始化
BRL1:   DEC     R0              ; 调整数据指针
        MOV     A, @R0          ; 取 1 字节
        SWAP    A               ; 交换十进制高低位
        MOV     @R0, A          ; 存回
        MOV     A, R3           ; 取低字节移出的十进制高位
```

```
        XCHD    A, @R0          ; 换出本字节的十进制高位
        MOV     R3, A           ; 保存本字节的十进制高位
        DJNZ    R2, BRL1        ; 处理完所有字节
        RET
```

验证程序编写如下

```
        ORG     0000H
        LJMP    MAIN
        ORG     0100H
MAIN:   MOV     30H, #12H
        MOV     31H, #34H
        MOV     32H, #56H       ; 设置移位操作数为 123456
        MOV     R7, #03H
        MOV     R0, #30H
        ACALL   BRLN            ; 调用乘十子程序
        SJMP    $
BRLN:   …
        END
```

结果：（30H）=23H，（31H）=45H，（32H）=60H，（R3）=01H。

3）多字节无符号整数求和子程序

【例 4.12】编写子程序实现多字节无符号整数的求和运算。

入口参数：（R0）= 被加整数高字节地址；
（R1）= 加整数高字节地址；
（R7）= 字节数。
出口参数：（R0）= 和的高字节地址；
（CY）= 高位进位。

解答：实现的子程序如下

```
ADDN:   MOV     A, R7           ; 取字节数至 R2 中
        MOV     R2, A
        ADD     A, R0           ; 初始化数据指针
        MOV     R0, A
        MOV     A, R2
        ADD     A, R1
        MOV     R1, A
        CLR     C
ADDN1:  DEC     R0              ; 调整数据指针
        DEC     R1
        MOV     A, @R0
        ADDC    A, @R1          ; 按字节相加
        MOV     @R0, A          ; 和存回以@R0 开始的存储单元中
        DJNZ    R2, ADDN1       ; 处理完所有字节
        RET
```

验证程序编写如下

```
        ORG     0000H
        LJMP    MAIN
        ORG     0100H
MAIN:   MOV     30H, #68H
        MOV     31H, #55H
        MOV     32H, #98H       ; 设置被加整数为 685598H
        MOV     34H, #0A5H
        MOV     35H, #23H
        MOV     36H, #64H       ; 设置加整数为 A52364H
        MOV     R7, #03H
        MOV     R0, #30H
        MOV     R1, #34H
        ACALL   ADDN
        SJMP    $
ADDN:   …
        END
```

结果：（30H）=0DH，（31H）=78H，（32H）=FCH，（CY）=1。

4）多字节无符号整数减法子程序

【例 4.13】 编写子程序实现多字节无符号整数的减法运算。

入口参数：（R0）= 被减整数高字节地址；

（R1）= 减整数高字节地址；

（R7）= 字节数。

出口参数：（R0）= 差的高字节地址；

（CY）= 高位借位。

解答： 实现的子程序如下

```
SUBN:   MOV     A, R7           ; 取字节数至 R2 中
        MOV     R2, A
        ADD     A, R0           ; 初始化数据指针
        MOV     R0, A
        MOV     A, R2
        ADD     A, R1
        MOV     R1, A
        CLR     C
SUBN1:  DEC     R0              ; 调整数据指针
        DEC     R1
        MOV     A, @R0
        SUBB    A, @R1          ; 按字节相减
        MOV     @R0, A          ; 和存回以@R0 开始的存储单元中
        DJNZ    R2, SUBN1       ; 处理完所有字节
        RET
```

验证程序编写如下

```
        ORG     0000H
        LJMP    MAIN
        ORG     0100H
MAIN:   MOV     30H, #48H
        MOV     31H, #23H
        MOV     32H, #0B5H    ; 设置被减整数为 4823B5H
        MOV     34H, #0A2H
        MOV     35H, #75H
        MOV     36H, #0C2H    ; 设置减整数为 A275C2H
        MOV     R7, #03H
        MOV     R0, #30H
        MOV     R1, #34H
        ACALL   SUBN
        SJMP    $
SUBN:   …
        END
```

结果：（30H）=A5H，（31H）=ADH，（32H）=F3H，（CY）=1。

5）双字节无符号整数乘法子程序

【例 4.14】 编写子程序实现双字节无符号整数的乘法运算。

入口参数：（R2，R3）= 被乘数；

（R6，R7）= 乘数。

出口参数：（R2，R3，R4，R5）= 乘积结果。

解答： 实现的子程序如下

```
MULD:   MOV     A, R3         ; 计算 R3 乘 R7
        MOV     B, R7
        MUL     AB
        MOV     R4, B         ; 暂存部分积
        MOV     R5, A
        MOV     A, R3         ; 计算 R3 乘 R6
        MOV     B, R6
        MUL     AB
        ADD     A, R4         ; 累加部分积
        MOV     R4, A
        CLR     A
        ADDC    A, B
        MOV     R3, A
        MOV     A, R2         ; 计算 R2 乘 R7
        MOV     B, R7
        MUL     AB
        ADD     A, R4         ; 累加部分积
        MOV     R4, A
```

```
        MOV     A, R3
        ADDC    A, B
        MOV     R3, A
        CLR     A
        RLC     A
        XCH     A, R2          ; 计算 R2 乘 R6
        MOV     B, R6
        MUL     AB
        ADD     A, R3          ; 累加部分积
        MOV     R3, A
        MOV     A, R2
        ADDC    A, B
        MOV     R2, A
        RET
```

整个双字节无符号整数乘法子程序的算法思路及流程图如图 4.5 所示。

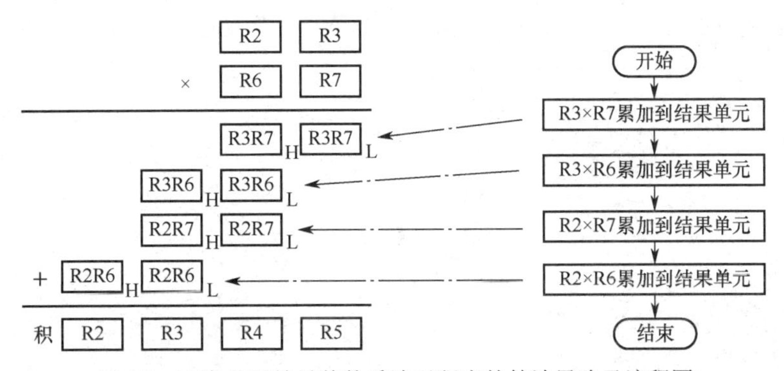

图 4.5　双字节无符号整数乘法子程序的算法思路及流程图

验证程序编写如下

```
        ORG     0000H
        LJMP    MAIN
        ORG     0100H
MAIN:   MOV     R2, #12H
        MOV     R3, #34H
        MOV     R6, #56H
        MOV     R7, #78H
        ACALL   MULD
        SJMP    $
MULD:   …
        END
```

结果：（R2）=06H，（R3）=26H，（R4）=00H，（R5）=60H。

2．查表子程序

所谓查表，是指根据程序存储器中数据表格的项数来查找与其对应的表中值。单片机应用设计中，许多通过计算才能解决的问题可以改用查表的方法解决。使用查表方法可以有效

缩短程序长度，提高程序执行效率。

MCS-51 单片机的汇编语言有两条专门的查表指令：

```
MOVC    A, @A+DPTR
MOVC    A, @A+PC
```

第一条查表指令用 DPTR 存放数据表格的起始地址，累加器 A 事先存入查表的项数，执行查表指令后，查表结果存入累加器 A。

第二条查表指令的使用分为以下三步。①将查表的项数存入累加器 A。②使用 ADD　A，#data 指令对累加器 A 内容进行修正。其中，data=数据表格起始地址−PC，而 PC 为查表指令后下一条指令的起始地址。因此，data 值实际为查表指令和数据表格之间指令的字节数。③使用 MOVC　A，@A+PC 完成查表。将查表结果存入累加器 A。

使用 MOVC　A，@A+PC 指令实现查表功能，无须 DPTR 参与（系统占用资源少），但表格只能存放在 MOVC 指令后的 256 字节内，表格的地址和空间有一定的限制。

查表程序常常用于代码转换（例 4.8）、代码显示、实时值的查表计算和按命令号实现转移等。

【例 4.15】编写程序实现 $c=a^2-b^2$ 功能。a、b、c 分别存于内部 RAM 的 35H、36H 和 37H 单元中。

首先，编写一个查表子程序，实现输入数的二次方运算。

入口参数：(A) = 输入数。

出口参数：(A) = 二次方运算结果。

解答：实现的子程序如下

```
SQR:    MOV     DPTR, #TAB
        MOVC    A, @A+DPTR
        RET
TAB:    DB      0, 1, 4, 9, 16, 25, 36, 49, 64, 81
```

主程序编写如下

```
        ORG     0000H
        LJMP    MAIN
        ORG     0100H
MAIN:   MOV     35H, #7
        MOV     36H, #4
        MOV     A, 36H          ; 用累加器传递参数
        ACALL   SQR
        MOV     R1, A           ; b² 暂存于 R1
        MOV     A, 35H
        ACALL   SQR
        SUB     A, R1           ; a²-b² 存于 A
        MOV     37H, A          ; A 结果存入 37H 单元
        SJMP    $
SQR:    …
        END
```

结果：(37H) =21H。

查表子程序的格式是相对固定的，变化体现在表格的数据内容上。可根据不同程序的需

要来建立表格内容，以达到不同的设计目的。

3. 数制与码的转换子程序

单片机能直接识别和处理的是二进制数，而其他一些外部设备（如数码管显示、LCD 液晶显示等）则常要用到 BCD 码或 ASCII 码。因此，单片机应用系统中经常需要进行二进制数和 BCD 码或 ASCII 码之间的相互转换。4 位二进制数与 1 位十六进制数对应，为了描述方便，以下用十六进制数代替二进制数。

1）十六进制数与 ASCII 码的相互转换

十六进制数 0～9 对应的 ASCII 码为 30H～39H，A～F 对应的 ASCII 码为 41H～46H。

【例 4.16】 编写子程序，实现单字节十六进制数到双字节 ASCII 码的转换。

入口参数：（A）= 待转换单字节十六进制数。

出口参数：（A）= 高 4 位 ASCII 码；（B）= 低 4 位 ASCII 码。

解答： 实现的子程序如下

```
HASC:   MOV     B，A            ；暂存待转换的单字节十六进制数
        LCALL   HAS1            ；转换低 4 位
        XCH     A，B            ；存放低 4 位的 ASCII 码
        SWAP    A               ；准备转换高 4 位
HAS1:   ANL     A，#0FH         ；将累加器的低 4 位转换成 ASCII 码
        ADD     A，#90H
        DA      A
        ADDC    A，#40H
        DA      A
        RET
```

验证程序编写如下

```
        ORG     0000H
        LJMP    MAIN
        ORG     0100H
MAIN:   MOV     A，#2BH
        ACALL   HASC
        SJMP    $
HASC:   …
        END
```

结果：（A）=32H，（B）=42H。

使用查表法实现单字节十六进制数到 ASCII 码的转换，可参见例 4.8。

【例 4.17】 编写子程序，实现 ASCII 码到 1 位十六进制数的转换。

入口参数：（A）= 待转换 ASCII 码。

出口参数：（A）= 转换后十六进制数（在低 4 位）。

解答： 实现的子程序如下

```
ASCH:   CLR     C
        SUBB    A，#30H         ；0～9 的 ASCII 码减 30H
        JNB     ACC.4，ASH1
```

```
        SUBB    A，#7         ；A~F 的 ASCII 码减 37H
ASH1:   RET
```

验证程序编写如下

```
        ORG     0000H
        LJMP    MAIN
        ORG     0100H
MAIN:   MOV     A，#41H
        ACALL   ASCH
        SJMP    $
ASCH:   …
        END
```

结果：（A）=0AH。

2）十六进制数与 BCD 码的相互转换

计算系统中，十进制数用 BCD 码来表示。而 BCD 码用 4 位二进制数来表示 1 位十进制数，1 字节能表示 2 位十进制数（即两位 BCD 码）。

【例 4.18】 编写子程序，实现单字节十六进制整数到 BCD 码整数的转换。

单字节十六进制数对应表达的十进制数范围是 0~255，转换成 BCD 码对应有三位。

入口参数：（A）= 待转换单字节十六进制整数。

出口参数：（A）= 转换后 BCD 码的十位与个位；（R3）= 转换后 BCD 码的百位。

解答：实现的子程序如下

```
HBCD:   MOV     B，#100       ；分离出百位，存放在 R3 中
        DIV     AB
        MOV     R3，A
        MOV     A，#10        ；余数继续分离十位和个位
        XCH     A，B
        DIV     AB
        SWAP    A
        ORL     A，B          ；将十位和个位拼装成 BCD 码
        RET
```

验证程序编写如下

```
        ORG     0000H
        LJMP    MAIN
        ORG     0100H
MAIN:   MOV     A，#135
        ACALL   HBCD
        SJMP    $
HBCD:   …
        END
```

结果：（A）=35H，（R3）=01H。

【例 4.19】 编写子程序，实现单字节 BCD 码整数到单字节十六进制整数的转换。

单字节 BCD 码整数，其中高 4 位对应 BCD 码的十位，低 4 位对应个位。

入口参数：（A）= 待转换单字节 BCD 码整数。

出口参数：（A）= 转换后单字节十六进制整数。

解答：实现的子程序如下

```
BCDH:   MOV     B，#10H     ；分离十位和个位
        DIV     AB
        MOV     R4，B       ；暂存个位
        MOV     B，#10      ；将十位转换成十六进制数
        MUL     AB
        ADD     A，R4       ；按十六进制加上个位
        RET
```

验证程序编写如下

```
        ORG     0000H
        LJMP    MAIN
        ORG     0100H
MAIN:   MOV     A，#24H
        ACALL   BCDH
        SJMP    $
BCDH:   …
        END
```

结果：（A）=18H。

4．延时子程序

在单片机应用程序执行过程（如按键去抖、数据采集、数码管显示等）中，经常需要插入一段较短的延时（通常在毫秒级）。对于这些需求，可以使用软件延时子程序实现。

通过前面的相关内容可以知道，单片机的 1 个机器周期包含 12 个时钟周期。若单片机系统使用 12MHz 晶振，则 1 个机器周期为 1μs；若系统使用 11.0592MHz 晶振（串行通信时可使波特率设置误差较小），则 1 个机器周期为 1.085μs。任何指令的执行都要占用一定的机器周期，因此可以通过控制某些指令循环执行次数的方式，来达到希望的延时时间。

【例 4.20】系统使用 12MHz 晶振，编写子程序实现 1ms 延时。

延时子程序不需要入口参数，也没有返回参数。

解答：实现的子程序如下

```
DELAY:  MOV     R4，#249    ；循环体外指令，1μs
D1:     NOP                 ；1μs
        NOP                 ；1μs
        DJNZ    R4，D1      ；2μs
        NOP                 ；循环体外指令，1μs
        RET                 ；循环体外指令，2μs
```

分析上述延时子程序。循环体内有 2 条 NOP 指令和 1 条 DJNZ 指令，循环体执行 1 次需要 4μs，而循环次数为 249 次，所以循环体总的执行时间为 4×249=996μs。循环体外，MOV 指令、NOP 指令及 RET 指令各执行一次，所以循环体外的指令执行时间共为 4μs。该延时子程序总的延时时间为 996+4=1000μs，即 1ms。

若需要延时时间更长一些，则可以采用循环嵌套方法实现。

【例 4.21】系统使用 12MHz 晶振，编写子程序实现 5ms 延时。

解答： 实现的子程序如下

```
DELAY:  MOV     R5，#5      ；循环体外指令，1μs
D0:     MOV     R4，#249    ；1μs
D1:     NOP                 ；1μs
        NOP                 ；1μs
        DJNZ    R4，D1      ；2μs，内层循环总延时 4×249=996μs
        DJNZ    R5，D0      ；2μs，外层循环总延时(1+996+2)×5=4995μs
        NOP                 ；循环体外指令，1μs
        NOP                 ；循环体外指令，1μs
        RET                 ；循环体外指令，2μs
```

分析上述延时子程序，使用了两层循环嵌套，循环体总的延时为 4995μs，加上循环体外 4 条指令执行需 5μs，延时子程序总的延迟时间为 5ms。

可以注意到，上面两个延时子程序为了达到精确延时，都在循环体外使用了若干 NOP 指令，以弥补延时时间的不足。

4.5 Keil μVision 及 Proteus 使用指南

4.5.1 Keil μVision 使用入门

μVision 集成开发环境是 Keil software 公司的产品，它集项目管理、代码编写、编译（或汇编）、仿真调试等功能于一体，适合个人开发或人数少、对开发过程管理还不成熟的开发团体。它支持全球几十个公司的数百种嵌入式处理器（包括 51 系列单片机、非 51 系列单片机及 ARM 处理器等），支持汇编程序的开发，也支持 C 语言程序的开发。这一功能强大的开发平台提供简单易用的操作界面，可让开发者在开发过程中集中精力于项目本身，加快开发进度。目前较新的版本是 μVision4，下面以 μVision4 版本来介绍软件的使用流程。

1. 建立 Keil 工程

安装好 Keil μVision 软件后，可以通过双击 μVision 桌面图标或选择“开始”菜单的“程序组”下的 μVision 启动项来启动软件，操作界面如图 4.6 所示。

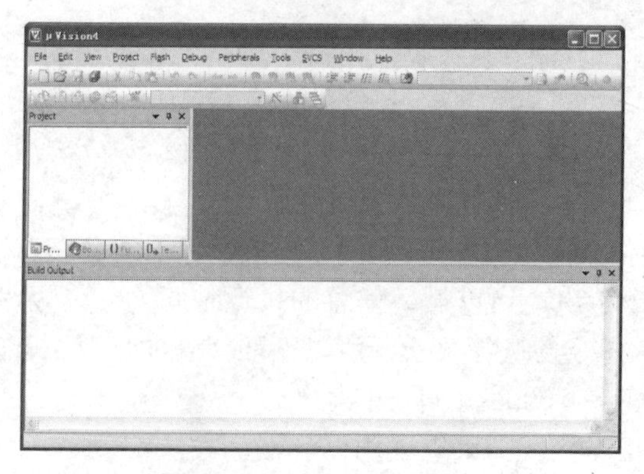

图 4.6 μVision4 操作界面

不管是采用汇编语言，还是采用 C 语言设计，μVision 都是以工程的方式来管理整个设计项目的。除源文件及工程文件外，在项目设计过程中还会产生许多与工程相关的文件（如 HEX 下载文件等）。因此，必须为所设计的项目事先建立一个工程目录。

单击 Project 菜单，选择 New μVision Project…子菜单（如图 4.7 所示），会弹出“Create New Project”对话框（如图 4.8 所示），选择事先建立好的工程目录路径，输入工程名（如 test1），然后单击“保存”按钮。

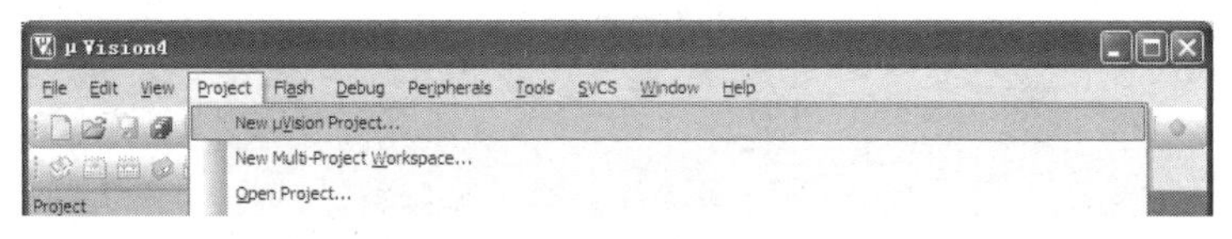

图 4.7　创建工程

随后会弹出选择单片机型号选择对话框（如图 4.9 所示），从中选择 Atmel 公司的 AT89C51。接下来为工程添加设计所需的源程序文件。

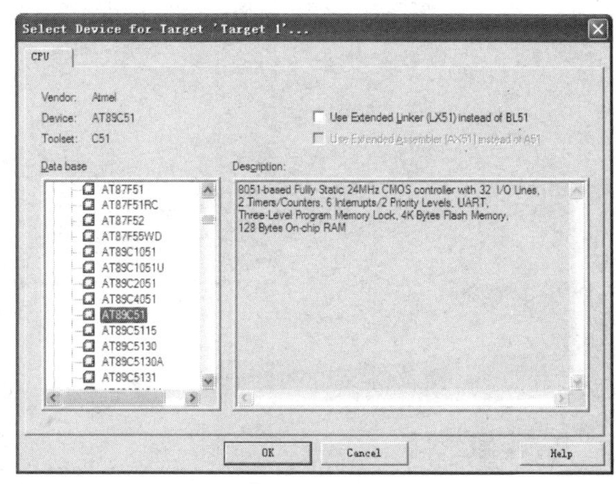

图 4.8　保存工程　　　　图 4.9　单片机型号选择

首先，新建一个源程序文件（如果源文件已经存在，则可忽略这一步）。选择菜单“File”下的“New…”子菜单（如图 4.10 所示），会产生一个名为“Test1”的文件。在文件中输入源程序代码，可以是汇编语言形式，也可以是 C 语言形式。但在保存文件时需要特别注意，若源文件是汇编语言代码，则文件的扩展名为*.asm（如图 4.11 所示）；若源文件是 C 语言代码，则文件的扩展名为*.c。

图 4.10　新建源程序文件

将新建好的源文件添加到工程中。右击工程窗口中的“Source Group1”，在弹出的菜单中选择“Add Files to Group ‘Source Group1’”（如图 4.12 所示）。

弹出源文件选择对话框（如图 4.13 所示），先选择合适的“文件类型”，再选择源文件，单击“Add”按钮添加，一次可以添加多个文件。添加完成文件后，单击“Close”按钮关闭对话框。

图 4.11　保存源程序文件

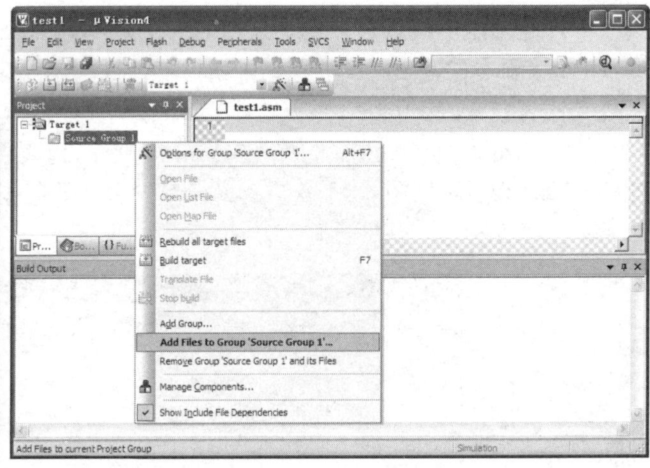

图 4.12　为工程添加源程序文件

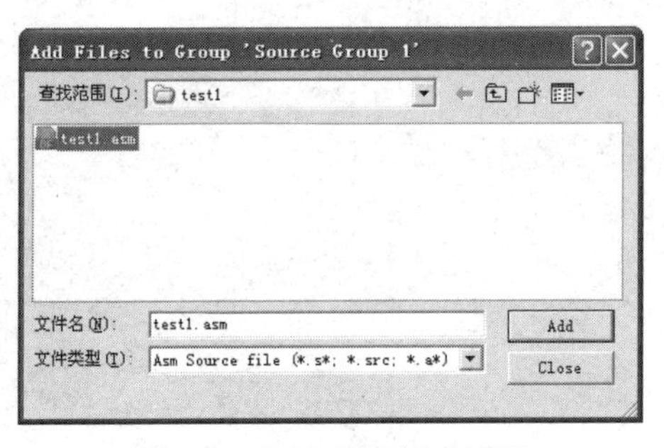

图 4.13　源文件选择对话框

至此，工程及源文件新建完毕。

2. 配置工程

在工程窗口中右击“Target1”，在弹出的菜单中选择“Options for Target ‘Target1’”子菜单（如图 4.14 所示），单击后弹出工程属性配置对话框（如图 4.15 所示）。其中，常用到的标签页有：Device、Target、Output 和 Debug。

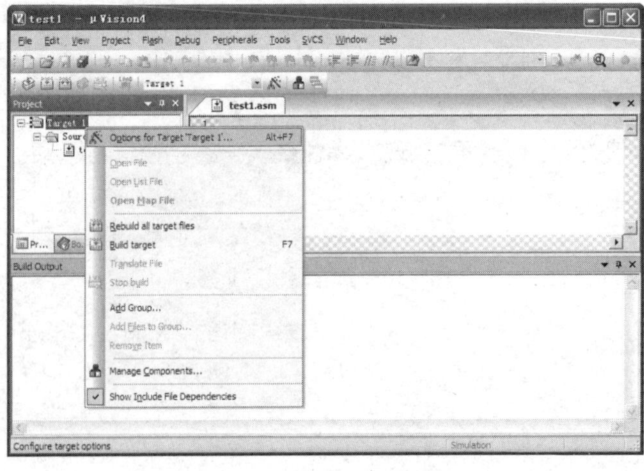

图 4.14　配置工程属性

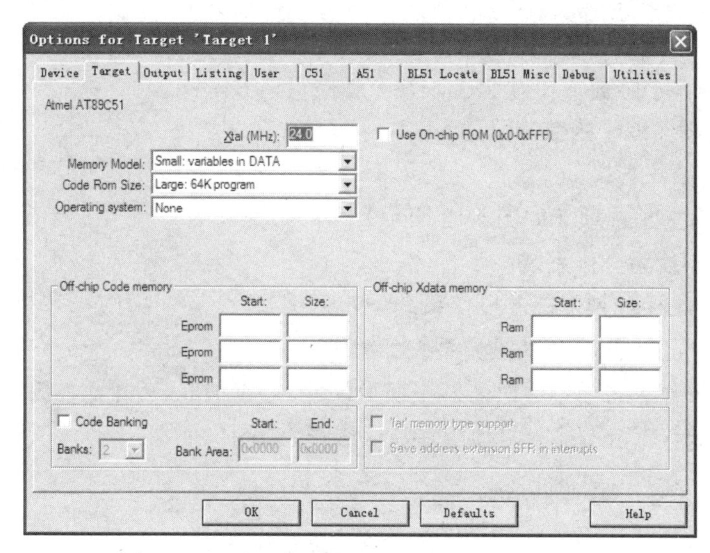

图 4.15　工程属性配置对话框（Target 标签页）

1）Device 标签页

该标签页用于选择器件型号，与工程新建中器件的选择类似，在此不再赘述。

2）Target 标签页（如图 4.15 所示）

Xtal（MHz）：设置单片机的工作频率，一般将其设成与硬件所用的晶振频率相同。其数值与最终产生的目标代码无关，仅用于软件仿真调试时显示程序执行时间。默认值为 24.0MHz。

Use On-chip ROM（0x0-0xFFF）：该选项使用片上的 Flash ROM，默认不选，在此勾选此项。

Off-chip Code memory：设置外部程序存储器的起始地址和大小，默认无。

Off-chip Xdata memory：设置外部数据存储器的起始地址和大小，默认无。

Code Banking：使用此功能，Keil 可支持程序代码超过 64KB 的情况，最大可达 2MB，默认不选。

Memory Model：有 3 个选项（如图 4.16 所示）。

（1）Small：变量存在内部 RAM 里；

（2）Compact：变量存在外部 RAM 里，使用 8 位间接寻址；

（3）Large：变量存在外部 RAM 里，使用 16 位间接寻址。

3 种方式都支持内部 256B 和外部 64KB 的 RAM，区别是变量的优先存放位置。默认选 Small。

Code Rom Size：有 3 个选项（如图 4.17 所示）。

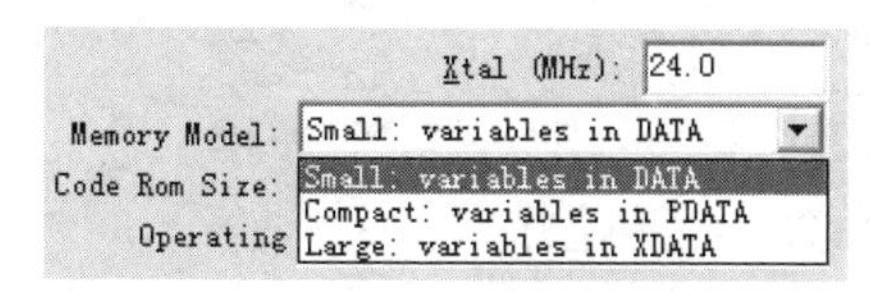

图 4.16　Memory Model 选项

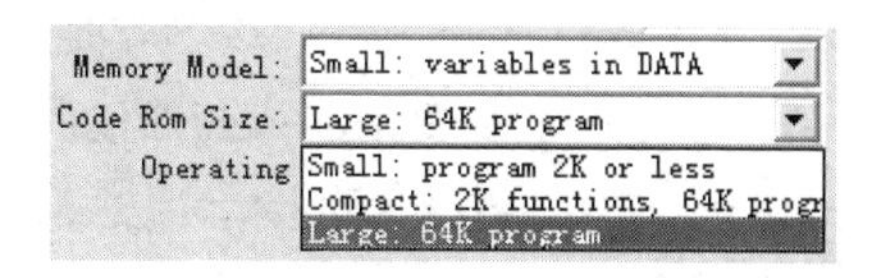

图 4.17　Code Rom Size 选项

（1）Small：每个程序最大为 2KB；

（2）Compact：子函数不超过 2KB，整个程序可达 64KB；

（3）Large：程序或子函数都可达 64KB。

默认选择 Large。

Operating：有 3 个选项（如图 4.18 所示）。

（1）None：不使用操作系统；

（2）RTX-51 Tiny：使用 Tiny 操作系统；

（3）RTX-51 Full：使用 Full 操作系统。

Tiny 多任务操作系统使用定时器 0 来切换任务，效率很低。Full 需要用户使用外部 RAM，且需要单独购买运行库，不能直接使用。默认选择 None。

3）Output 标签页（如图 4.19 所示）

Select Folder for Objects：设置编译后目标文件的输出路径，默认为工程文件目录。

Name of Executable：目标文件的名称，默认与工程名一致。

Create Executable：生成 OMF 及 HEX 文件，OMF 文件与工程同名但没有扩展名。

Create HEX File：生成 HEX 文件，默认未选。若进行 Proteus 仿真或烧写硬件实验，则需要 HEX 文件，因此通常勾选该项。

Create Library：生成 LIB 库文件，默认不选。

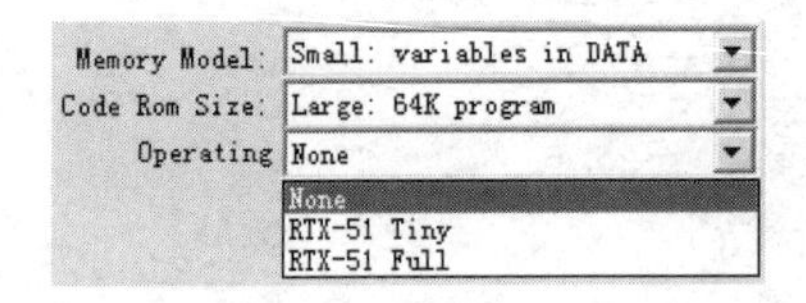

图 4.18　Operating 选项

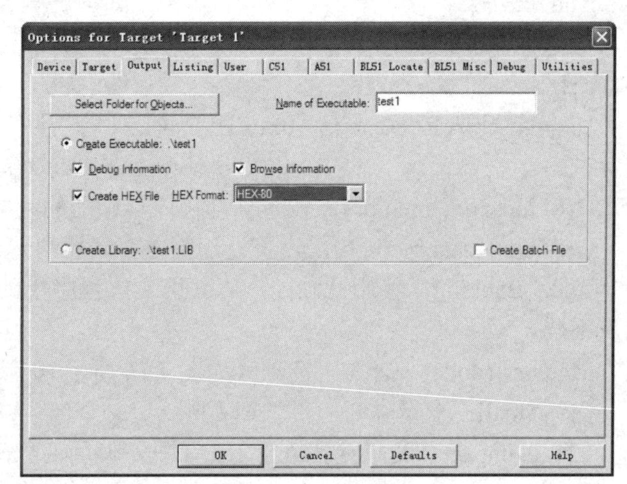

图 4.19　Output 标签页

4）Debug 标签页（如图 4.20 所示）

Use Simulator：使用 Keil 内置的仿真器，该项是默认选项。

Use：设置硬件仿真器，默认选项是 Keil Monitor-51 Driver。

Load Application at Startup：在启动时直接装载程序，默认选择。

Run to main( )：装载后直接运行到 Main 函数，建议选择。

若选择硬件仿真器，则需要通过“Settings”按钮设置与硬件设备连接的端口及波特率。通常设置端口为 COM1 口，波特率为 9600bps。

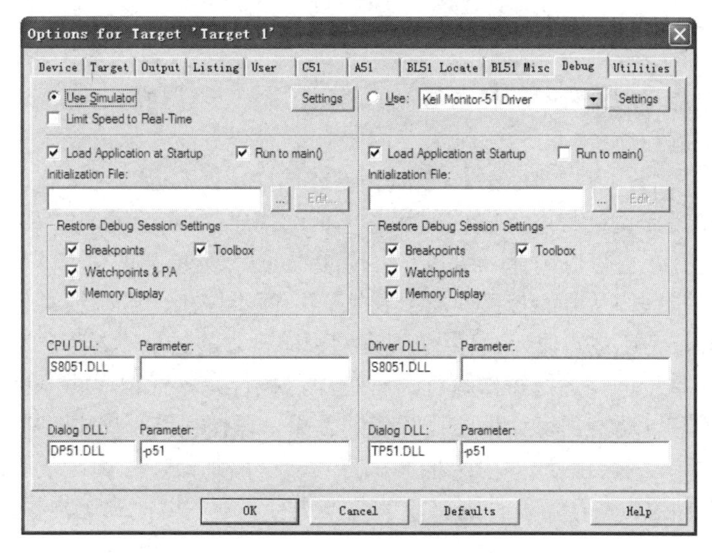

图 4.20　Debug 标签页

上面介绍的工程配置内容较多，对于一般的设计项目，通常只需要设置 Target 标签页的 Xtal(MHz)内容、勾选 Output 标签页的 Create HEX File 项、选择 Debug 标签页的 Use Simulator 项即可，其他内容使用系统默认设置。

3．编译工程

工程配置完成后，可以进行编译、连接。选择“Project”菜单下的“Build target”子菜单，可以对工程进行连接；若当前文件有改动，则软件会对文件先进行编译，再连接生成目标代码。如果选择“Rebuild All target files”子菜单，则会对工程中的所有文件都重新进行编译再连接，确保最终生成的目标代码是最新的。“Translate…”子菜单只会对当前文件进行编译，而不进行连接。在需要编译工程时，通常选择“Rebuild All target files”菜单。

上述操作也可以通过快捷键进行（如图 4.21 所示）。工具条按钮从左至右的功能分别是：编译当前文件（“Translate”）、编译连接（“Build”）、全部重建（“Rebuild”）、批量文件编译（“Batch Build…”）、停止编译（“Stop Build”）、程序下载（“Download”）、工程配置（“Target Options”）、单工程管理（“Manage Single Project”）和多工程管理（“Manage Multi-Project”）。

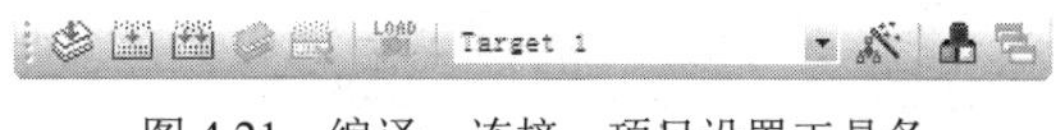

图 4.21　编译、连接、项目设置工具条

编译过程中的信息将出现在“Build Output”窗口（如图 4.22 所示）。若有错误报告出现，则双击该行即可定位到源程序中出错的位置，修改后再重新编译。如图 4.22 所示为显示工程正确编译后的结果。同时可以看到工程生成了 HEX 文件，该文件可用于单片机烧写及 Proteus 仿真等。工程编译还生成了其他一些相关文件，用于 Keil 的仿真与调试。

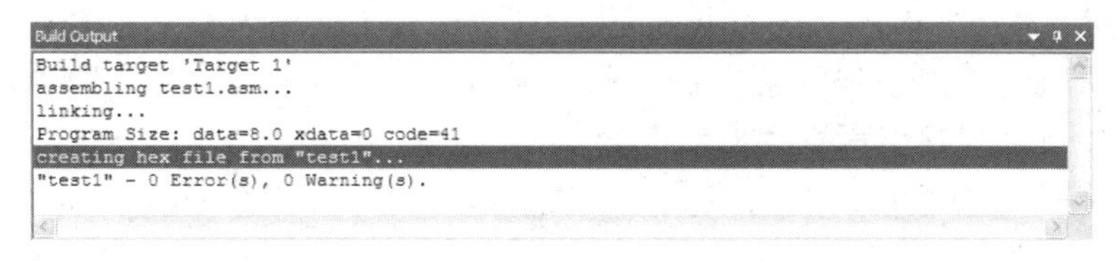

图 4.22　编译、连接后的信息

4．仿真调试

编译通过只能说明工程不存在语法上的错误；而在设计功能上是否达到要求，必须通过仿真调试才能检测到。

工程编译连接后，可按“Ctrl+F5”组合键或选择“Debug”菜单下的“Start/Stop Debug Session”子菜单进入调试状态。在调试状态下可选择“Debug”下的“Run”菜单（或按 F5 键）进行全速运行，也可以选择“Debug”下的“Step”菜单（或按 F11 键）进行单步运行。

全速运行是指程序从开始连续执行到结束，中间不停止，可以观察到程序执行的总体效果（即最终结果正确还是错误），但无法观察到程序执行的过程。若程序有错，则难以确定错在哪些程序行。单步运行是指每次执行一行程序，执行完该行程序即停止，等待命令执行下一行。这种方式可以观察到每行程序执行后的效果，以便找到程序中存在的问题。

实际应用时，应该合理地使用两种调试方式，以达到最佳的调试效果。另外，在调试过程中，需要对存储器、寄存器及外围接口的数据进行观察，以便确定程序设计功能是否正确。

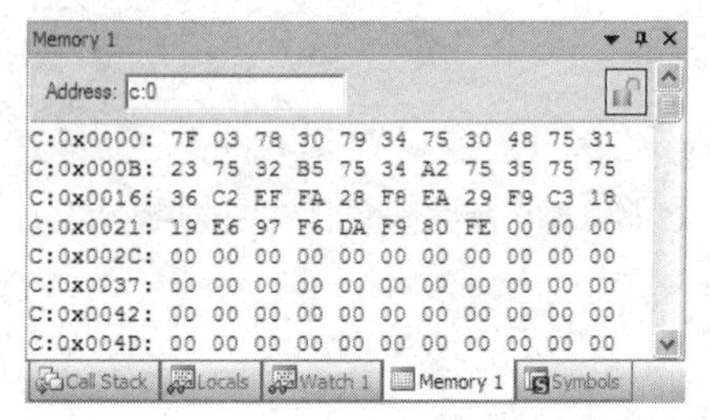

图 4.23　存储器窗口

1）程序调试窗口（对话框）

Keil μVision 软件在调试时提供多个窗口（对话框），以观察存储器、寄存器等对象的数据变化。其中常用的包括存储器窗口、工程窗口寄存器页、观察窗口及外围接口对话框等。

（1）存储器窗口。

存储器窗口在程序调试时是默认打开的（如图 4.23 所示）。若没有出现，则可以选择“View”菜单下的“Memory Windows”子菜单打开。在“Address”文本框输入“字母：数字”，可以显示相应存储单元的值。其中，字母可以是“C”“D”“X”，分别代表程序存储器空间、内部数据存储器空间和外部数据存储器空间。例如，输入“C：0”可以显示程序存储器从 0 单元开始的值，即程序的二进制代码；输入“D：30H”可以显示内部数据存储器从 30H 单元开始的值。

右击窗口中的数据，利用弹出的菜单项可以改变数据显示的方式及修改某个存储器单元的值。选中“Decimal”项，数据以十进制方式显示，否则默认按十六进制方式显示。“Unsigned”和“Signed”项后分别有 4 个选项：“Char”“Int”“Short”“Long”，分别表示以单字节、双字节整型、双字节短整型和 4 字节长整型方式显示数据。“ASCII”表示以字符型方式显示数据，“Float”表示以 4 字节浮点数形式显示数据，“Double”表示以 8 字节双精度形式显示数据。“Modify Memory at X:xx”项可以用于修改所选存储器单元的值。

（2）工程窗口寄存器页。

进入调试状态后，工程窗口默认切换到寄存器页（如图 4.24 所示）。若没有显示寄存器页，则可通过工程窗口下的标签进行切换。

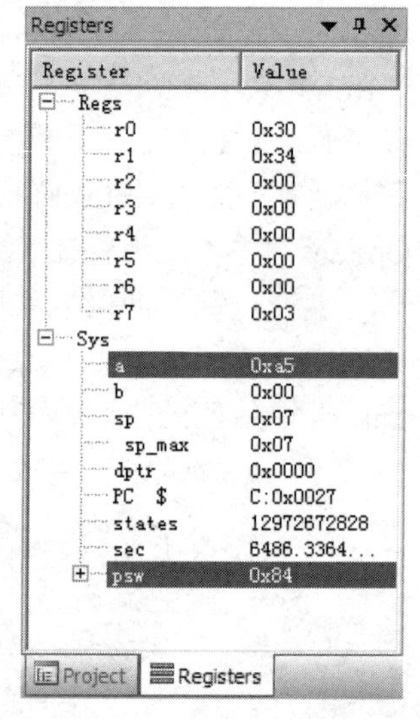

图 4.24　工程窗口寄存器页

在该窗口中可以观察工程寄存器组 R0～R7，系统寄存器 A、B、DPTR、SP 等在程序运行时实时变化的情况。单击选中某个寄存器后，使用“F2”键可以修改其内容。当然，有些寄存器的内容是不能修改的，如 states、sec 等。

（3）观察窗口。

观察窗口也是默认打开的（如图 4.25 所示）。若没有出现，则可以通过“View”菜单下的“Watch Windows”子菜单打开。工程窗口的寄存器页只能观察到工作寄存器组和有限的寄存器（如 A、B、DPTR 等），若想观察其他寄存器的值或高级语言程序（如 C 语言）中某些变量的值，则必须使用到观察窗口。在窗口中单击“F2”键，输入待观察的寄存器名或变量名即可。

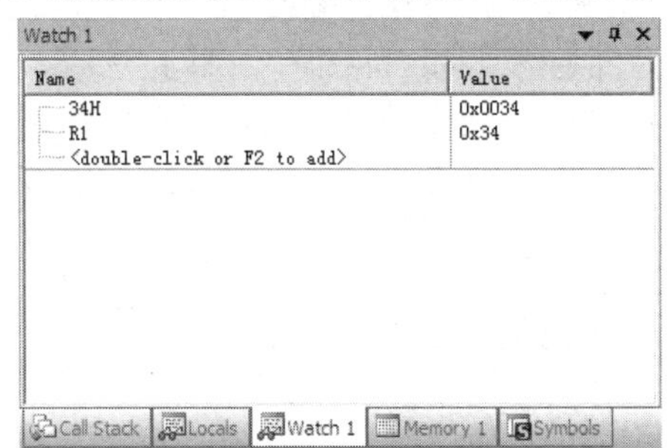

图 4.25　观察窗口

（4）外围接口对话框。

Keil 提供了一些外围接口对话框，能直观地观察单片机中的定时器、中断、并行 I/O 口及串行接口等常用外设的工作情况。

利用“Peripherals”菜单下的“Interrupt”子菜单可以打开中断系统对话框（如图 4.26（a）所示），利用“I/O-Ports”子菜单可以打开并行 I/O 口对话框（如图 4.26（b）所示），利用“Serial”子菜单可以打开串行接口对话框（如图 4.26（c）所示），利用“Timer”子菜单可以打开定时/计数器对话框（如图 4.26（d）所示）。

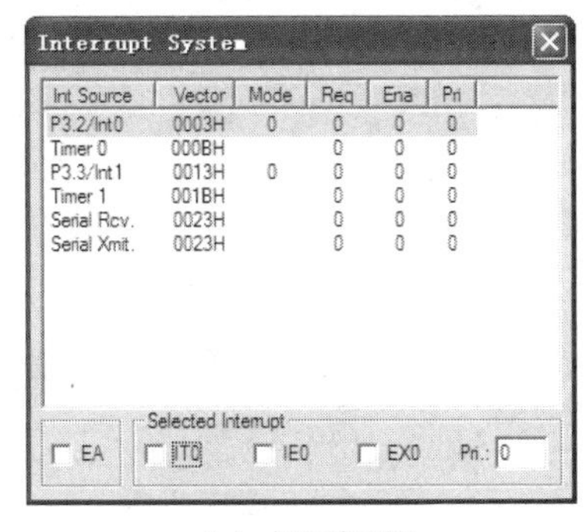

（a）中断对话框

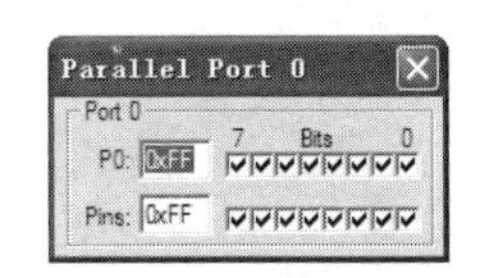

（b）并行 I/O 口对话框

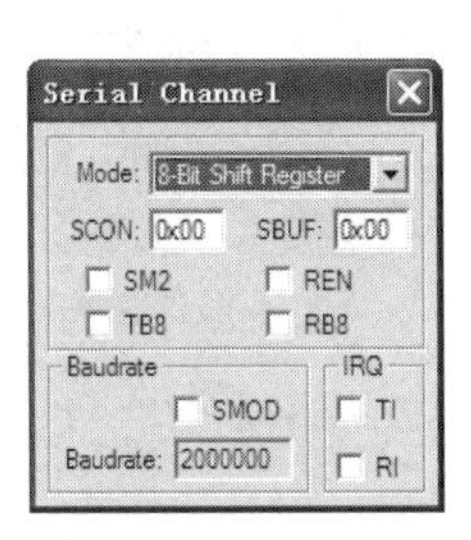

（c）串行接口对话框

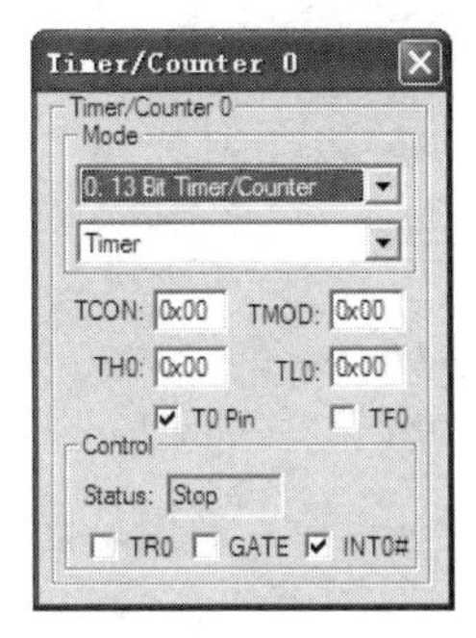

（d）定时/计数器对话框

图 4.26　外设接口

这些对话框给出了外围设备当前的使用情况、各标志位的状态，可以通过这些对话框直观地观察和修改各外围设备的运行情况。另外，利用“View”菜单下的“Serial Windows”子菜单可以打开串行接口虚拟终端，以方便串行接口通信调试。

2）在线汇编

若调试过程中发现有错，则可以对程序进行修改，但不能编译，必须退出调试环境才能编译，再进入调试，这样使得程序调试变得很烦琐。为此，Keil 软件提供了在线汇编能力。

把光标停在待修改的程序行上，选择“Debug”菜单下的“Inline Assembly...”子菜单，出现在线汇编对话框（如图 4.27 所示）。在“Enter New Instruction”文本框输入修改后的语句，回车将自动指向下一语句，可以继续修改。单击右上角的关闭按钮可以退出在线汇编。再次全速（或单步）运行程序时，将按照修改后的内容执行。

3）断点设置

调试时，为了更好地观察调试结果，有时候希望程序能按照一定的条件执行，这时就需要使用断点设置的方法。

设置断点的方法有很多，通常是在某程序行上设置断点。程序全速运行时，会在设置有断点的程序行上停止，此时可以观察有关寄存器和变量的值。程序设置/移除断点的方法是将光标定位于需要设置断点的程序行，使用“Debug”菜单下的“Insert/Remove Breakpoint”子菜单设置或移除断点（也可以直接双击该程序行）；“Enable/Disable Breakpoint”子菜单用于开启或暂停光标所在程序行的断点功能；“Disable All Breakpoints”子菜单用于暂停所有断点功能；“Kill All Breakpoints”子菜单用于清除所有断点设置。

此外，Keil 还提供了条件断点设置。使用“Debug”菜单下的“Breakpoints...”子菜单可以打开条件断点设置对话框（如图 4.28 所示）。在“Expression”文本框可以输入产生断点的条件表达式，而“Count”用于设置该条件满足的次数。“Command”文本框用于设置满足该条件时在信息窗口输出的信息。“‘P1==3’，count=2”表示在第二次“P1==3”时程序产生中断。

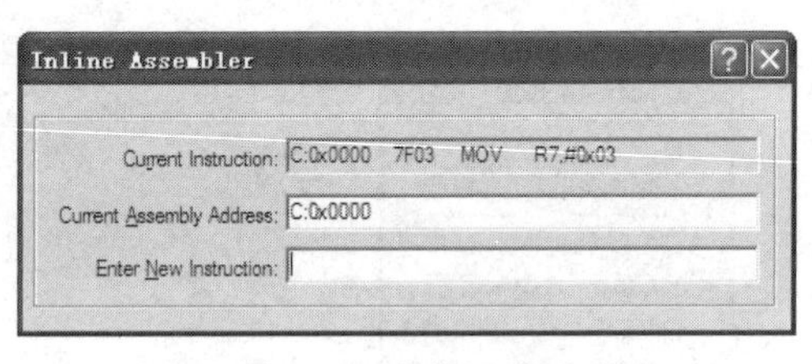

图 4.27 在线汇编对话框

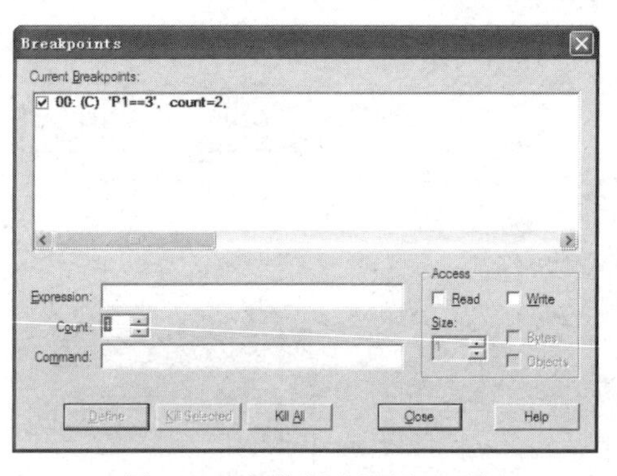

图 4.28 条件断点设置对话框

以上给出了 Keil 使用的基本流程，在 4.5.3 节将用实例加以说明。

4.5.2 Proteus 使用入门

Proteus 是 Labcenter Electronics 公司设计的一款的 EDA 工具软件，是一个完整的嵌入式系统软/硬件仿真设计平台，在全球广泛使用。和其他 EDA 工具一样，它具备绘制原理图、PCB 自动或人工布线及电路仿真等基本功能。此外，其最具特点的功能是：它的电路仿真是互动的，针对微处理器的应用，还可以直接在基于原理图的虚拟原型上编程，并实现软件源码级的实时调试，如有显示及输出，还能看到运行后输入/输出的效果。配合系统配置的虚拟仪器（如示波器、逻辑分析仪等），Proteus 为用户建立了完备的电子设计开发环境。

Proteus 包括一个易用且功能强大的 ISIS 原理图绘制工具、ProSPICE 混合模型 SPICE 仿真器、ARES 印制电路板（PCB，Printed Circuit Board）设计工具及 Proteus VSM 处理器虚拟系统仿真器。Proteus VSM 是 ProSPICE 仿真器的一种扩展，是便于包括所有相关的器件的基于微处理器设计的协同仿真器。此外，还可以结合微处理器软件使用动态的键盘、开关、按钮、LED 甚至 LCD 显示等。

Proteus VSM 支持许多通用的微处理器，如 PIC、AVR、HC11 及 8051 等；能使用丰富的交互式仿真模型，如 LED、LCD、RS232 终端、通用键盘等；具备强大的调试功能，如断点调试、单步调试、寄存器及存储器数据观察等；支持 Keil μVision 源码程序调试。

使用 Proteus 仿真的基础是正确地绘制原理图并合理地进行参数设置，绘制原理图需要使用 ISIS 原理图绘制工具。下面以一个 8051 单片机的例子介绍 Proteus 软件的使用方法。

1. 原理图绘制

（1）通过开始菜单或桌面快捷方式启动 ISIS 原理图绘制工具，会以默认模板打开一个设计文档（如图 4.29 所示）。也可以新建一个新的设计文档，选择“File”菜单下的“New Design…”子菜单，弹出“Create New Design”对话框（如图 4.30 所示），从中选择设计文档模板。

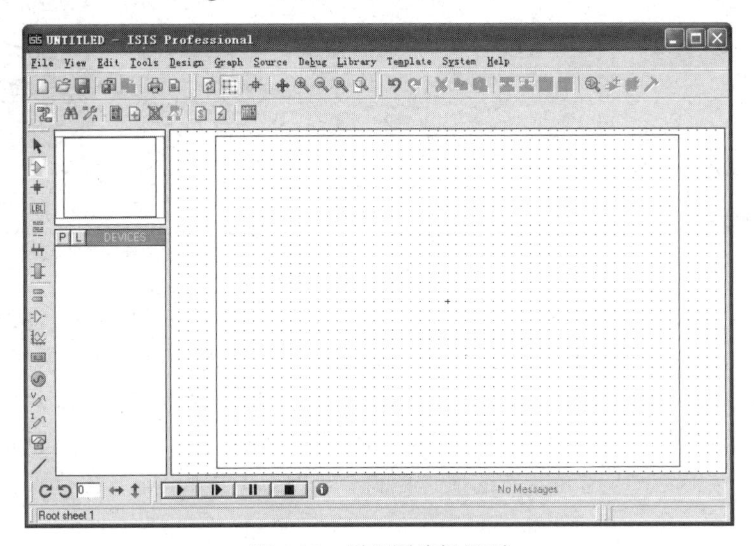

图 4.29　原理图编辑界面

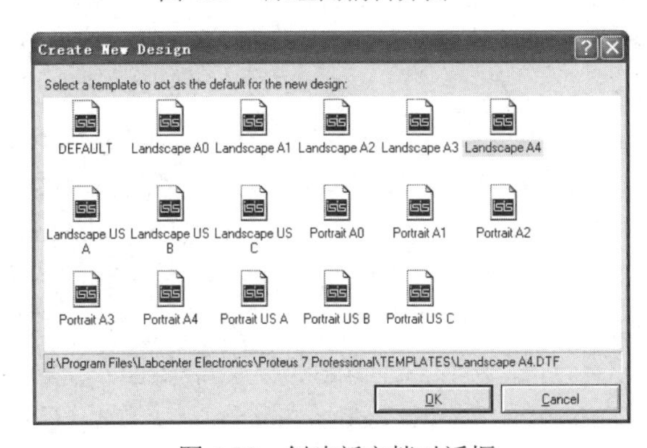

图 4.30　创建新文档对话框

（2）选择一个合适的模板（此例选择“Landscape A4”），单击“OK”按钮建立新文档，然后保存设计文档（如“mydesign.DSN”）。

（3）选择“Library”菜单下的“Pick Device/Symbol…”子菜单，打开“Pick Devices”对话框（如图 4.31 所示），从中选取设计所需的元器件。

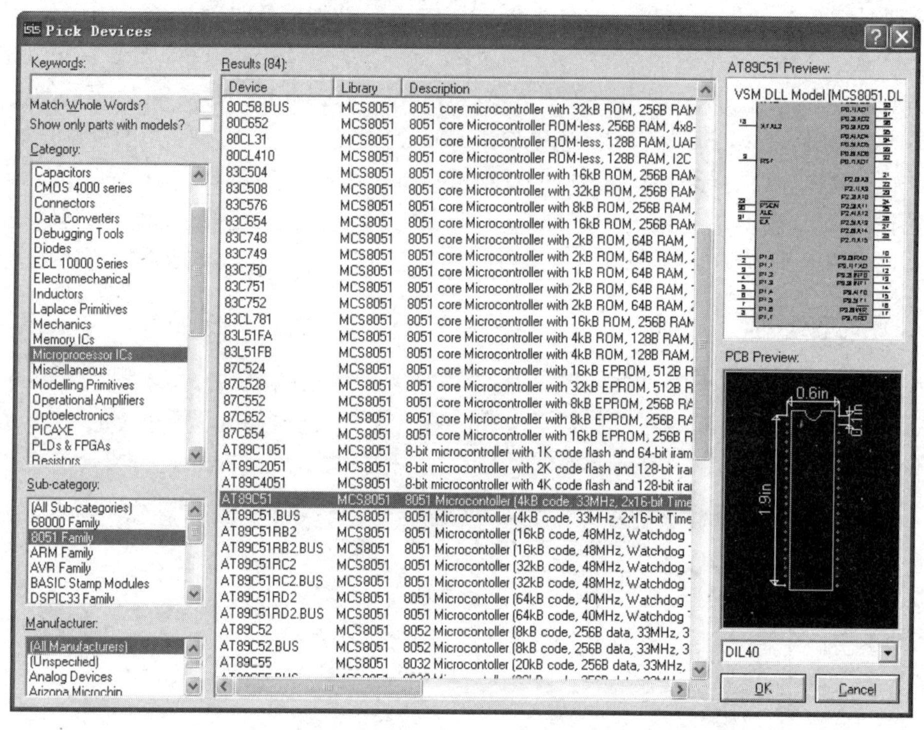

图 4.31　元器件库

在“Pick Devices”对话框中，“Category”栏列出了所有的元件类别。在选中某个元件类别（如“Microprocessor ICs”）后，在“Sub-category”栏中将显示该类别的所有元器件子类，从中可以进一步选择（如“8051 Family”）；“Results(*)”栏将显示符合条件的所有元器件及数目，从中找到需要的某个元器件（如“AT89C51”）；“Manufacturer”栏显示元器件生成厂商分类；“* Preview”显示所选元器件的原理图符号；“PCB Preview”显示所选元器件的 PCB 封装及封装名。

如果对元件十分熟悉，可以直接在“Keywords”栏输入关键字，快速定位元器件。

对元器件库的了解与掌握是快速、正确绘制原理图的基础。下面对 Proteus 的主要元器件库做简单说明。

① Analog ICs（模拟集成电路）库：主要是放大器（Amplifiers）、比较器（Comparators）、显示驱动电路（Display Drivers）、滤波器（Filters）、多路复用器（Multiplexers）、稳压器（Regulators）、555 定时器（Timers）、参考电压源（Voltage References）等器件。

② Capacitors（电容元件）库：主要包括各种各样功能的电容器，可变的，不同材料的，根据需要选择不同型号的电容。

③ CMOS 4000 series 库：包括各种功能的数字集成电路，主要有加法器（Adders）、缓冲驱动电路（Buffers & Drivers）、比较器（Comparators）、计数器（Counters）、解码（Decoders）、

编码器（Encoders）、触发器及锁存器（Flip-flops & Latches）、分频/计数器（Frequency dividers & timers）、逻辑门电路（Gates & Inverters）、存储器（Memory）、多路复用器（Multiplexers）、多谐振荡器（Multivibrators）、锁相环（Phase-Locked-Loops）、寄存器（Registers）、信号开关（Signal Switches）等。

④ Connectors 库：主要是一些端口连接器。

⑤ Data Converters 库：包括 A/D 转换电路、D/A 转换电路、采样–保持电路（Sample & Hold）、光传感器（Light Sensors）、温度传感器（Temperature Sensors）。

⑥ Debugging Tools 库：包含一些调试工具，如断点设置、逻辑激励及探测工具。

⑦ Diodes（二极管）库：包括整流桥、整流二极管、肖特基二极管、开关二极管、隧道二极管、变容二极管及齐纳二极管等。

⑧ Electromechanical 库：包括用于仿真的各种电机，如直流电机、步进电机、伺服电机及 PWM 控制电路等。

⑨ Inductors 库：包括各类型的电感和变压器线圈等。

⑩ Memory ICs 库：包括各类型的串行的、并行的存储器集成电路。

⑪ Microprocessor ICs（微处理器）库：包括大部分常见的微处理器，如 PIC、AVR、HC11、8051 及 ARM 等。

⑫ Miscellaneous 库：混杂器件库，包括硬盘驱动器模型、电池组、晶振、保险丝及交通灯等。

⑬ Modelling Primitives 库：模型化仿真基本元器件库，该库元器件具备仿真模型，但没有 PCB 封装，只用于仿真设计，包括各类常见的模拟和数字器件。

⑭ Operational Amplifiers 库：各类型的运算放大器，也包括专用于仿真的理想运放。

⑮ Optoelectronics 库：光电子显示器件库，包括七段数码管、字符型 LCD、绘图型 LCD、柱状显示器、点阵显示器、灯泡、发光二极管及光耦器件等。

⑯ PLDs & FPGAs 库：AMD 公司的可编程逻辑器件。

⑰ Resistors（电阻）库：可以找到不同功率、材料及一些特殊性能的电阻。

⑱ Simulator Primitives 库：包括一些简单的触发器、门电路及仿真激励源（电压源、电流源）。

⑲ Speakers & Sounders 库：包括蜂鸣器、扬声器等器件。

⑳ Switches & Relays 库：包括键盘、继电器及开关等器件。

㉑ Switching Devices 库：各种单向、双向晶闸管。

㉒ Transducers 库：包括压力传感器、温度传感器。

㉓ Transistors 库：包括双极型晶体管及单极型场效应管等。

㉔ TTL 74XXX 库：各类标准 74 系列元器件库，可参考 CMOS 4000 Series 库的内容。

以上只是对库类别的简单说明，必须通过对软件的经常使用来熟悉这些元器件库。

（4）在“Pick Devices”对话框选中某个元器件（如“AT89C51”）后，单击“OK”按钮，元器件会出现在软件界面左侧的“DEVICES”列表中（如图 4.32 所示），再在“DEVICES”列表中选择具体的元器件，在绘图区域单击放置元器件。

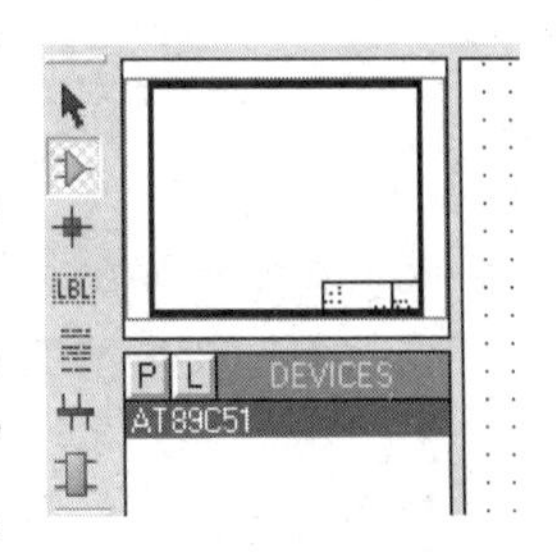

图 4.32　元器件列表

按上述过程，根据电路设计需要放置其他元器件（如图 4.33 所示）。在放置元器件的过程中，可能需要调整元器件的方向，可以使用左下角的（旋转与翻转）工具栏来实现。

（5）在左侧工具栏中单击图标，在“DEVICES”列表中显示可用终端，从中选择“POWER”和“GROUND”项，添加电源终端和地终端（如图 4.34 所示）。

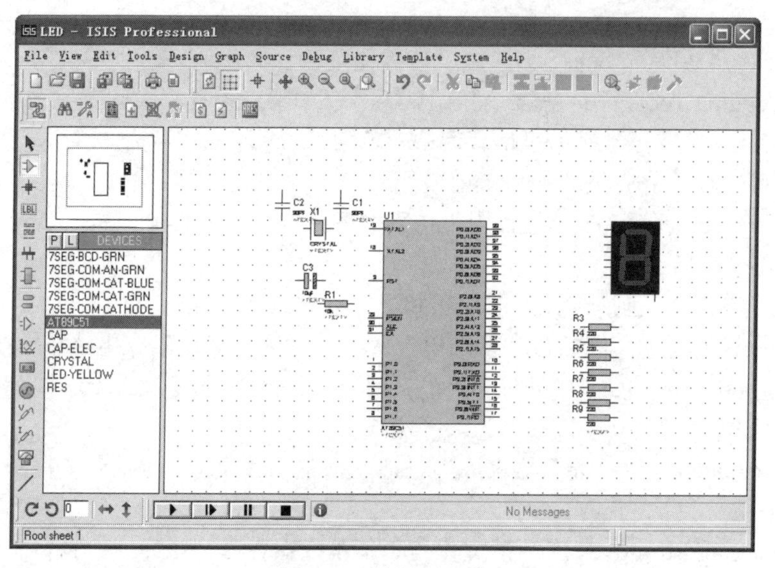

图 4.33　放置元器件

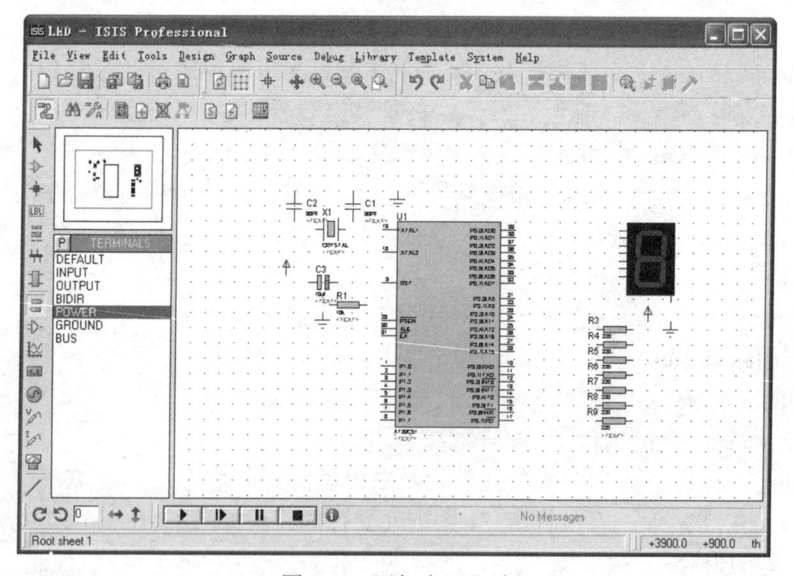

图 4.34　添加电源和地

（6）将鼠标移至具有电气连接属性的点（如元器件引脚处），鼠标会变成布线笔形状，进入连线状态，在需要的引脚间连线即可。Proteus 支持自动布线，分别单击两个引脚（不管这两个引脚在何处），两个引脚间会自动添加连线。根据电路设计需要完成元器件间的电气连接（如图 4.35 所示）。

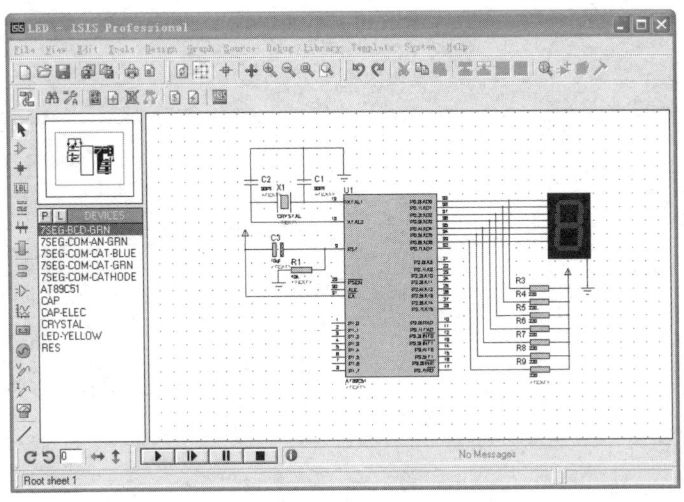

图 4.35　完成连线后的电路图

（7）在电源终端上双击，弹出“Edit Terminal Label”对话框（如图 4.36 所示）。可以在文本框中直接输入电源电压值，也可以在下拉菜单中选择电源类型，如“VCC”等。其中，“VCC”默认为+5V 电源，“VEE”为−5V 电源。

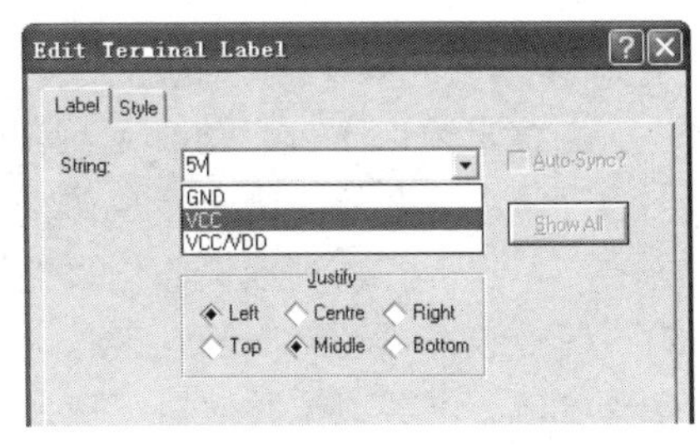

图 4.36　编辑电源终端窗口

2. 仿真与调试

（1）双击原理图中的微处理器件（如 AT89C51），弹出“Edit Component”对话框（如图 4.37 所示），单击“Program File”后的浏览按钮，添加目标程序文件（如 LED.hex，该文件是由源程序在 Keil 中编译、连接生成的），设置“Clock Frequency”时钟频率（如 12MHz）。单击“OK”按钮完成设置。

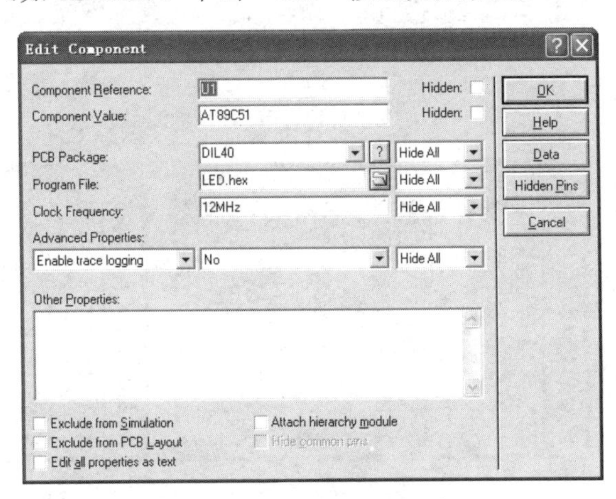

图 4.37　编辑元器件对话框

（2）单击 ISIS 编辑环境下方的▶按钮启动仿真（如图 4.38 所示），本例可以观察到 0～9 的循环计数过程。

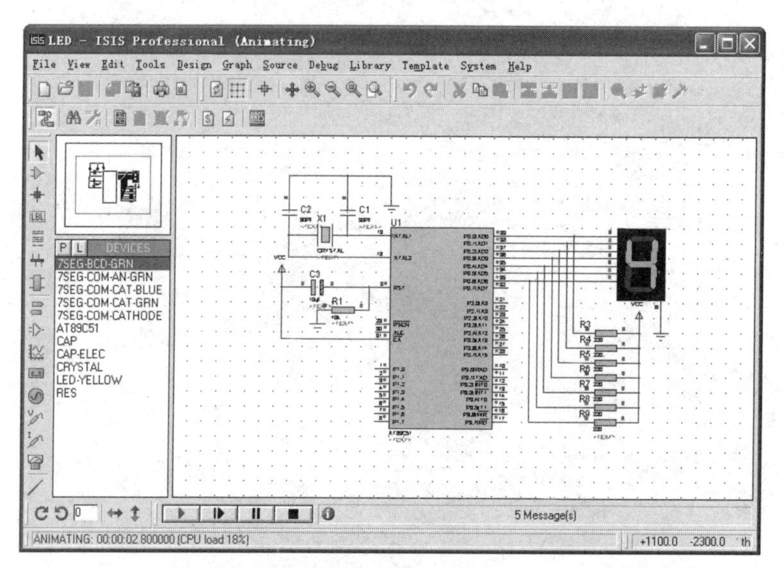

图 4.38　仿真结果

在编辑窗口下方有仿真工具条，从左至右功能分别为：启动仿真、单步运行仿真、暂停仿真及停止仿真。

在单步运行仿真或暂停仿真的情况下，右击原理图中的微处理器（如 AT8951），在弹出的菜单中选择“8051 CPU”项，在子菜单中有三项内容（如图 4.39 所示），可以分别打开寄存器窗口、内容数据存储器窗口及特殊功能寄存器窗口（如图 4.40 所示），以便观察单片机的内部运行状态。

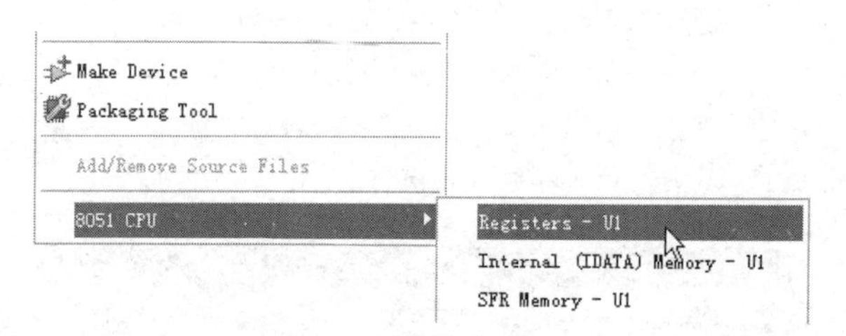

图 4.39　微处理器右键菜单

（a）寄存器窗口

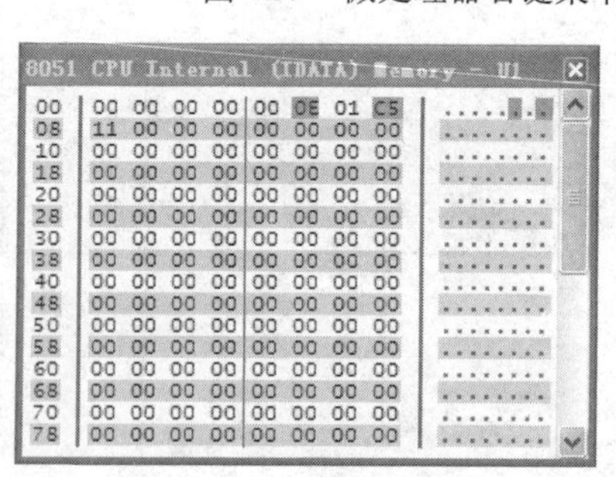

（b）内部数据存储器窗口

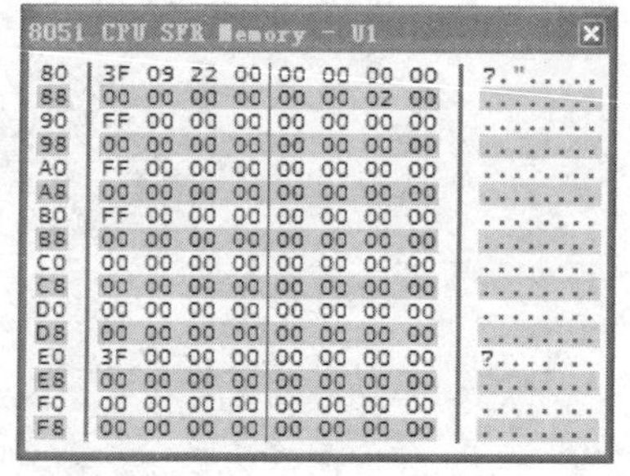

（c）特殊功能寄存器窗口

图 4.40　调试观察窗口

4.5.3　应用实例

下面通过数据排序实例来总结 Keil 及 Proteus 软件的使用方法。

1. 程序设计

【例 4.22】 有 10 个数，存放在内部数据存储器 50H 开始的单元，试用冒泡法，将数据由小到大进行排序。

解答： 算法的思路是将一个数与后面的每个数都进行比较，如果比后面的数大，则交换。如此操作将所有的数都比较一遍，最大的数就在序列的最后面；再取第二个数，进行下一轮比较，找到第二大数据。循环下去，直到全部数据比较完成。流程图如图 4.41 所示。

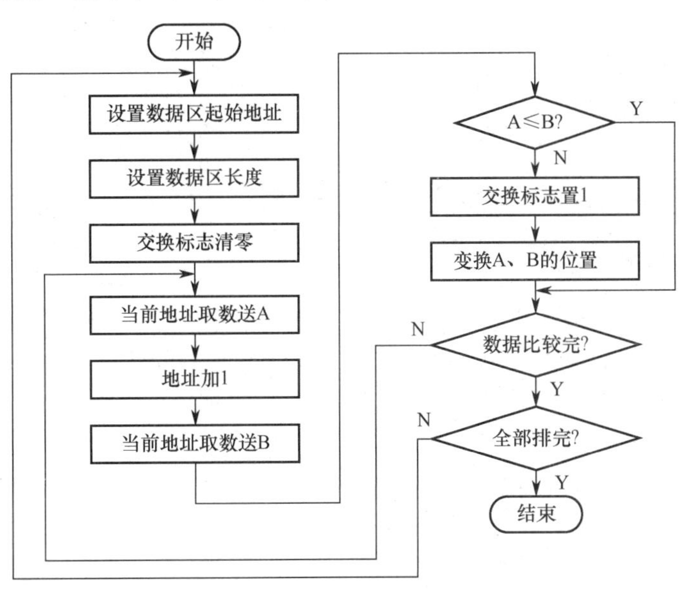

图 4.41　数据排序流程图

实现的程序如下

```
ORG 0000H
    SIZE     EQU 10              ; 数据个数
    ARRAY    EQU 50H             ; 数据起始地址
    FLAG     BIT      00H        ; 交换标志
LJMP    MAIN
ORG 0100H
    MAIN:    MOV 50H, #05H       ; 数据区域初始化
             MOV 51H, #23H
             MOV 52H, #0B5H
             MOV 53H, #19H
             MOV 54H, #87H
             MOV 55H, #0A1H
             MOV 56H, #97H
             MOV 57H, #0C4H
             MOV 58H, #10H
             MOV 59H, #45H
SORT:        MOV      R0, #ARRAY    ; 将首地址输入 R0
             MOV      R7, #SIZE-1   ; 数据个数减 1 并输入 R7
             CLR      FLAG          ; 交换标志清零
COON:        MOV      A, @R0        ; 将首地址中的内容读到 A
             MOV      R2, A         ; 将数据写入 R2
```

```
            INC     R0                  ；首地址加“1”
            MOV     B，@R0              ；将首地址中的内容读到 B
            CJNE    A，B，NOTEQUAL      ；不相等则跳转
            SJMP    NEXT
NOTEQUAL:
JC      NEXT                            ；前小后大，不交换
            SETB    FLAG                ；前大后小，置交换标志
            XCH     A，@R0              ；交换
            DEC     R0                  ；R0 减 1
            XCH     A，@R0
            INC     R0
NEXT:       DJNZ    R7，COON            ；R7 不等于 0 时转到 COON（即没有交换完）
            JB  FLAG，SORT              ；FLAG=1 时转到 SORT 使 FLAG 清零
            SJMP    $
            END
```

2．在 Keil 中调试程序

下面给出 Keil 中的调试步骤，具体过程可参见 4.5.1 节。

（1）打开 Keil μVision4，新建 Keil 工程，选择单片机类型为 AT89C51；

（2）新建汇编源文件（程序内容参见例 4.22，扩展名为*.asm），保存并添加到“Source Group1”中；

（3）在工程窗口中右击“Target1”，选择“Options for Target ‘Target1’”子菜单，单击后弹出工程属性配置对话框，设置 Target 标签页的 Xtal（MHz）为 12MHz，选中 Output 标签页的 Create HEX File 项，选择 Debug 标签页的 Use Simulator 项，其他采用系统默认设置；

（4）选择“Project”菜单下的“Build target”子菜单，对工程进行编译连接，如有错，修改后需重新编译；

（5）选择“Debug”菜单下的“Start/Stop Debug Session”子菜单进入调试环境，在“Memory1”窗口的“Address”栏输入“D：50H”，观察 50H 单元开始的内部数据存储空间数据；按“F11”键，单步调试程序，观察 50H～59H 单元数据初始化的过程及数据排序过程，同时观察工程窗口中各寄存器值的变化。

图 4.42 和图 4.43 分别为数据区域初始化结果和排序后的结果。

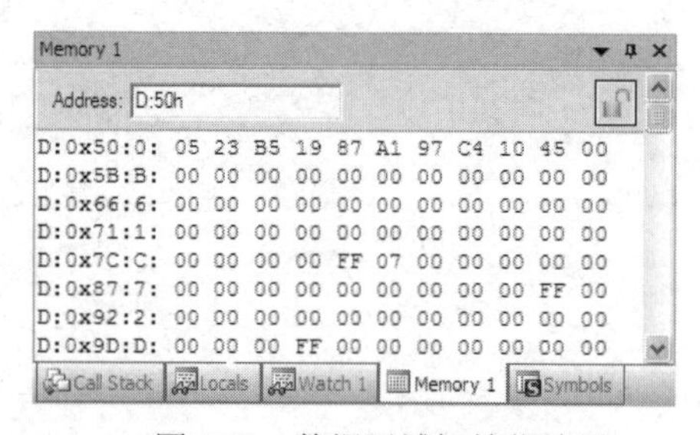

图 4.42　数据区域初始化结果

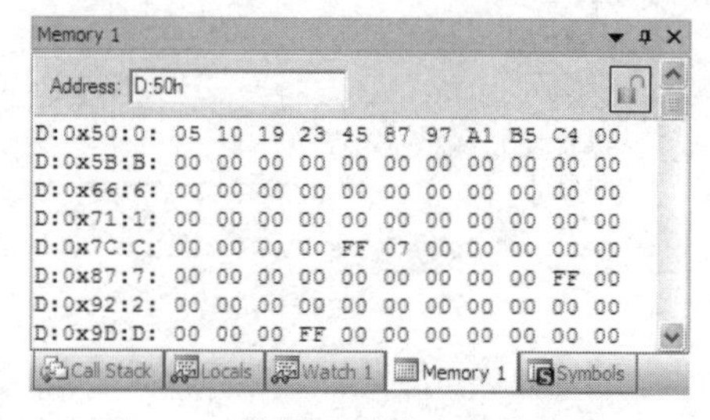

图 4.43　数据区域排序后的结果

3．在 Proteus 中调试程序

下面给出 Proteus 中的调试步骤，具体过程可参见 4.5.2 节。

（1）打开 Proteus 的 ISIS 原理图编辑环境，按图 4.44 完成电路原理图，设置晶振频率为 12MHz；

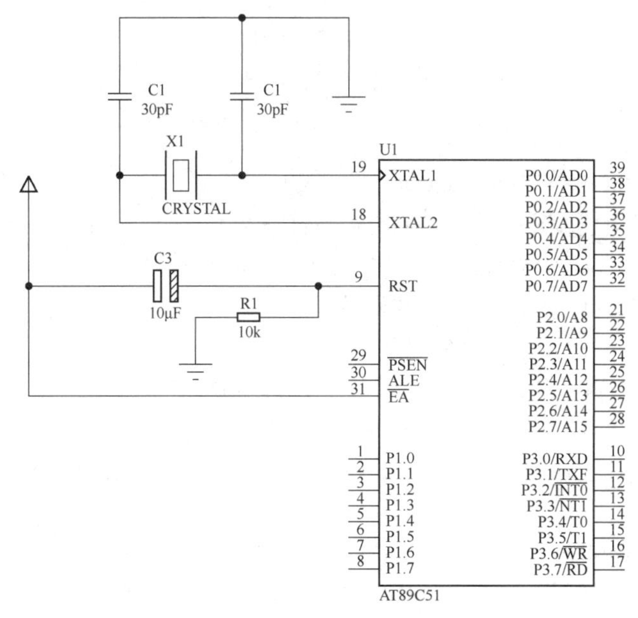

图 4.44　电路原理图

（2）双击原理图中 AT89C51，弹出“Edit Component”对话框，在“Program File”栏中添加事先由 Keil 生成的 HEX 文件，单击“OK”按钮，保存设计文件；

（3）单击左下角的 ▮▮ 按钮，进入暂停调试状态，并在“Debug”菜单下选择“8051 CPU Registers”和“8051 CPU Internal (IDATA) Memory”子菜单，打开寄存器窗口和内部数据存储器窗口，按“F11”键单步运行程序，观察 50H～59H 单元数据初始化的过程及数据排序过程，同时观察工程窗口中各寄存器值的变化。

图 4.45 和图 4.46 分别为数据区域初始化结果和排序后的结果。

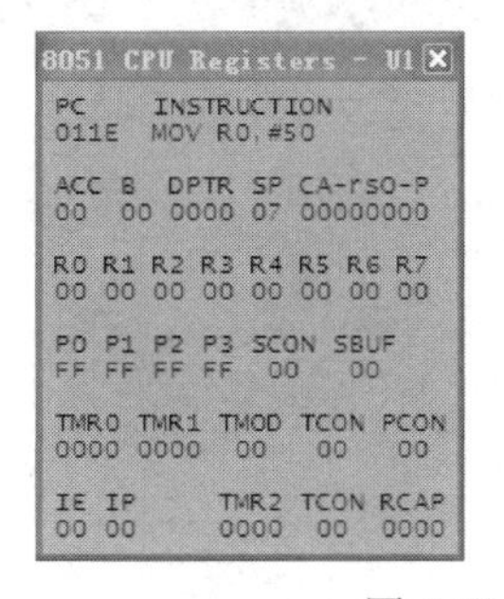

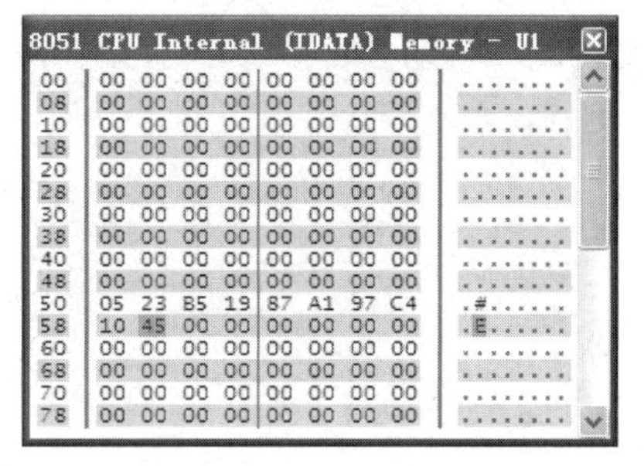

图 4.45　数据区域初始化结果

图 4.46　数据区域排序后的结果

习　题　4

4.1　汇编语言有哪两类语句？各有什么特点？

4.2　汇编语言中的标号有什么作用？构成原则是什么样的？注释起什么作用？

4.3　MCS-51 单片机的汇编语言中常用的伪指令有哪些？各起什么作用？

4.4　汇编语言程序设计分哪几步？各步骤完成什么任务？

4.5　常用的程序结构有几种？它们的特点是什么？

4.6　编写汇编语言程序，实现双字节无符号数相加，要求被加数存放在内部 RAM 的 21H、20H 单元，加数存放在 23H、22H 单元，运算结果存放在 28H、27H 单元。

4.7　编写汇编语言程序，将外部 RAM 中 2000H 单元开始的 256 字节内容传送到 3000H 单元开始的 256 字节单元。

4.8　若系统晶振频率为 6MHz，试编写延时为 12ms 的子程序。

4.9　编写汇编语言程序，将内部 RAM 中 30H～3FH 单元的数据按从大至小的顺序排列。

4.10　编写汇编语言程序，从内部 RAM 中 20H～29H 单元的数据中查找最大数并存放在 31H 单元，查找最小数并存放在 32H 单元。

4.11　编写汇编语言程序，将内部 RAM 中 35H 单元的二进制数据转换成 3 位 BCD 码，按百位、十位、个位分别存放在内部 RAM 的 30H～32H 单元。

4.12　内部 RAM 有以 D_TABLE 为起始地址的数据块，其长度存放在 LEN 单元。用查表指令编写汇编语言程序，若数据块中的数据为 A～F 的十六进制数，则将其转换成 ASCII 码并存放在原单元；若不是，则转换成 00H。

4.13　编写汇编语言程序，将内部 RAM 中 30H～3FH 单元的数据求其平均值，并存放在 50H 单元。

4.14　针对题 4.7 中编写的汇编语言程序，在 Keil μVision 环境中观察数据传送过程，并按图 4.44 搭建电路，在 Proteus 中运行测试。具体步骤可参见 4.5 节的相关内容。

第 5 章　MCS-51 单片机的中断系统

用户编写的程序经调试、编译、下载到系统的 ROM 区中，如果系统的运行条件（如复位、时钟等）满足，上电后，CPU 所做的事情就是按照所编写的程序逐条取指、译码、执行，除非程序需要它进行跳转。但是，CPU 外部有时会出现一些紧急事件，并且这些紧急事件一般都是随机的，CPU 事前并不能预见它们什么时候出现。这些紧急事件常常需要 CPU 能停下正在运行的程序，马上响应，做出处理，处理完成后又能回到刚才被打断的地方继续执行。单片机能完成以上功能的技术称为中断技术，是由单片机中的中断系统来完成的。中断技术是单片机应用中的一项重要技术，应用中断能大大提高系统的工作效率。本章将介绍中断的基本概念和 MCS-51 单片机的中断系统结构与工作原理，讨论中断接口技术及应用。

5.1　概述

中断技术是单片机应用中的一项重要技术，掌握中断的相关概念，对灵活应用 MCS-51 单片机的中断技术处理一些问题是非常关键的。

5.1.1　中断的定义和作用

1．中断的定义

中断是指 CPU 暂时停止原程序的执行转而为其他内部或外部事件服务，并在服务完成后自动返回到原程序继续执行的过程。现实生活中也常出现中断事件，如某同学正在看书，突然电话铃响了，该同学折起书页转而去接电话，接完电话后又回到刚才折起的位置继续看书。这个过程中，看书相当于 CPU 执行主程序，电话铃响相当于外部的紧急事件，接电话相当于 CPU 对外部事件进行处理，接完电话回到原位置继续看书相当于 CPU 处理完外部事件后回到原程序继续执行。

2．中断的处理流程

由上面的例子可以看出，CPU 处理中断的工作流程可由图 5.1 描述：CPU 正在运行主程序，运行到某个位置时，外部事件向 CPU 发出信号，这个信号称为中断请求信号，该位置称为断点位置或简称断点。CPU 的中断系统根据设置决定是否响应这个中断请求。如果 CPU 决定响应该中断请求，则响应过程包括以下几个步骤。

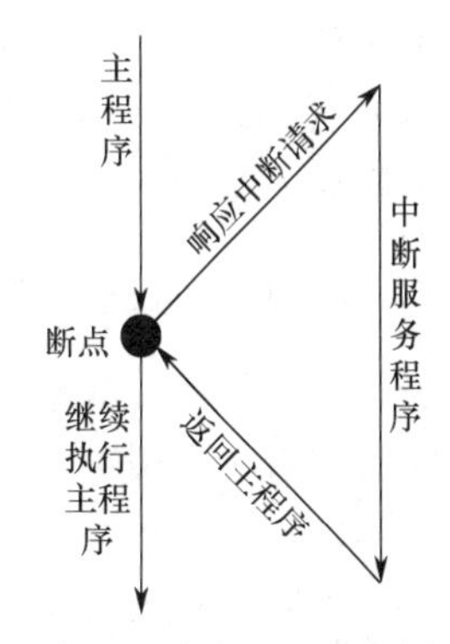

图 5.1　中断处理流程图

1）断点保护

断点保护是指 CPU 在执行中断处理程序之前，将断点处的 PC 值压入堆栈保护起来，以保证执行完中断处理程序之后可以返回到程序被打断的地方继续执行，这是中断系统的硬件自动完成的。

2）跳转到中断服务程序

断点保护完成后，CPU 跳转到中断服务程序对中断进行处理。这个过程也是由中断系统的硬件自动完成的。

3）现场保护

现场保护是指中断处理程序将要使用的有关寄存器或存储单元的内容压入堆栈中保护起来，不会因为中断服务程序的执行而破坏有关寄存器或存储单元的原有内容。这个过程需要用户程序完成。

4）执行中断处理

用户程序根据中断类型、中断响应需求对中断请求进行处理。

5）现场恢复

CPU 处理完中断之后，用户程序恢复主程序中寄存器或存储单元的原有内容，这个过程称为现场恢复。

6）断点恢复

断点恢复是指 CPU 返回断点位置，继续执行主程序。实际编程中在中断处理程序的末尾加上 RETI 指令，使存在堆栈中的断点地址自动弹出到 PC，实现返回。

3. 中断源

中断源是指在计算机系统中向 CPU 发出中断请求的来源。中断源可以人为设定，也可以为响应突发性随机事件而设置。

中断源可以设置优先级，如果有多个中断源同时向 CPU 发出中断请求信号，那么 CPU 将先响应优先级高的，处理完高优先级的中断请求后，才会响应低优先级的中断请求。如图 5.2 所示，A、B、C 三个中断源同时向 CPU 申请中断，假设中断源的优先级 A>B>C，CPU 将先响应 A 中断请求并做出相应处理，处理完 A 中断请求后，才响应 B 中断请求并做出相应处理，处理完 B 中断请求后，才响应 C 中断请求……

4. 中断嵌套

中断也可以实现嵌套。如图 5.3 所示，CPU 响应 B 中断请求，正在执行 B 中断服务程序时，如有优先级更高的 A 中断源向 CPU 发出中断请求，则 CPU 中断正在进行的 B 中断服务程序，并进行断点保护后，转而处理 A 中断请求，只有处理完 A 中断后才回到 B 中断服务程序被中断的地方继续执行。这个过程称为中断嵌套。如果新的中断请求的优先级低于当前正在处理的中断源的优先级，则 CPU 不会响应该中断请求，而是等当前高优先级的中断处理完成后，才响应新的中断请求。

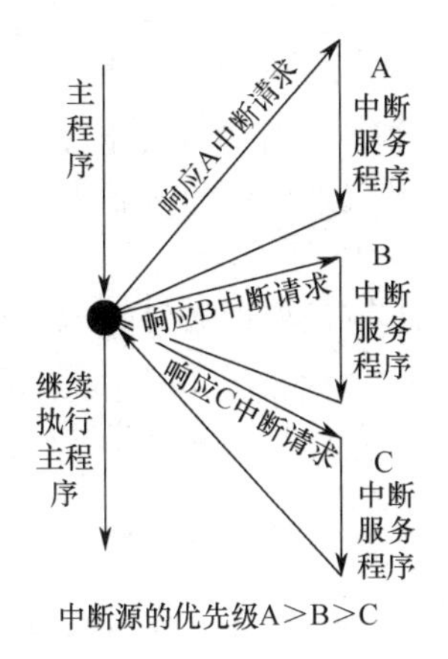

图 5.2　多个中断源同时申请中断时的 CPU 处理流程图

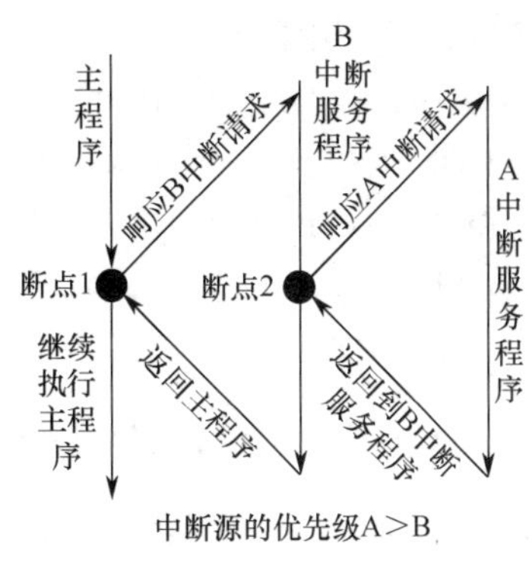

图 5.3　中断嵌套流程图

5. 中断的作用

在单片机应用系统中采用中断主要有以下优点。

1）可以提高 CPU 的工作效率

以单片机控制打印机执行 *n* 个字符的打印任务为例，查询方式下的工作过程为：单片机送第一个字符给打印机打印后，不断查询打印机是否打印完该字符，未打印完则等待，打印完则送第二个字符给打印机打印……直到打印任务结束。由于打印机的打印时间远远长于单片机传送字符时间，换句话说，单片机的大部分时间都在等待。同样一个单片机控制的打印系统如采用中断方式，其工作过程为：单片机送一个字符给打印机打印后，单片机可以去做其他事情，打印机打印完这个字符后向单片机申请中断，单片机响应中断，在中断处理程序中传送下一个要打印的字符，接下来单片机又可以去做其他事情……直到打印任务结束。从以上例子中可能看出，采用中断方式可以大大提高 CPU 的工作效率。

2）可以提高外部紧急事件的处理时效

外部紧急事件（如实时参量、越限数据和故障信息等）要求 CPU 能及时采集、分析、处理。应用中断技术的系统可以在这些信息到来时，立即响应外部的中断申请，及时处理。

5.1.2　MCS-51 单片机的中断源及中断分类

能向 CPU 发出中断请求信号的设备或源头称为中断源。常见的中断源有 4 种：外部设备中断源、故障源、被控对象中断源和定时/计数脉冲中断源。本节以 MCS-51 单片机为例，介绍单片机的中断源和中断标志。

1. MCS-51 单片机的中断源分类

在 MCS-51 单片机中，单片机的类型不同，中断源的个数和中断标志位的定义也有差别。例如，8031、8051 和 8751 单片机有 5 个中断源；8032、8052 和 8752 单片机有 6 个中断源；80C32、80C252 和 87C252 单片机有 7 个中断源。现以 8051 为例介绍 MCS-51 单片机的中断源。

8051 单片机共有 5 个中断源，分别如下。

（1）$\overline{\text{INT0}}$：外部中断请求 0，由$\overline{\text{INT0}}$引脚（P3.2）输入，中断请求标志为 IE0。

（2）$\overline{\text{INT1}}$：外部中断请求 1，由$\overline{\text{INT1}}$引脚（P3.3）输入，中断请求标志为 IE1。

（3）定时/计数器 T0 溢出中断请求，其计数脉冲可设置为内部时钟输入，也可设置为外部引脚 P3.4（T0）输入，中断请求标志为 TF0。

（4）定时/计数器 T1 溢出中断请求，其计数脉冲可设置为内部时钟输入，也可设置为外部引脚 P3.5（T1）输入，中断请求标志为 TF1。

（5）串行通信中断请求，包括接收中断请求和发送中断请求，中断请求标志为 RI 和 TI。

2．MCS-51 单片机的中断源的标志位

8051 单片机的 5 类中断源的中断请求标志位分别由 SFR（特殊功能寄存器）的 TCON 和 SCON 的相应位锁存，其中$\overline{\text{INT0}}$、$\overline{\text{INT1}}$、T0、T1 的中断标志位在 TCON 中；串行通信中断标志位在 SCON 中。以下分别介绍 TCON 和 SCON 寄存器中各位的作用。

1）TCON

TCON（Timer Control Register）称为**定时/计数器控制寄存器**，它的作用是控制定时器的启停、标志定时器溢出情况和外部中断情况。TCON 在特殊功能寄存器中，字节地址为 88H，并且可位寻址，位地址（由低位到高位）为 88H～8FH。

TCON 的格式如图 5.4 所示，其中高 4 位用于定时/计数器 T0 和 T1，低 4 位用于外部中断$\overline{\text{INT0}}$和$\overline{\text{INT1}}$。

	D7	D6	D5	D4	D3	D2	D1	D0	
TCON	TF1	TR1	TF0	TR0	IE1	IT1	IE0	IT0	88H
位地址	8FH	8EH	8DH	8CH	8BH	8AH	89H	88H	

图 5.4　定时/计数器控制寄存器 TCON 各位格式

各位定义如下。

（1）IT0（TCON.0）：外部中断$\overline{\text{INT0}}$触发方式选择位。

IT0=0 时，外部中断$\overline{\text{INT0}}$被设置为电平触发方式，低电平有效。

IT0=1 时，外部中断$\overline{\text{INT0}}$被设置为边沿触发方式，下降沿有效。

（2）IE0（TCON.1）：外部中断$\overline{\text{INT0}}$请求标志位，该位与触发方式有关。

IT0=0 时，外部中断 0 被设置为电平触发方式。CPU 在每个机器周期的 S5P2 期间采样引脚$\overline{\text{INT0}}$（P3.2）的输入电平，当采样到低电平时，置 IE0=1。采用该方式时，引脚$\overline{\text{INT0}}$必须保持低电平有效，直到该中断请求被 CPU 响应。同时，在该中断服务程序执行完之前，外部中断源引脚上的低电平必须被撤销，否则将产生另一次中断。

IT0=1 时，外部中断 0 被设置为边沿触发方式。CPU 在每个机器周期的 S5P2 期间采样引脚$\overline{\text{INT0}}$的电平。如果在连续的两次采样中，前一个周期采样到引脚$\overline{\text{INT0}}$为高电平，后一个周期采样到引脚$\overline{\text{INT0}}$为低电平，则置 IE0=1。其余情况 IE0=0。

（3）IT1（TCON.2）：外部中断$\overline{\text{INT1}}$触发方式选择位。其功能与 IT0 类似。

（4）IE1（TCON.3）：外部中断$\overline{\text{INT1}}$请求标志位。其功能与 IE0 类似。

（5）TR0（TCON.4）：定时/计数器 0 的启停控制位。该位与 T0 的 GATE 位（定时/计数器模式寄存器 TMOD 的 bit3 位）相关联。

当 GATE=0 时，

TR0=0：关闭定时/计数器 0；

TR0=1：启动定时/计数器 0。

当 GATE=1 时，该位还与单片机引脚 P3.2（$\overline{\text{INT0}}$）的电平状态相关联。当单片机引脚 P3.2（$\overline{\text{INT0}}$）为高电平时，TR0=0 关闭定时/计数器 0；TR0=1 启动定时/计数器 0。当单片机引脚 P3.2（$\overline{\text{INT0}}$）为低电平时，TR0 位的启停控制作用无效，定时/计数器 0 一直处于关闭状态。

（6）TF0（TCON.5）：定时/计数器 0 的溢出标志位。

当定时/计数器 0 计满溢出时，由硬件使 TF0 置“1”。在中断方式下，该位在中断返回时由中断系统硬件自动清“0”，在查询方式下该位必须由程序指令清“0”。

（7）TR1（TCON.6）：定时/计数器 1 的启停控制位。其功能与 TR0 类似。

（8）TF1（TCON.7）：定时/计数器 1 的溢出标志位。其功能与 TF0 类似。

2）SCON

SCON（Serial Port Control Register）称为**串行接口控制寄存器**，它的作用是选择串行通信方式、接收控制、发送控制以及串行接口的状态标志。SCON 也是一个可位寻址的专用寄存器，字节地址为 98H，位地址（由低位到高位）为 98H～9FH，各位格式如图 5.5 所示。SCON 中的高 6 位请参见第 7 章介绍，低 2 位是串行接口的发送中断和接收中断的中断请求标志位 TI 和 RI。每当串行接口发送（或接收）完一帧串行数据时，串行接口电路自动使 TI（或 RI）置位，并自动向 CPU 发出串行接口中断请求，CPU 响应串行接口中断后便立即转入串行接口中断服务程序执行。因此，只要在串行接口中断服务程序中安排一段对 SCON 中的 RI 和 TI 中断标志位状态的判断程序，便可区分串行接口发生了接收中断还是发送中断请求。注意：TI 和 RI 只能由用户程序清除。

	D7	D6	D5	D4	D3	D2	D1	D0	
SCON	SM0	SM1	SM2	REN	TB8	RB8	TI	RI	98H
位地址	9FH	9EH	9DH	9CH	9BH	9AH	99H	98H	

图 5.5　串行接口控制寄存器 SCON 各位格式

SCON 的低 2 位功能定义如下。

（1）RI（SCON.0）：接收中断标志位。

RI=0，无接收中断。

RI=1，有接收中断，接收到的数据存储在接收 SBUF 中。

（2）TI（SCON.1）：发送中断标志位。

TI=0，无发送中断。

TI=1，有发送中断，已将存储在发送 SBUF 中的数据发送完成。

5.1.3　MCS-51 单片机的中断系统

中断系统是实现中断功能的软/硬件总称。MCS-51 单片机的中断系统结构示意图如图 5.6 所示。

5 个中断请求源的中断标志位分别存储在 TCON 和 SCON 寄存器中，经过两级中断允许控制和两级优先权控制，到达中断请求队列。中断系统内部电路对中断请求队列进行查询，按优先级的高低对中断请求信号进行排队，CPU 将响应中断请求队列中优先级最高的中断请求。

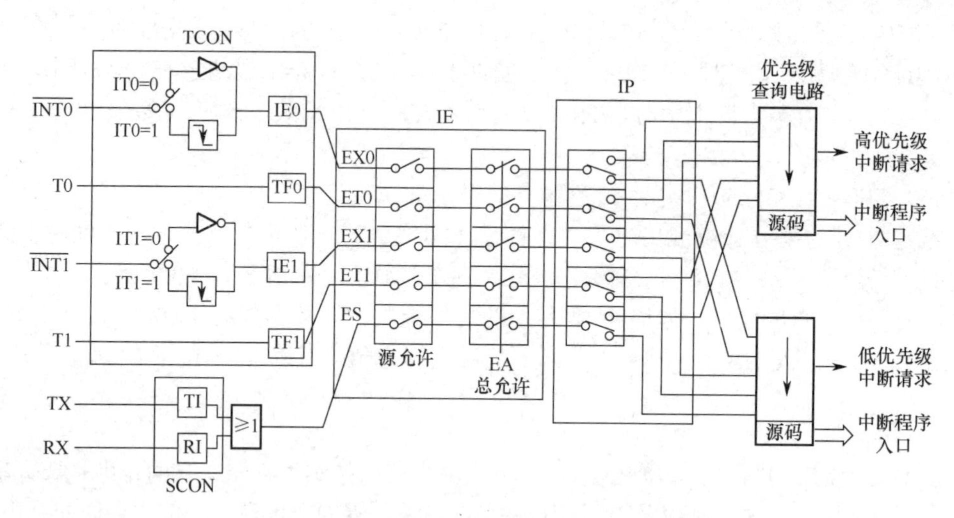

图 5.6　MCS-51 单片机的中断系统结构示意图

1. CPU 响应中断必须满足的条件

CPU 要响应中断请求队列中的中断源，必须满足以下三个条件。

（1）无同级或高级中断正在服务。

（2）当前指令周期结束。如 CPU 在执行指令 MUL AB 的第一个机器周期时中断系统检测到有效的中断请求，由于 MUL AB 指令是四机器周期指令，因此必须等到该指令执行完才会响应中断请求。

（3）若现行指令是 RETI、RET 或访问 IE、IP 指令，则需要执行完当前指令再执行一条指令方可响应中断。

2. CPU 响应中断时中断系统硬件自动完成的事情

CPU 决定响应中断后，中断系统硬件会自动完成以下三件事情。

（1）置位中断优先级有效触发器，即关闭同级和低级中断请求。对于比当前优先级高的中断请求（如果存在），还是开放的。

（2）把原执行程序的断点地址（PC 值）压入堆栈，以便中断服务程序末尾的中断返回指令 RETI 可以按照此地址执行返回。

（3）按中断源提供的中断向量自动跳转到相应的中断入口地址执行中断服务程序。MCS-51 单片机的中断入口地址表如表 5.1 所示。

表 5.1　MCS-51 单片机的中断入口地址表

中　断　源	中断入口地址	中　断　源	中断入口地址
$\overline{INT0}$	0003H	定时/计数器 T1	001BH
定时/计数器 T0	000BH	串行接口中断	0023H
$\overline{INT1}$	0013H		

从表中可以看出：相邻中断入口地址之间只有 8 字节存储单元，这 8 字节存储单元一般存不下中断处理程序。通常解决的办法是在中断入口地址处存放一条三字节的长转移指令，跳转到用户中断服务程序中执行。例如，用户的 T0 中断服务子程序名为 TIME0，则如下指令执行后便可转入到 TIME0 处执行 T0 中断服务程序。

```
ORG    000BH
LJMP   TIME0
⋮
TIME0:                ；T0 中断服务程序
⋮
RETI                  ；中断返回
```

3．响应时间

响应时间是指从 CPU 查询到有效的中断请求标志位到转向中断服务入口地址所需的时间。

1）最短响应时间

以外部中断的电平触发为例，最短的响应时间为 3 个机器周期。查询中断请求需 1 个机器周期，断点保护和跳转到中断向量地址需 2 个机器周期。

2）最长时间

若当前指令是 RET、RETI 或 IP、IE 指令，CPU 需再执行一条指令才会响应中断，最长周期的指令是乘除指令（需 4 个机器周期）。所以，CPU 响应中断的最长时间为 8 个机器周期：

2 个机器周期执行当前指令（其中含有 1 个机器周期查询）；

4 个机器周期执行乘除指令；

2 个机器周期进行断点保护和跳转到中断向量地址。

当然，如当前正在执行的是同级和更高优先级的中断处理程序，则必须等到当前中断处理程序执行完后才会响应，这时的响应时间可能会远远长于 8 个机器周期了。

4．中断撤除

在 CPU 执行中断返回指令 RETI 实现断点返回之前，应对中断标志位进行清除，防止单片机多次响应同一个中断请求信号，这个过程称为中断撤除。MCS-51 单片机的中断源类型不同，其中断撤除方法也不一样。有些是硬件自动撤除，有些是必须软件撤除，还有些与外部硬件有关。现按中断类型对它们分述如下。

1）定时/计数器中断请求的撤除

定时/计数器中断的中断请求被响应后，在执行 RETI 指令进行中断返回时，中断系统硬件自动将中断请求标志位（TF0 或 TF1）清 0，因此定时/计数器中断请求是自动撤除的。

2）串行接口中断请求的撤除

串行接口中断请求被响应后，执行 RETI 指令进行中断返回，中断系统不会将中断请求标志位（TI 和 RI）清 0。为防止多次响应同一串行口中断，要求用户在编写中断处理程序时，

在 RETI 中断返回指令前要增加一条中断请求清 0 指令，如下

```
CLR    TI              ；发送中断请求标志位清 0
```

或

```
CLR    RI              ；接收中断请求标志位清 0
```

也可采用字节型指令：

```
ANL    SCON，#0FCH    ；发送和接收中断请求标志位均清 0
```

因此串行接口中断请求标志位是必须由软件清除的。

3）外部 $\overline{\text{INT0}}$ 和 $\overline{\text{INT1}}$ 中断请求的撤除

外部中断请求可设置为电平触发或边沿触发，这两种触发方式下中断请求标志位的撤除也不同。下面以 $\overline{\text{INT0}}$ 为例说明外部中断请求的撤除方法。

当 IT0（TCON.0）=1 时，外部中断 $\overline{\text{INT0}}$ 被设置为边沿触发方式，下降沿有效。CPU 在执行 RETI 指令进行中断返回时，中断系统硬件会自动将 $\overline{\text{INT0}}$ 的中断标志位 IE0 清 0。

当 IT0（TCON.0）=0 时，外部中断 $\overline{\text{INT0}}$ 被设置为电平触发方式，低电平有效。CPU 在执行完中断处理程序后，中断系统硬件不会将 $\overline{\text{INT0}}$ 的中断标志位 IE0 清 0。此时，就算利用指令（如 CLR IE0）对中断标志位清 0，也不一定能撤除 $\overline{\text{INT0}}$ 的中断请求。原因是 $\overline{\text{INT0}}$ 设置成了电平触发，用指令清除中断标志位，在退出中断处理程序后，如果引脚 $\overline{\text{INT0}}$ 的电平还是低电平，该低电平又会置位 IE0，使 CPU 再次响应该中断。也就是说，$\overline{\text{INT0}}$ 电平触发方式的中断请求只有引脚 $\overline{\text{INT0}}$ 变成了高电平才能从根本上撤除了该中断请求。这时可采用外部电路辅助的方法（如图 5.7 所示），并在 CPU 执行中断返回指令 RETI 前增加如下三条指令：

```
CLR     P1.0      ；使 D 触发器的 Q 输出端变为高电平，撤除引脚 INT0 中断请求信号
SETB    P1.0      ；准备好，以便响应下一次 INT0 中断请求
CLR     IE0       ；清除 IE0 中断请求标志位
```

CPU 执行上述程序使 $\overline{\text{INT0}}$ 引脚上的电平变成高电平，从而撤除 $\overline{\text{INT0}}$ 中断请求。

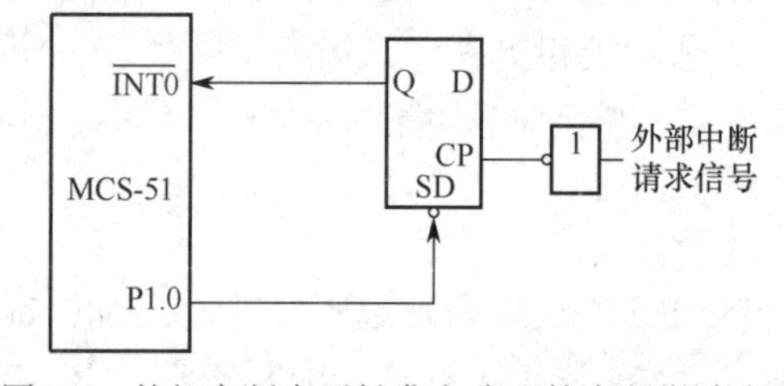

图 5.7　外部中断电平触发方式下的中断撤除电路

5.1.4　中断控制

1．中断允许控制

从图 5.6 可以看出，中断系统有两级中断允许控制。其中一级为总允许控制：另一级为各中断请求源的允许控制。两级允许控制位均在特殊功能寄存器 IE 中。

IE（Interrupt Enable）称为**中断允许控制寄存器**，它的作用是允许/禁止各中断请求源。IE 在特殊功能寄存器中，字节地址为 A8H，并且可位寻址，位地址（由低位到高位）为 A8H～AFH。

IE 寄存器各位格式如图 5.8 所示，各位定义如下。

	D7	D6	D5	D4	D3	D2	D1	D0	
IE	EA			ES	ET1	EX1	ET0	EX0	A8H
位地址	AFH	AEH	ADH	ACH	ABH	AAH	A9H	A8H	

图 5.8　中断允许控制寄存器 IE 各位格式

（1）EX0（IE.0）：外部中断 $\overline{\text{INT0}}$ 允许位。

EX0=0，禁止 $\overline{\text{INT0}}$ 中断；

EX0=1，允许 $\overline{\text{INT0}}$ 中断。

（2）ET0（IE.1）：定时/计数器 T0 溢出中断允许位。

ET0=0，禁止 T0 中断；

ET0=1，允许 T0 中断。

（3）EX1（IE.2）：外部中断 $\overline{\text{INT1}}$ 允许位。

EX1=0，禁止 $\overline{\text{INT1}}$ 中断；

EX1=1，允许 $\overline{\text{INT1}}$ 中断。

（4）ET1（IE.3）：定时/计数器 T1 溢出中断允许位。

ET1=0，禁止 T1 中断；

ET1=1，允许 T1 中断。

（5）ES（IE.4）：串行中断允许位。

ES=0，禁止串行接口中断；

ES=1，允许串行接口中断。

（6）EA（IE.7）：中断总允许位。

EA=1，CPU 允许中断；

EA=0，CPU 禁止所有的中断请求。

8051 单片机系统复位后，IE 中的各位均被清 0，即禁止所有中断。用户程序可对 IE 寄存器的各位置 1 或清 0，即可允许或禁止相应中断源的中断请求。注意，允许某中断请求后，还应将中断总允许位 EA（IE.7）置 1，使 CPU 开放中断。相关操作指令既可由位操作指令来实现，也可由字节操作指令来实现。

【例 5.1】试编写允许 $\overline{\text{INT0}}$ 和 T1 中断、禁止其他中断的相关程序。

解答：

（1）使用位操作指令实现

```
SETB    EX0                 ；允许INT0中断
CLR     ET0                 ；禁止T0中断
CLR     EX1                 ；禁止INT1中断
SETB    ET1                 ；允许T1中断
CLR     ES                  ；禁止串行接口中断
SETB    EA                  ；CPU中断总允许
```

（2）使用字节操作指令实现

```
MOV     IE，#89H
```

或

```
MOV     A8H，#89H
```

2. 中断优先级控制

从图 5.6 可以看出，中断系统还可以对各中断源设置优先级。MCS-51 单片机具有两个中断优先级，每个中断源都可编程为高优先级中断或低优先级中断，最多可实现二级中断嵌套。高优先级中断源可中断正在执行的低优先级中断服务程序；同级或低优先级的中断源不能中断正在执行的中断程序。为此，在 MCS-51 单片机的中断系统中，内部有两个优先级状态触发器，它们分别用于指示 CPU 是否正在执行高优先级或低优先级的中断服务程序，中断系统根据优先级状态触发器的状态，自动屏蔽与当前中断同级和低级别的其他中断申请。

优先级设置的相应控制位均在 IP 寄存器中。

IP 称为**中断优先级控制寄存器**，它的作用是设置各中断源的优先级。IP 在特殊功能寄存器中，字节地址为 B8H，可位寻址，位地址（由低位到高位）为 B8H～BFH（实际使用 B8H～BCH）。

IP 寄存器各位格式如图 5.9 所示，各位定义如下。

（1）PX0（IP.0）：外部中断 $\overline{\text{INT0}}$ 的优先级设置位。

PX0=0，将 $\overline{\text{INT0}}$ 中断设置成低优先级；

PX0=1，将 $\overline{\text{INT0}}$ 中断设置成高优先级。

（2）PT0（IP.1）：定时/计数器 T0 的优先级设置位。

PT0=0，将 T0 中断设置成低优先级；

PT0=1，将 T0 中断设置成高优先级。

（3）PX1（IP.2）：外部中断 $\overline{\text{INT1}}$ 的优先级设置位。

PX1=0，将 $\overline{\text{INT1}}$ 中断设置成低优先级；

PX1=1，将 $\overline{\text{INT1}}$ 中断设置成高优先级。

（4）PT1（IP.3）：定时/计数器 T1 的优先级设置位。

PT1=0，将 T1 中断设置成低优先级；

PT1=1，将 T1 中断设置成高优先级。

（5）PS（IP.4）：串行接口中断的优先级设置位。

PS=0，将串行接口中断设置成低优先级；

PS=1，将串行接口中断设置成高优先级。

	D7	D6	D5	D4	D3	D2	D1	D0	
IP				PS	PT1	PX1	PT0	PX0	B8H
位地址	BFH	BEH	BDH	BCH	BBH	BAH	B9H	B8H	

图 5.9　中断优先级控制寄存器 IP 各位格式

MCS-51 单片机在复位后，IP 的低 5 位全部清 0，即将所有中断源都设置为低优级中断。

如果几个同优先级的中断源同时向 CPU 申请中断，哪一个申请得到服务，取决于中断系统硬件对它们的查询顺序，这个顺序也称为自然优先级顺序。如图 5.10 所示，自然优先级顺序从高到低依次为：外部中断 $\overline{\text{INT0}}$，定时器中断 T0，外部中断 $\overline{\text{INT1}}$，定时器中断 T1，串行接口中断。

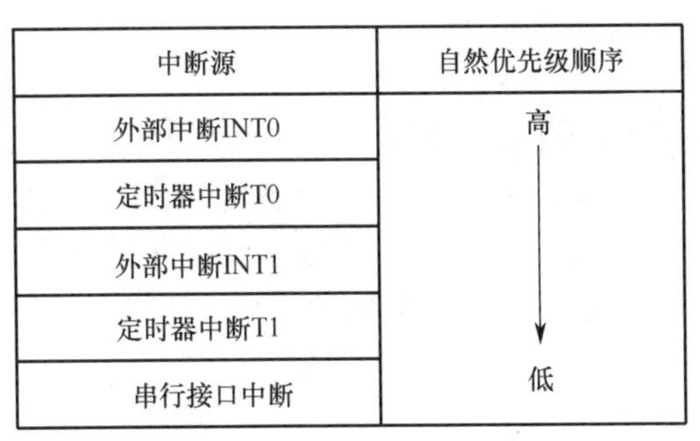

中断源	自然优先级顺序
外部中断INT0	高
定时器中断T0	↓
外部中断INT1	↓
定时器中断T1	↓
串行接口中断	低

图 5.10　中断系统的自然优先级

5.2　MCS-51 单片机的外部中断

5.2.1　MCS-51 单片机的外部中断介绍

MCS-51 单片机共有 $\overline{\text{INT0}}$ 和 $\overline{\text{INT1}}$ 两个外部中断源。这两个外部中断源产生的中断请求信号分别从 P3.2 和 P3.3 引脚上输入，且均可设置成电平或边沿两种触发方式。中断标志位和中断触发方式设置位都在 TCON 寄存器中（参见图 5.4）。下面从外部中断的初始化和外部中断的应用实例两个方面对其介绍。

1．外部中断的初始化

外部中断初始化的一般步骤如下。

（1）设定中断源的中断优先级；

（2）设置中断的触发方式（电平或边沿）；

（3）设置中断的中断允许控制位（注意：两级允许）。

【例 5.2】 将 $\overline{\text{INT0}}$ 中断设置成低优先级，电平触发；将 $\overline{\text{INT1}}$ 中断设置成高优先级，边沿触发；其他中断均禁止。试编写相应的中断初始化程序。

解答：

（1）采用位操作指令（假设 IE 初值为 00H）

```
CLR     PX0          ；将INT0设置成低优先级
SETB    PX1          ；将INT1设置成高优先级
CLR     IT0          ；将INT0设置电平触发
SETB    IT1          ；将INT1设置边沿触发
SETB    EX0          ；开INT0中断允许
SETB    EX1          ；开INT1中断允许
SETB    EA           ；开中断总允许
```

（2）采用字节型指令

```
MOV     IP，#04H     ；设置INT0和INT1的优先级
MOV     TCON，#04H   ；设置INT0和INT1的触发方式
MOV     IE，#85H     ；开中断允许
```

2．外部中断的应用实例

下面以单片机控制打印机为例说明外部中断的应用方法。

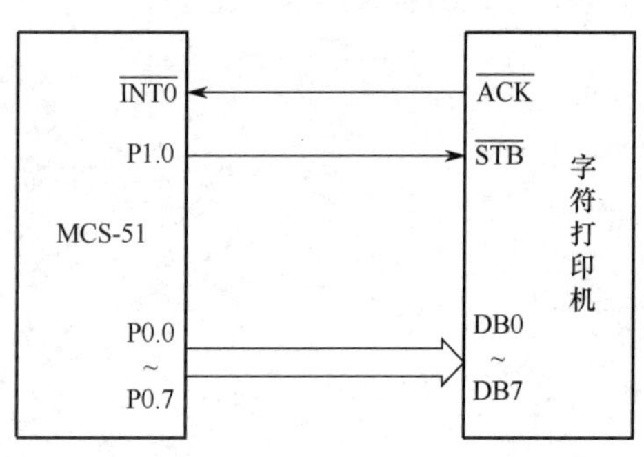

图 5.11　中断方式控制打印机电路连接示意图

【例 5.3】 如图 5.11 所示为打印机电路连接示意图，单片机要将内部 RAM 中以 30H 为首地址的 20 个数送字符打印机中打印，试编写相应程序。

解答：

字符打印机的一般工作过程是：

（1）单片机送第一个数据到字符打印机，并向 $\overline{\text{STB}}$ 送负脉冲；

（2）字符打印机接收数据并执行打印，同时使 $\overline{\text{ACK}}$ 引脚变为高电平，该电平表示字符打印机正处于"忙"状态。

（3）字符打印机打印完这个数据后，使 $\overline{\text{ACK}}$（应答）引脚变为低电平，该电平表示字符打印机处于"空闲"状态，可以接收下一个要打印的数据了。

因此，可将 $\overline{\text{INT0}}$ 设置成边沿触发方式，单片机送第一个要打印的字符后，等待中断。字符打印机打印完该字符后向 CPU 申请中断。CPU 响应中断后，在中断处理子程序中送下一个要打印的数据并判断是否打印完成，如打印完则关中断。相应的主程序和中断处理子程序如下。

（1）主程序

```
        ORG     0000H
        AJMP    MAIN
        ORG     0040H
MAIN:
        ⋮
        SETB    PX0             ；将INT0设置成高优先级
        SETB    IT0             ；将INT0设置边沿触发
        SETB    EX0             ；开INT0中断允许
        SETB    P1.0            ；置 P1.0 初始为高电平
        MOV     R0，#30H        ；数据首地址送 R0
        MOV     R7，#19         ；中断次数为 19 次
        MOV     A，@R0          ；取第一个数
        MOV     P0，A
        CLR     P1.0
        SETB    P1.0            ；送第一个数至字符打印机
        SETB    EA              ；开中断总允许
LOOP:   AJMP    $               ；等待中断
```

（2）中断处理子程序

```
        ORG     0003H
        LJMP    PINT0
        ORG     1000H
PINT0:
        INC     R0                  ；指向下一个数据
```

```
        MOV     A, @R0          ; 取下一个数
        MOV     P0, A
        CLR     P1.0
        SETB    P1.0            ; 送下一个数至打印机
        DJNZ    R7, OUT         ; 数据打印完否？未完则继续
        CLR     EX0             ; 数据打印完，则关INT0中断
        CLR     EA              ; 关总中断允许
OUT:    RETI                    ; 中断返回
```

5.2.2　MCS-51 单片机的外部中断扩展

我们知道 MCS-51 单片机只有两个外部中断请求输入引脚。但是，在实际的应用系统中，两个外部中断请求源往往不够用，需要对外部中断源进行扩展。下面介绍扩展中断源的方法。

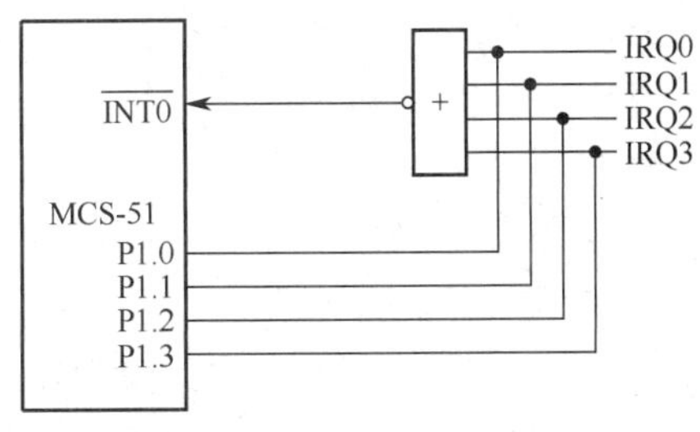

图 5.12　外部中断源的扩展电路示意图

在如图 5.12 所示的电路中，假设外设信号为高电平时向 MCS-51 单片机申请中断。此时 4 个外设的中断请求信号经或非门后输入 $\overline{\text{INT0}}$ 引脚，MCS-51 单片机的中断系统设置成电平触发方式。当 MCS-51 单片机接收到 $\overline{\text{INT0}}$ 中断请求时，可在中断处理程序中增加查询 P1.0～P1.3 引脚电平的程序，即可判断是哪个外设申请的中断。

$\overline{\text{INT0}}$ 的中断处理程序如下

```
        ORG     0003H
        LJMP    PINT0           ; INT0中断入口
        ⋮
        ORG     1000H           ; 应用中按实际情况可修改此地址
PINT0:
        PUSH    PSW             ; 保护现场
        PUSH    ACC
N0: JB  P1.0, IRQ0  ; 如 P1.0 引脚为高电平，则 IRQ0 存在中断请求，跳转到到标号 IRQ0 处理
N1: JB  P1.1, IRQ1  ; 如 P1.1 引脚为高电平，则 IRQ1 存在中断请求，跳转到到标号 IRQ1 处理
N2: JB  P1.2, IRQ2  ; 如 P1.2 引脚为高电平，则 IRQ2 存在中断请求，跳转到到标号 IRQ2 处理
N3: JB  P1.3, IRQ3  ; 如 P1.3 引脚为高电平，则 IRQ3 存在中断请求，跳转到到标号 IRQ3 处理
OUT:
        POP     ACC             ; 恢复现场
        POP     PSW
        RETI                    ; 中断返回
        IRQ0:                   ; IRQ0 中断处理程序，处理完后返回到 OUT
        ⋮
        LJMP    OUT
        IRQ1:                   ; IRQ1 中断处理程序，处理完后返回到 OUT
        ⋮
        LJMP    OUT
```

```
IRQ2:                              ; IRQ2 中断处理程序，处理完后返回到 OUT
         ⋮
         LJMP     OUT
IRQ3:                              ; IRQ3 中断处理程序，处理完后返回到 OUT
         ⋮
         LJMP     OUT
```

利用这种扩展外部中断源的方法，原则上可以扩展任意多个外部中断源。实际应用中，还应注意以下两点。

（1）如果出现多个外设同时申请中断的情况，可将上述中断处理程序改成

```
IRQ0:                   ; IRQ0 中断处理程序，处理完后返回到 N1
         ⋮
         LJMP     N1
IRQ1:                   ; IRQ1 中断处理程序，处理完后返回到 N2
         ⋮
         LJMP     N2
IRQ2:                   ; IRQ2 中断处理程序，处理完后返回到 N3
         ⋮
         LJMP     N3
IRQ3:                   ; IRQ3 中断处理程序，处理完后返回到 OUT
         ⋮
         LJMP     OUT
```

（2）因为 $\overline{\text{INT0}}$ 设置成了电平触发方式，所以在各外设的中断处理程序中应含有中断请求的撤除指令（或外设能自动撤除中断请求），否则中断处理完成后，该中断请求又会向 CPU 申请中断。

5.3 MCS-51 单片机的定时/计数器

在工业检测、控制中，很多场合都要用到定时和计数功能，例如，对外部脉冲进行计数、产生精确的定时时间、使用串行接口的波特率发生器等。8051 单片机内部有两个可编程的定时/计数器，可满足这方面的需求。它们具有 2 种工作模式（计数器模式、定时器模式）和 4 种工作方式（方式 0、方式 1、方式 2 和方式 3），其控制位均在特殊功能寄存器 TMOD 中，通过对 TMOD 进行编程，可以方便地选择工作模式和工作方式。

本节主要介绍 MCS-51 单片机定时/计数器的结构和工作原理，并给出具体应用实例。

5.3.1 MCS-51 单片机的定时/计数器结构和工作原理

1. MCS-51 单片机的定时/计数器结构

MCS-51 单片机的定时/计数器的结构框图如图 5.13 所示，定时/计数器 T0 由两个级联的 8 位二进制加法计数器 TH0、TL0 组成；定时/计数器 T1 也由两个级联的 8 位二进制加法计数器 TH1、TL1 组成。

特殊功能寄存器 TCON 用于这两个定时/计数器的启停控制和计数溢出标志；TMOD 用于

选择这两个定时/计数器的工作模式和工作方式。

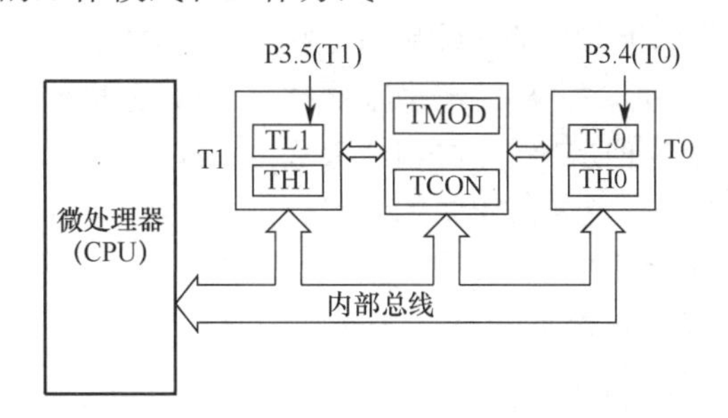

图 5.13　MCS-51 单片机的定时/计数器的结构框图

2. 定时/计数器控制寄存器 TCON

定时/计数器控制寄存器 TCON 的各位功能可参见 5.1.2 节的介绍。与定时/计数器 T0 和 T1 有关的是它的高 4 位。

（1）TR0（TCON.4）：定时/计数器 0 的启停控制位。该位与 T0 的 GATE 位（定时/计数器模式寄存器 TMOD 的 bit3 位）相关联。

当 GATE=0 时，

TR0=0：关闭定时/计数器 0；

TR0=1：启动定时/计数器 0。

当 GATE=1 时，该位还与单片机引脚 P3.2（$\overline{\text{INT0}}$）的电平状态相关联。当单片机引脚 P3.2（$\overline{\text{INT0}}$）为高电平时，TR0=0 则关闭定时/计数器 0，TR0=1 则启动定时/计数器 0。当单片机引脚 P3.2（$\overline{\text{INT0}}$）为低电平时，无论 TR0=0 还是 TR0=1，定时/计数器 0 均处于关闭状态。

（2）TF0（TCON.5）：定时/计数器 0 的溢出标志位。

当定时/计数器 0 计满溢出时，由硬件使 TF0 置 1。在中断方式下，程序执行完中断处理程序后，在执行 RETI 指令时，该位由中断系统硬件自动清 0，在查询方式下该位必须由程序指令清 0。

（3）TR1（TCON.6）：定时/计数器 1 的启停控制位。其功能与 TR0 类似。

（4）TF1（TCON.7）：定时/计数器 1 的溢出标志位。其功能与 TF0 类似。

3. 定时/计数器方式寄存器 TMOD

TMOD 称为定时/计数器方式寄存器，它的作用是设置定时/计数器 T0、T1 的工作模式和工作方式，字节地址为 89H，不能进行位寻址，只能字节寻址，其位格式如图 5.14 所示。

	D7	D6	D5	D4	D3	D2	D1	D0	
TMOD	GATE	C/T	M1	M0	GATE	C/T	M1	M0	89H
	用于对T1控制				用于对T0控制				

图 5.14　定时/计数器方式寄存器 TMOD 各位格式

TMOD 寄存器的高 4 位用于对 T1 控制，低 4 位用于对 T0 控制，各位定义如下。

（1）GATE——门控位。

GATE=0 时，关闭门控功能。定时/计数器的启停只受 TCON 寄存器的 TR0（或 TR1）控制。

GATE=1 时，打开门控功能。定时/计数器的启停不但与 TR0（或 TR1）有关，还与外部引脚 $\overline{\text{INT0}}$（或 $\overline{\text{INT1}}$）的电平状态有关。只有当 TR0=1 且外部引脚 $\overline{\text{INT0}}$ 为高电平（或 TR1=1 和外部引脚 $\overline{\text{INT1}}$ 为高电平）时，才开启定时/计数器，否则定时/计数器停止。

该位的这一功能可以很方便地用于测量 $\overline{\text{INT0}}$（或 $\overline{\text{INT1}}$）引脚上的正脉冲宽度。

（2）C/T——计数器模式和定时器模式的选择位。

C/T=0 时，设置为定时器模式。内部计数器对晶振脉冲 12 分频后的脉冲进行计数，该脉冲周期等于机器周期，所以可以理解为对机器周期进行计数。计数值乘以机器周期可以求得计数的时间，所以称为定时器模式。

C/T=1 时，设置为计数器模式。计数器对引脚 P3.4（T0）或 P3.5（T1）输入的脉冲进行计数，每当引脚上出现下降沿时，计数器加 1。这种模式允许的最高输入脉冲频率为晶振频率的 1/24。

（3）M1、M0——工作方式选择位。

M1、M0 的工作方式选择如表 5.2 所示。

表 5.2　工作方式选择

M1　M0	工作方式
0　0	方式 0，13 位定时/计数器（TH 的 8 位和 TL 的低 5 位）
0　1	方式 1，16 位定时/计数器
1　0	方式 2，自动重装入初值的 8 位计数器
1　1	方式 3，拆分为两个独立的 8 位计数器（只有 T0 才有此工作方式）

4. MCS-51 单片机的定时/计数器工作原理

MCS-51 单片机定时/计数器虽然有定时和计数两种工作模式，但其本质都是加法计数器，对脉冲进行计数。定时/计数器每接收到一个计数脉冲，加法计数器的值就加 1；当计满时发生溢出，计数器又从 0 开始计数并置溢出标志位（TF0=1 或 TF1=1）。

（1）定时模式。

在此模式下，计数器的输入脉冲是由晶振 12 分频获得的。例如，晶振频率为 12MHz，12 分频后为 1MHz，即此时输入脉冲的周期为 1μs，或者说每过 1μs 计数器的值加 1。这样就可以根据计数值计算出定时时间，也可以根据当前计数器的值和定时时间计算出计数器的初值。

（2）计数模式。

在此模式下，计数器的输入脉冲是由外部引脚 P3.4（T0）或 P3.5（T1）输入的，当外部引脚出现下降沿时，对应计数器的值加 1。如果设置了计数器的初值，那么读取当前计数值就可以计算出从引脚 P3.4（T0）或 P3.5（T1）接收到的脉冲个数。

5.3.2　MCS-51 单片机的定时/计数器工作方式

由表 5.2 可知，MCS-51 单片机的定时/计数器共有 4 种工作方式，可由 TMOD 寄存器的 M1、M0 两位进行设置，其中方式 3 只有 T0 才有。下面以定时/计数器 T0 为例介绍这 4 种工作方式的特点。

1．方式 0

当 M1M0=00 时，定时/计数器被设置成了方式 0。这种工作方式下，T0 工作在 13 位定时/计数器方式，由 TH0 的 8 位和 TL0 的低 5 位组成，TL0 的高 3 位丢弃不用，设计这种工作方式主要是为了它能与 MCS-48 单片机的定时/计数器兼容。

T0 方式 0 的结构图如图 5.15 所示。

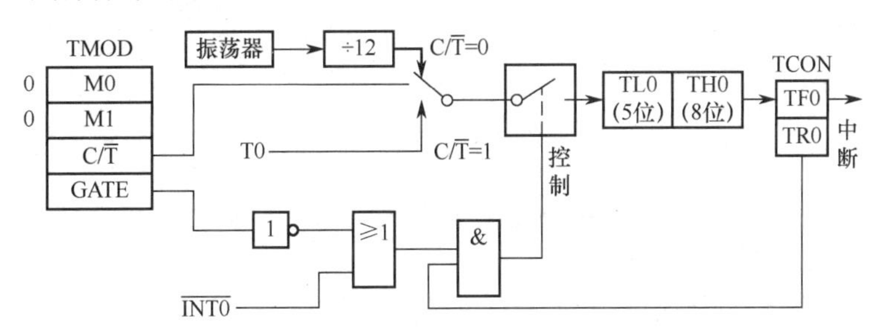

图 5.15　定时/计数器 T0 方式 0 的结构图

当 T0 的 13 位计数器加到全部为 1 时，再来 1 个脉冲就产生溢出，这时硬件自动将 TCON 的 TF0 置为 1，同时将计数器值变为 0，计数器从 0 开始继续计数。

2．方式 1

当 M1M0=01 时，定时/计数器被设置成了方式 1。在此工作方式下，T0 工作在 16 位定时/计数器方式，由 TH0 构成高 8 位、TL0 构成低 8 位。

T0 方式 1 的结构图如图 5.16 所示。

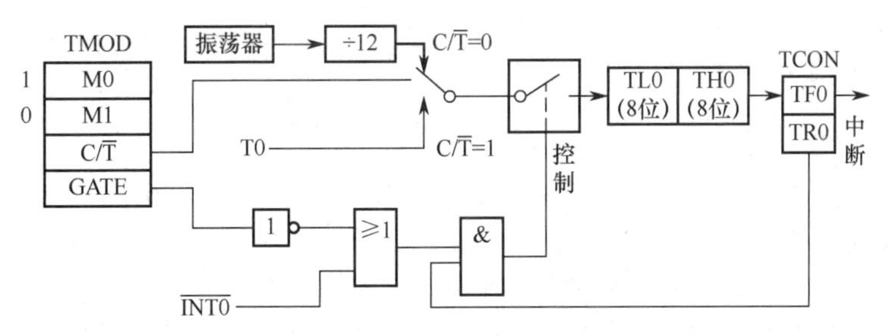

图 5.16　定时/计数器 T0 方式 1 的结构图

方式 1 和方式 0 的工作原理基本相同，唯一不同的是定时/计数器的位数。

3．方式 2

当 M1M0=10 时，定时/计数器被设置成了方式 2。在这种工作方式中，T0 工作在 8 位定时/计数器方式，以 TL0 为计数器，TH0 为预置数寄存器。初始化时将 8 位的计数初值分别存入 TL0 和 TH0，此后，TL0 作为 8 位加法计数器，当 TL0 计数溢出时，硬件电路会自动使中断请求标志位 TF0 置 1，同时，使预置寄存器 TH0 的数值赋给 TL0，所以，该工作方式也称为 8 位自动重装工作方式。T0 方式 2 的结构图如图 5.17 所示。

这种工作方式与方式 0 和方式 1 有很大的不同，在循环定时或循环计数应用中，因不需要反复设置计数器初值，故简化了程序设计，在一定程度上提高了定时精度。

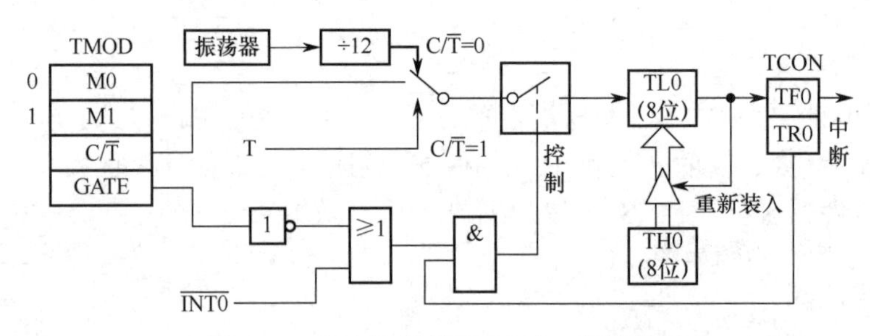

图 5.17 定时/计数器 T0 方式 2 的结构图

4. 方式 3

当 M1M0=11 时，定时/计数器被设置成了方式 3。只有 T0 才具有这种工作方式，如果将 T1 设置成方式 3，T1 将停止计数。

T0 方式 3 的结构图如图 5.18 所示。

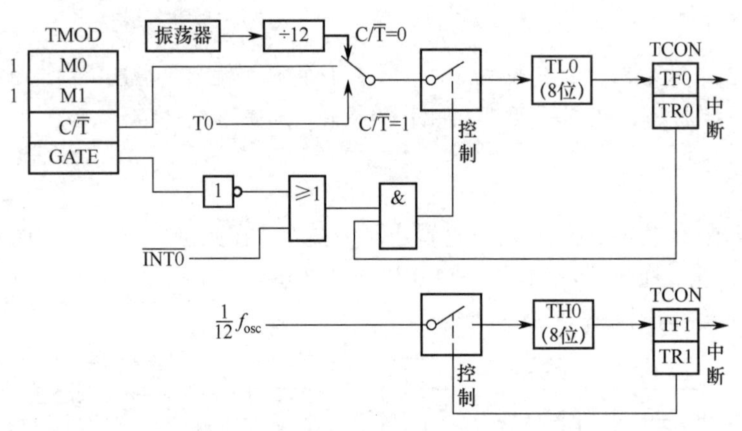

图 5.18 定时/计数器 T0 方式 3 的结构图

在工作方式 3 下，T0 被拆成两个独立的 8 位计数器 TL0 和 TH0。其中 TL0 既可以作为定时器使用，也可以作为计数器（计数脉冲由 P3.4 输入）使用。定时/计数器 T0 的 TR0 位为其启停控制位，TF0 位为其溢出标志位，其功能和操作与方式 1 类似（只是计数器的位数变成了 8 位）。因为该方式下 TL0 已经占用了定时/计数器 T0 的启停控制位、溢出标志位和外部脉冲输入引脚，所以 TH0 这个 8 位计数器只能工作在定时器模式，并且借用定时/计数器 T1 的 TR1 和 TF1 作为启停控制位和溢出标志位。

一般情况下，当 T1 用作串行接口的波特率发生器时，T0 才工作在方式 3，此时，T1 常设定为方式 2（8 位自动重装方式）。

5.3.3 MCS-51 单片机的定时/计数器应用

1. 定时/计数器的初始化

（1）定时/计数器的初始化步骤。

① 根据要求选择工作模式（定时模式或计数模式）和工作方式，注意 TMOD 不可位寻址，只能字节寻址；

② 计算初值；

③ 根据需要设置中断使能寄存器和中断优先级寄存器；

④ 启动定时/计数器。

（2）计数器初值的计算。

MCS-51 单片机的定时/计数器工作在计数模式时，用于对外部引脚 P3.4（T0）和 P3.5（T1）上的脉冲进行计数。定时/计数器每接收到一个计数脉冲，加法计数器的值就加 1；当计满时发生溢出，计数器又从 0 开始计数并置溢出标志位（TF0=1 或 TF1=1）。实际应用中，可以采用中断方法，只要出现中断请求就说明计数器发生了溢出；也可以采用查询法，只要查询到溢出标志位为 1，就说明计数器发生了溢出。

假设需要计数的脉冲个数为 C，计数器的模值为 M，计数器（TH 和 TL）设置的初值为 TC，则存在如下关系式

$$\mathrm{TC}=M-C$$

式中的 M 与工作方式有关，方式 0 时 $M=2^{13}=8192$；方式 1 时 $M=2^{16}=65536$；方式 2 和方式 3 时 $M=2^{8}=256$。

（3）定时器初值的计算。

MCS-51 单片机的定时/计数器工作在定时模式时，输入计数器的脉冲频率为晶振频率经 12 分频后的频率。即每过一个机器周期，计数器的值加 1，当计满时发生溢出，计数器又从 0 开始计数并置溢出标志位（TF0=1 或 TF1=1）。

定时器初值的计算与计数器模式下的初值计算方法类似，假设需要定时的时长为 T_{x}，计数器的模值为 M，计数器（TH 和 TL）设置的初值为 TC，晶振的周期为 T_{osc}，则存在以下关系式

$$\mathrm{TC}=M-T_{\mathrm{x}}/(12\times T_{\mathrm{osc}})$$

或

$$T_{\mathrm{x}}=12\times T_{\mathrm{osc}}\times(M-\mathrm{TC})$$

式中的 M 与工作方式有关。当初值 TC=0 时，T_{x} 为最大定时时间。假设晶振频率为 12MHz，则机器周期为 1μs，易得各工作方式下，最大定时时间 $T_{\max}$ 分别为

方式 0 时，模值 M 为 2^{13}，此时 $T_{\max}=12\times T_{\mathrm{osc}}\times 2^{13}=1\mu\mathrm{s}\times 2^{13}=8.192\mathrm{ms}$。

方式 1 时，模值 M 为 2^{16}，此时 $T_{\max}=12\times T_{\mathrm{osc}}\times 2^{16}=1\mu\mathrm{s}\times 2^{16}=65.536\mathrm{ms}$。

方式 2 和方式 3 时，模值 M 为 2^{8}，此时 $T_{\max}=12\times T_{\mathrm{osc}}\times 2^{8}=1\mu\mathrm{s}\times 2^{8}=0.256\mathrm{ms}$。

2. 应用举例

【例 5.4】利用定时器在 P1.0 引脚输出频率为 1kHz 的方波，设单片机的晶振频率为 12MHz。

解答：

1kHz 的方波，其周期为 1ms。只要每 0.5ms 使 P1.0 引脚电平状态发生一次翻转，即可输出 1kHz 的方波。所以问题的关键在于如何使用定时器得到 0.5ms 的间隔时间。

这里假设使用定时/计数器 T0，具体过程如下。

（1）设置定时/计数器为定时模式，关门控位，即 C/T=0，GATE=0。

（2）计算定时初值，因为晶振频率为 12MHz，其 12 分频后周期为 1μs，所以初值

$$\mathrm{TC}=M-0.5\mathrm{ms}/1\mu\mathrm{s}=M-500$$

① 当选用方式 0 的 13 位计数器时，TC=8192−500=7692=1E0CH。

注意：方式 0 的 13 位计数器中，TH0 为高 8 位，TL0 只使用了低 5 位，其高 3 位弃用，则 T0 的初值调整为

TH0=0F0H　TL0=0CH

② 当选用方式 1 的 16 位计数器时，TC=65536−500=65036=FE0CH，此时 TH0=0FEH，TL0=0CH。

（3）设置中断使能寄存器和优先级寄存器。

IP 初始化：因只使用了一个中断源，故 IP 可设置为 00H。

IE 初始化：开中断总允许 EA=1；定时器 T0 中断允许 ET0=1。

（4）启动定时器 TR0=1。

（5）编写中断处理程序。

每进入一次中断（即时间过去了 0.5ms），应使 P1.0 引脚电平状态翻转。具体过程包括：

① 保护现场；

② 对 T0 重设初值；

③ CPL　P1.0；

④ 恢复现场；

⑤ 中断返回。

采用方式 0 的主程序如下

```
        ORG     0000H
        AJMP    MAIN                ；复位入口
        ORG     0040H
MAIN:
        MOV     SP，#60H            ；初始化堆栈
        MOV     TH0，#0F0H          ；T0 赋初值
        MOV     TL0，#0CH
        MOV     TMOD，#00H          ；（GATE=0，C/T=0，M1=0，M0=0 方式 0）
        SETB    ET0                 ；开 T0 中断
        SETB    EA                  ；开中断总允许
        SETB    TR0                 ；启动 T0
LOOP:   AJMP    $                   ；跳自身死循环，等待中断
```

采用方式 0 的中断处理程序如下

```
        ORG     000BH
        AJMP    TIME0           ；T0 中断入口
        ORG     0100H
TIME0:
        MOV     TL0，#0CH       ；重赋初值
        MOV     TH0，#0F0H
        CPL     P1.0            ；输出 1kHz 方波
        RETI
        END
```

采用方式 1 的主程序如下

```
        ORG     0000H
        AJMP    MAIN            ；复位入口
        ORG     0040H
MAIN:
```

```
         MOV     SP, #60H          ; 初始化堆栈
         MOV     TH0, #0FEH        ; T0 赋初值
         MOV     TL0, #0CH
         MOV     TMOD, #01H        ; (GATE=0, C/T=0, M1=0, M0=1 方式 1)
         SETB    ET0               ; 开 T0 中断
         SETB    EA                ; 开中断总允许
         SETB    TR0               ; 启动 T0
LOOP:    AJMP    $                 ; 跳自身死循环等待中断
```

采用方式 1 的中断处理程序如下

```
         ORG     000BH
         AJMP    TIME0             ; T0 中断入口
         ORG     0100H
TIME0:
         MOV     TL0, #0CH         ; 重赋初值
         MOV     TH0, #0FEH
         CPL     P1.0              ; 输出 1kHz 方波
         RETI
         END
```

【例 5.5】某系统有三个外部中断源，而 MCS-51 单片机只有两个外部中断输入引脚。试利用定时/计数器 T1 的方式 2 为该系统扩展一个外部中断。

解答：

当定时/计数器 T1 工作在计数模式时，脉冲信号由引脚 P3.5 输入。题目要求扩展一个外部中断，可将定时/计数器 T1 设置成计数模式，工作在方式 2，并设初值为 FFH，当引脚 P3.5 出现下降沿时，定时/计数器加 1 溢出并向 CPU 申请中断。

主程序如下

```
         ORG     0000H
         AJMP    MAIN              ; 复位入口
         ORG     0040H
MAIN:
         MOV     SP, #60H          ; 初始化堆栈
         MOV     TH1, #0FFH        ; T1 赋初值
         MOV     TL1, #0FFH        ; T1 工作在方式 2 (8 位自动重装), TL1=TH1
         MOV     TMOD, #60H        ; (GATE=0, C/T=1, M1=1, M0=0 方式 2)
         SETB    ET1               ; 开 T1 中断
         SETB    EA                ; 开中断总允许
         SETB    TR1               ; 启动 T1
LOOP:    AJMP    $                 ; 跳自身死循环等待中断
```

中断处理程序如下

```
         ORG     001BH             ; T1 中断入口地址
         AJMP    TIME1             ; 跳转到 T1 中断处理程序
         ORG     0100H
TIME1:                             ; 中断处理程序
         ⋮
```

```
        RETI
        END
```

【例 5.6】试编程测量引脚 P3.2（$\overline{\text{INT0}}$）上的脉冲参数，高电平参数存于 31H（高 8 位）、30H（低 8 位），低电平参数存于 33H（高 8 位）、32H（低 8 位）。

解答：

TMOD 寄存器中的门控位的作用是：

GATE=0 时，TRi=1，即可启动 Ti（i=0 或 1）定时/计数器。

GATE=1 时，TRi=1 且 $\overline{\text{INT}i}$=1，才启动定时/计数器。

所以，可利用门控位启动对脉冲高电平参数的测量。T0 设置成定时模式，参数读取在主程序中完成，不需要开中断。

程序如下

```
        ORG     0000H
        AJMP    MAIN            ；复位入口
        ORG     0040H
MAIN:
        MOV     SP，#60H        ；初始化堆栈
        MOV     TH0，#00H       ；T0 计数器赋初值 0
        MOV     TL0，#00H       ；
        MOV     TMOD，#09H      ；(GATE=1，C/T=0，M1=0，M0=1 方式 1)
        SETB    TR0             ；启动 T0
LOOP:   JNB     P3.2，LOOP      ；等待引脚 P3.2 变为高电平
LOOP1:  JB      P3.2，LOOP1     ；等待引脚 P3.2 变为低电平
        MOV     31H，TH0        ；读取脉冲的高电平参数
        MOV     30H，TL0
        MOV     TH0，#00H       ；T0 赋初值 0
        MOV     TL0，#00H
        MOV     TMOD，#01H      ；关门控位 (GATE=0，C/T=0，M1=0，M0=1 方式 1)
LOOP2:  JNB     P3.2，LOOP2     ；等待引脚 P3.2 变为高电平
        MOV     33H，TH0        ；读取脉冲的低电平参数
        MOV     32H，TL0
        CLR     TR0             ；关定时器 T0
        END
```

利用上述程序测量的脉冲参数，可计算出脉冲的高、低电平时间：

$$\text{高电平时间}=(31\text{H}\times 256+30\text{H})\times\text{机器周期}$$

$$\text{低电平时间}=(33\text{H}\times 256+32\text{H})\times\text{机器周期}$$

因为机器周期为晶振周期的 12 倍，所以选择不同的晶振频率测量的脉冲参数是不同的，但计算出的高、低电平时间是一样的。

【例 5.7】试编程实现实时时钟。假设晶振频率为 12MHz，时、分、秒按十六进制数分别存于内部 RAM 的 72H、71H 和 70H 单元中，初始时间为 12:53:48。动态显示方式，并且有显示子程序 DISPLAY 可供调用。

解答：

实时时钟的最小计时单位为 1s，而在 12MHz 晶振情况下，方式 1 的最大定时长度为

65.536ms。为实现 1s 定时，可将定时器的定时时间设计为 50ms，在溢出中断程序中对溢出次数进行累计，每当计满 20 次时，即得到秒计时，使“秒”单元加 1。此时定时器的初值

$$TC=M-50ms/1\mu s=65536-50000=15536=3CB0H$$

从秒到分、从分到时可通过在中断处理程序中增加比较指令的方法实现。“秒”单元计满 60 时，则“分”单元加 1，同时“秒”单元清 0；“分”单元计满 60 时，则“时”单元加 1，同时“分”单元清 0；“时”单元计到 24 时，“时”单元清 0。其中断处理流程图如图 5.19 所示。

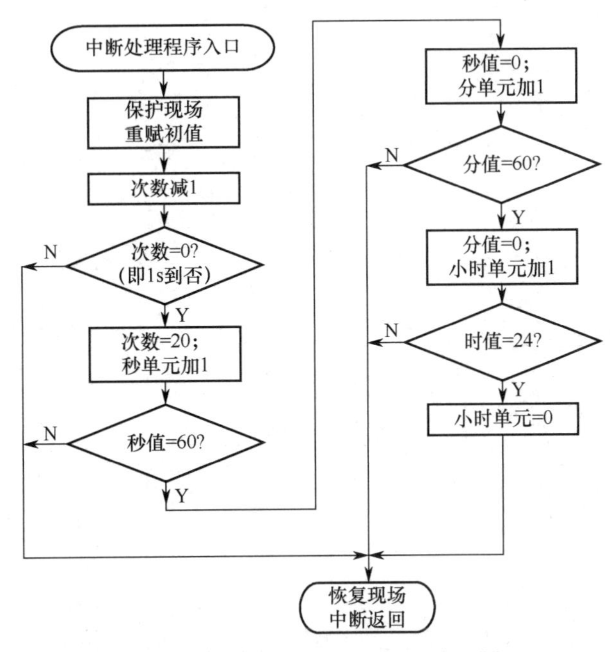

图 5.19　实时时钟的中断处理流程图

主程序如下

```
        ORG     0000H
        AJMP    MAIN            ；复位入口
        ORG     0040H
MAIN:
        MOV     SP，#60H        ；初始化堆栈
        MOV     72H，#12        ；小时存储单元赋初值
        MOV     71H，#53        ；分存储单元赋初值
        MOV     70H，#48        ；秒存储单元赋初值
        MOV     R7，#20         ；溢出次数赋初值
        MOV     TL0，#0B0H      ；T0 计时器赋初值
        MOV     TH0，#3CH
        MOV     TMOD，#01H      ；(GATE=0，C/T=0，M1=0，M0=1 方式 1)
        SETB    ET0             ；开 T0 中断
        SETB    EA              ；开中断总允许
        SETB    TR0             ；启动 T0
LOOP:
        LCALL   DISPALY         ；调显示子程序，动态显示
```

```
        AJMP    LOOP            ; 等待中断
```

中断处理程序如下

```
        ORG     000BH
        AJMP    TIME0           ; T0 中断入口
        ORG     0100H
TIME0:
        PUSH    PSW             ; 保护现场
        PUSH    ACC
        MOV     TL0, #0B0H      ; 重赋初值
        MOV     TH0, #3CH
        DJNZ    R7, OUT         ; 20 次（即 1s）到否，未到返回
        MOV     R7, #20         ; 到 1s，则重赋初值
        MOV     A, 70H          ; 取秒值
        ADD     A, #1           ;"秒"单元加 1
        MOV     70H, A          ; 存秒值
        CJNE    A, #60, OUT     ;"秒"单元到 60 否，未到返回
        MOV     70H, #00        ; 到 60 秒，则秒清 0
        MOV     A, 71H          ; 取分值
        ADD     A, #1           ;"分"单元加 1
        MOV     71H, A          ; 存分值
        CJNE    A, #60, OUT     ;"分"单元到 60 否，未到返回
        MOV     71H, #00        ; 到 60 分，则分清 0
        MOV     A, 72H          ; 取时值
        ADD     A, #1           ;"时"单元加 1
        MOV     72H, A          ; 存时值
        CJNE    A, #24, OUT     ;"时"单元到 24 否，未到返回
        MOV     72H, #00        ; 到 24 时，则"时"单元清 0
OUT:
        POP     ACC             ; 恢复现场
        POP     PSW
        RETI
        END
```

应当指出，上述程序实现的 50ms 定时并不十分准确，原因有以下两个。

（1）CPU 响应中断存在延迟。CPU 响应中断的最短时间为 3 个机器周期，在没有中断嵌套的情况下响应中断的最长时间为 8 个机器周期（有中断嵌套的情况下其响应时间不可预知）。因为无法预知 CPU 响应中断时正在执行哪一类指令，所以通常以 4～5 个机器周期计算。

（2）CPU 从响应中断到完成初值重装存在延迟。在 CPU 从响应 T0 中断到完成定时器初值重装的这段时间，定时器 T0 并不停止工作，而是继续计数。从程序可以看出，这段时间其实就是执行 AJMP　TIME0、PUSH　PSW、PUSH　ACC 和 MOV　TL0，＃0B0H 这 4 条指令的时间，共 8 个机器周期。

因此，为了使 T0 能更准确地定时 50ms，重装的定时器时间常数初值必须加以修正，按上述延迟时间计算，其定时初值可修正为 3CBCH 或 3CBDH。

当然，要实现更精确的计时，实际系统常用专门的计时芯片来完成。

习　题　5

5.1　中断的定义是什么？中断处理流程是怎样的？

5.2　什么是中断嵌套？

5.3　中断的作用是什么？

5.4　MCS-51 的中断系统有哪些中断源？各有什么特点？它的标志位各是什么？

5.5　MCS-51 的中断系统有几个中断优先级？中断优先级是如何控制的？

5.6　如果要使能串行接口中断和 $\overline{\text{INT0}}$ 中断，并将串行接口中断设置为高优先级、将 $\overline{\text{INT0}}$ 中断设置成低优先级，应该如何对相关特殊功能寄存器进行设置？

5.7　中断服务子程序返回指令 RETI 和普通子程序返回指令 RET 有什么区别？

5.8　外部中断源有哪几种扩展方法？

5.9　MCS-51 单片机的定时/计数器有哪几种工作方式？各有什么特点？

5.10　如果采用 12MHz 的晶振，MCS-51 单片机的定时/计数器各工作方式的最大定时时间各是多少？如果要进行更长时间的定时，可用什么方法？

5.11　生产线有一道装箱的工序，该工序对产品进行计数，每计满 24 个则装箱一次，装箱需花费 100ms 时间，该时间远短于生产 24 个产品的时间。试用 T1 作为产品计数，每计满 24 个后由 T0 进行定时，输出 100ms 的正脉冲信号用以装箱（采用 12MHz 的晶振）。

5.12　8051 单片机定时器 T0 的定时值由外部 RAM 1000H 单元内的数值 x 决定，如果 x=0，则定时 8s，如果 x！=0，则定时 11s，试编写相关程序。

第6章　并行接口技术

一个实际的MCS-51应用系统，除有单片机外，一般还有存储器、外部设备等，如图6.1所示为一个典型的单片机应用系统的结构图。单片机外部的这些设备可以分为输入设备和输出设备两类。输入设备如键盘、A/D转换器等，数据由外设传至单片机；输出设备如D/A转换器、显示设备等，数据由单片机传至外设；还有些设备既可以输入数据，也可以输出数据（如RAM、触摸屏等）。一般来说，单片机的三总线（地址总线、数据总线、控制总线）并不是直接和外部设备相连接的，而是通过各种接口电路再接到外部设备的。接口电路也叫输入/输出（I/O）接口电路，可以分为并行接口和串行接口两种。

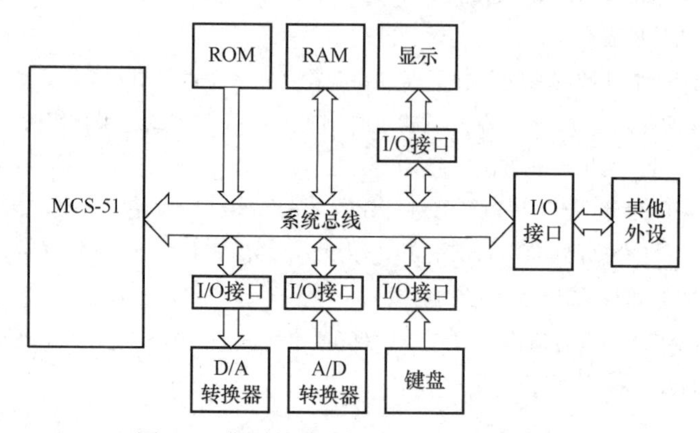

图6.1　典型的单片机应用系统的结构图

本章将对I/O接口电路做一般的讨论，介绍存储器扩展技术和常见键盘/显示接口技术，从而使读者对整个单片机应用系统的建立和工作有更明确的认识。

6.1　I/O接口概述

单片机与外部设备（简称外设）需要进行信息交换，但是外设传递信息的性质、传送方式、传送速度等不尽相同，因此单片机和外设之间并不是简单地直接相连，而是借助I/O接口这个过渡电路才能协调起来的。掌握I/O接口的相关概念对采用合适的接口电路连接外设是非常重要的。

6.1.1　I/O接口的定义、分类及作用

1. I/O接口的定义

I/O接口（In/Out Interface）又叫输入/输出接口，是外设与单片机之间的那一部分电路。它主要用于协调单片机与外设联机工作，是单片机与外设交换信息的桥梁。

2．I/O 接口的分类

根据数据的传送形式，I/O 接口可以分为并行 I/O 接口和串行 I/O 接口两种。并行 I/O 接口的数据传送是并行的，即数据在 8 条数据线上同时传送，一次传送 8 位二进制信息（1 字节）；串行 I/O 接口的数据传送是串行的，即数据在一条数据线上分时地传送，一次只传送 1 位二进制信息。

3．I/O 接口的作用

1）实现工作速度的匹配

不同外设的工作速度差别很大，但大多数外设的速度很慢。例如，一般的字符打印机打印一个字符需要几十毫秒，而计算机向外输送一个字符信息只需若干微秒，两者的工作速度相差几百甚至上千倍。另一方面，单片机一般连接了多个外设，不允许某个外设长期占用总线，只允许被选中的外设在与单片机进行数据交换时享用数据总线。在这么短的时间内，大多数外设不可能完成工作，比如打印机就不可能完成打印任务，这时就需要 I/O 接口来实现不同工作速度的匹配。一种比较简单的方法是给连接到打印机的数据总线上增加数据锁存器，单片机向打印机发送的数据被锁存器锁存，打印机这样的慢速设备可以从锁存器中得到数据。此时单片机的系统总线可以对其他外设进行操作。

2）实现数据传送方式的匹配

I/O 数据有并行和串行两种传送方式。一般来说，数据在 CPU 内部传送是并行的，CPU 与外设间的数据传送则有些是并行的，有些是串行的。因此，单片机在和这些采用串行数据传送的外设连接时，必须采用能够改变数据传送方式的 I/O 接口电路，实现串行数据和并行数据的相互转换。

3）实现信号性质的匹配

单片机送出的信号一般为 5V 电平、正逻辑的数字信号（高电平为“1”，低电平为“0”），而外设使用的信号千差万别。例如，通信系统中常使用的信号就是负逻辑（负电平为“1”，正电平为“0”）；直流电机的转速控制信号一般为模拟信号；电传电报信号的电平高达几十伏……这些都需要 I/O 接口电路将外设信号转换成单片机能识别的信号或者将单片机送出的信号转换成适用于外设的信号。

总之，接口电路主要是为了解决单片机与外设工作速度不一致、数据传送方式不一致、信号性质不一致而采用的。对于一般存储器而言，其信号与 MCS-51 单片机的信号是完全一致的，只要存取速度能满足设计要求，就可以直接互连。若存储器的存取时间较长，则仍然要采用接口电路来解决。

6.1.2　I/O 接口的 4 种传送方式

为了实现与不同外设的连接，I/O 接口必须根据不同外设选择恰当的 I/O 数据传送方式。I/O 数据传送方式有以下 4 种。

1．直接传送方式

直接传送方式也叫同步传送方式或无条件传送方式，它是一种不考虑外设状态的数据传送方式。当外设的工作速度能与 CPU 速度相比拟，或者可以认为外设始终准备好时，常采用这种方式，比较典型的例子如下。

（1）单片机与外部存储器之间的数据传送。因为存储器读/写一个数据的时间一般为几微秒，这与单片机的读/写指令执行时间相匹配。

（2）单片机与键盘之间的数据传送。键盘的工作速度非常慢，一次按键一般为 0.2s 左右。在对按键状态进行读取时，可以认为键盘始终准备好。

（3）单片机与 LED 显示器件之间的数据传送。LED 显示从驱动形式上可以分为动态显示和静态显示。但无论哪种显示形式，显示的目的都是给人看，人的眼睛对高于 25Hz（40ms）的闪动是分辨不出来的。实际应用中，一般每隔 20ms（50Hz）才驱动一次显示。这个时间间隔足够显示器件完成显示，所以可以认为显示器件始终准备好。

直接传送方式的优点是接口电路简单，程序易控制，但不是所有外设都能采用这种数据传送方式。

2. 查询方式

查询方式又称为有条件传送或异步传送。单片机不断查询外设的状态，如果外设准备好，则进行数据传送；如果外设正处于忙状态，则等待（或执行其他程序），直到外设处于空闲状态，才进行数据传送。查询方式的优点是通用性好，硬件连接和程序编写相对简单，但是效率不高。

3. 中断方式

中断方式是指利用单片机本身的中断功能和 I/O 接口的中断功能来实现对外设 I/O 数据的传送。当外设准备好时，外设通过接口电路向单片机发出中断请求信号，单片机响应中断后在中断处理程序中完成数据的传送。下面以单片机控制字符打印机为例对比查询方式和中断方式。

图 6.2（a）所示为查询方式。单片机不断查询 P1.1 的状态，如果为高电平，表示打印机正处于忙状态，如果为低电平，表示打印机准备好，单片机可以将要打印的数据送打印机。

图 6.2（b）所示为中断方式。单片机执行主程序，当打印机准备好后向单片机发出中断请求，单片机响应中断，在中断处理程序中将要打印的数据传送到打印机，此后单片机又可以去执行其他程序（图中，为了比较两种数据传送方式，省略了数据锁存和地址译码部分，在实际电路设计中应考虑）。

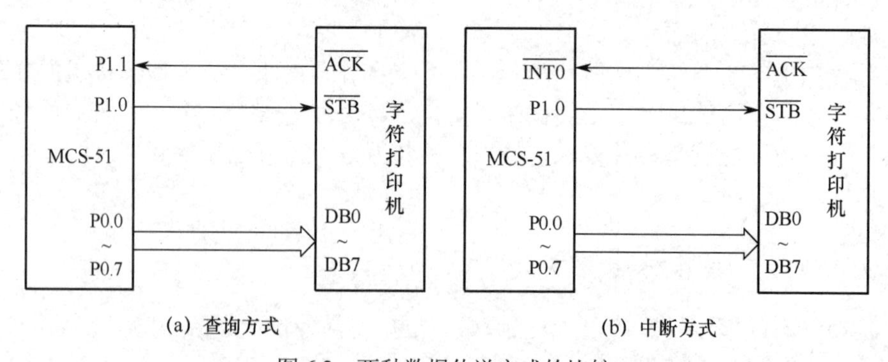

(a) 查询方式　　(b) 中断方式

图 6.2　两种数据传送方式的比较

可见，在数据传送过程中，相比于采用查询方式，采用中断方式的工作效率更高。一般在单片机要控制的外设不多或系统对时间的要求不高时才采用查询方式。

4．DMA 方式

DMA（Direct Memory Access，直接存储器存取）是一种由专用硬件执行数据传送的工作方式。它能够大大提高批量数据传送时的工作效率，实现外设与外设之间、外设与内存之间、内存与内存之间数据的直接传送。DMA 数据传送方式必须依靠带有 DMA 功能的 CPU 和专用 DMAC（DMA 控制器）来实现。如图 6.3 所示为 DMA 传送方式的电路原理框图。

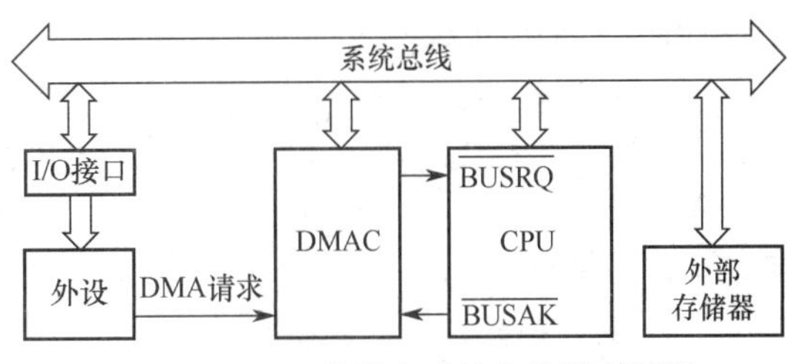

图 6.3　DMA 传送方式的电路原理框图

现以从外部存储器传送一批数据到外设为例，简述 DMA 数据传送方式的工作过程。

（1）对 DMA 控制器进行初始化。

初始化的内容包括：将源数据的首地址、目的数据的首地址和数据个数送 DMAC；使能 DMA 数据传送方式。

（2）CPU 等待 DMA 请求。

CPU 对 DMA 控制器进行初始化后，可以去执行其他程序，这个过程也是等待 DMA 数据传送请求的过程。在外设准备好后，外设向 DMAC 发出 DMA 请求信号，DMAC 接收到该请求信号后又向 CPU 发出 $\overline{BUSRQ}$（总线请求）信号。

（3）CPU 应答。

如果 CPU 使能了 DMA 方式且当前系统总线处于空闲状态，CPU 将放弃对系统总线的控制权，同时向 DMAC 返回一个 $\overline{BUSAK}$（总线请求应答）信号，指示 DMAC 接管系统总线。

（4）DMAC 控制三总线完成数据传送。

DMAC 向 CPU 的总线请求被 CPU 允许（接收到 CPU 返回的总线应答信号）后，DMAC 将接管对系统总线的控制权。第一步，根据源数据的首地址，从外部存储器中读取第一个数据到数据总线上，同时源数据地址加 1 指向下一个数据，数据个数减 1；第二步，选通外设并使外设直接从数据总线上接收数据；第三步，DMAC 判断要传送的数据是否完成，未完则返回到第一步执行，直到全部数据传送完毕；第四步，DMAC 结束 DMA 传送并向 CPU 交回系统总线的控制权。

从上述的 DMA 数据传送过程可知 DMA 方式具有如下特点。

（1）必须由 DMA 控制器和具有 DMA 功能的 CPU 共同完成。

（2）数据传送时，CPU 将三总线的控制权交给 DMA 控制器，此时 CPU 可以去执行其他不需要控制三总线的指令，提高了 CPU 的工作效率。

（3）数据经由数据总线直接在外设与存储器间传送，不需要转道 CPU，因此，在进行批量数据传送时可以大大提高传送速度。

应当指出，MCS-51 单片机不具备 DMA 功能，也没有提供用户 $\overline{BUSRQ}$（总线请求）和 $\overline{BUSAK}$（总线请求应答）两条引脚线，故 MCS-51 单片机无法简单地与 DMA 控制器联机工作。

6.1.3　I/O 接口的编址技术

一般来说，每连接一个外设，就需要一个 I/O 接口（Interface）。但每个 I/O 接口要传送的信息除了数据信息，还可能有外设的状态信息，也可能有单片机发出的命令信息。我们把

I/O 接口电路中用以完成某种信息传送，并可由单片机通过地址进行读/写的寄存器称为 I/O 口（Port）。一般来说，一个 I/O 接口包含多个 I/O 口。

I/O 口可以分为数据口、命令口和状态口。当然，并不是所有的外设都具有这三种口。对 I/O 口的编址实际上是给 I/O 接口电路中的每个 I/O 口赋予一个地址（通常是唯一的），以便 CPU 通过这个地址和外设交换信息。大部分情况是一个 I/O 口对应一个地址，但也可以一个 I/O 口对应多个地址。反过来，一个地址对应多个 I/O 口的情况则是不允许的，因为单片机对外部 I/O 设备进行读/写操作，实质上是对 I/O 口地址进行的读/写操作，如果一个地址对应多个 I/O 口，在进行读/写操作时，数据就会出现冲突。

常用的 I/O 口编址有两种方式：一种是外设 I/O 口单独编址方式；另一种是外设 I/O 口和存储器统一编址方式。

（1）外设 I/O 口单独编址方式。

外设 I/O 口单独编址是指外设 I/O 口的地址空间与存储器的地址空间分开。单独编址的优点是外设 I/O 口地址和存储器地址空间相互独立，界线分明。一般来说，这种编址方式需要设置一套专门的读写 I/O 口的指令和控制信号。如 Z80 单片机的 I/O 口的编址就属于这种方式，它利用 IN、OUT 指令对外设进行读/写操作，用 MOVX 指令对外部存储器进行读/写操作；在硬件连接上，也采用不同引脚分别对存储器和外设进行选通。

（2）外设 I/O 口和存储器统一编址方式。

这种编址方式是将 I/O 口的寄存器与数据存储器单元同等对待，统一进行编址。统一编址方式的优点是不需要专门的 I/O 指令，直接使用访问数据存储器的指令进行 I/O 操作，简单、方便且功能强。

MCS-51 单片机使用的是外设 I/O 口和存储器统一编址的方式。用户可以将外部 64KB 的数据存储器空间的一部分作为 I/O 接口的地址空间，I/O 接口中的每个 I/O 口（或功能寄存器）就相当于 1 个数据存储单元，CPU 可以像访问外部数据存储器那样访问 I/O 接口芯片，对其功能寄存器进行读/写操作。

6.2 内部 I/O 口

6.2.1 内部 I/O 口的结构与工作原理

MCS-51 单片机有 4 个 8 位并行 I/O 口（32 根 I/O 引脚），分别命名为 P0、P1、P2 和 P3。每个 I/O 口都包含一个 8 位数据锁存器、一个 8 位输出驱动器和两个（P3 口为 3 个）8 位输入缓冲器。其中，8 位数据锁存器和 I/O 口 P0、P1、P2、P3 同名，属于 21 个特殊功能寄存器中的 4 个，用于锁存输出数据。

P0 口、P1 口、P2 口和 P3 口的位结构如图 6.4 所示。

由图 6.4 可以看出每个 I/O 口的位结构并不完全相同，功能也不一样。下面从各 I/O 口位结构的异同上分析各 I/O 口的功能。

1. 相同点

每位 I/O 口都有一个数据锁存器，输出数据到引脚其实是先将数据写入锁存器，再经驱动输出到引脚；输入数据有两种，一种是从锁存器中读入数据，另一种是从引脚上读入数据。

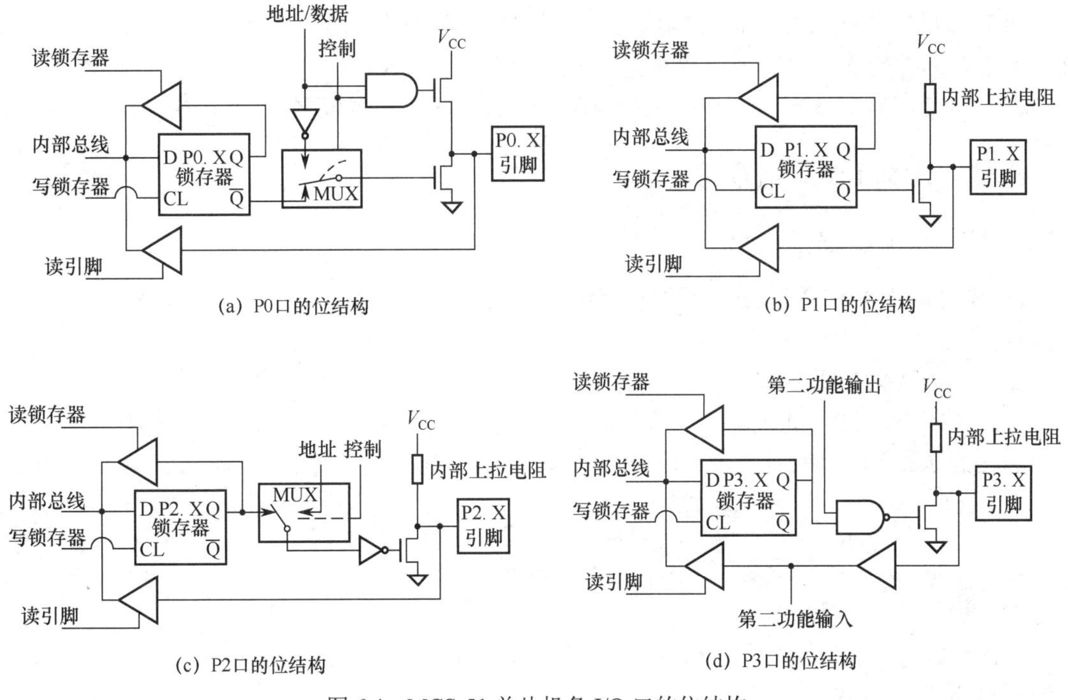

图 6.4　MCS-51 单片机各 I/O 口的位结构

2. 不同点

（1）P0 口和 P2 口内部各有一个受 CPU 内部控制器控制的二选一选择开关。若控制端使选择开关 MUX 打向上方，则 P0 口的“地址/数据”端和 P2 口的“地址”端信号均可经输出驱动器输出；若 MUX 开关打向下方，则 I/O 口锁存器中的信号得以输出。因此，P0 口除可用作普通的 I/O 口外，还可用作“地址/数据”总线，分时输出低 8 位地址和传送 8 位数据；P2 口除可用作普通的 I/O 口外，还可用作输出高 8 位地址总线。

（2）P1 口和 P3 口虽无选择电路，但彼此间也是有差别的。P1 口相对简单，无第二功能，仅作输入/输出数据之用。P3 口除作为输入/输出数据外，还有第二功能，如表 6.1 所示。

表 6.1　P3 口的第二功能

位 名 称	第 二 功 能	位 名 称	第 二 功 能
P3.0	RXD（串行输入通道）	P3.4	T0（定时器 0 外部输入）
P3.1	TXD（串行输出通道）	P3.5	T1（定时器 1 外部输入）
P3.2	$\overline{\text{INT0}}$（外中断 0 输入端）	P3.6	$\overline{\text{WR}}$（外部数据存储器写选通）
P3.3	$\overline{\text{INT1}}$（外中断 1 输入端）	P3.7	$\overline{\text{RD}}$（外部数据存储器读选通）

（3）从输出驱动上看，只有 P0 口无内部上拉。

当 P0 口作为“地址/数据”功能使用时，“地址/数据”信号反相后经多路开关送到输出驱动场效应管的栅极，如果“地址/数据”信号为 1，则下端的场效应管截止、上端的场效应管导通，引脚为高电平；若“地址/数据”信号为 0，则下端的场效应管导通、上端的场效应管截止，引脚为低电平。可知，P0 口在作为“地址/数据”功能时，有一定的驱动能力，此时每位 I/O 口最多可驱动 8 个 TTL 门。

当 P0 口作为通用 I/O 口时，输出驱动的上端场效应管断开，相当于 OC 门输出，无电流输出能力，但有电流吸收能力，实际应用中应考虑外接上拉电阻。

P1 口、P2 口和 P3 口内部均有上拉电阻，每位 I/O 口最多可驱动 4 个 TTL 门。

6.2.2 内部 I/O 口的应用

1. I/O 口的操作方式

MCS-51 单片机的 4 个 I/O 口共有三种操作方式：输出数据方式、输入数据方式和读–改–写方式。

（1）输出数据方式。

在此方式下，CPU 通过输出操作指令将输出数据写入 P0 口～P3 口的锁存器中，然后由输出驱动器送到 I/O 口的引脚上。以 P0 口输出数据为例，如下指令可实现数据输出。

```
MOV   P0，A            ；累加器 A 中内容送 P0 口
MOV   P0，#data        ；数据 data 送 P0 口
MOV   P0，@R0          ；间接寻址方式下数据送 P0 口
```

（2）输入数据方式。

输入数据方式也称为读 I/O 口方式。由 I/O 口的位结构可以看出，读 I/O 口可分为读 I/O 口锁存器和读 I/O 口引脚。

以单片机执行指令 MOV　A，P1 为例，控制器发出读引脚信号，打开下边的三态门，引脚上的状态经三态门进入内部总线，并送入 A 中。由 P1 口的位结构图可见，要使 P1 引脚上的高/低电平均可输入，必须使输出驱动器处于截止状态。所以要读 I/O 口引脚上的数据，可先向 P1 口锁存器写“1”。如果单片机在执行该指令之前未向 P1 口锁存器写“1”，此时读入累加器的数据其实为 P1 口锁存器中的数据，而非引脚上的数据。因此，P1 口也称为准双向口。

（3）读–改–写方式。

单片机中设置了一类直接对 I/O 口进行操作的指令，如

```
INC   P1               ；P1 口数值加 1
ANL   P1，A            ；P1 与累加器 A 相“与”，结果存入 P1 口
ORL   P1，#data        ；P1 与数据 data 相“或”，结果存入 P1 口
```

在执行这些指令时，先使读锁存器信号有效，打开上端三态门，将锁存器的内容读出，按指令要求修改后再写入锁存器，所以称为“读–改–写”方式。值得注意的是：MCS-51 单片机的 4 个 P 口均可按位寻址，在仅对某个 I/O 引脚进行操作时，常采用位操作指令。

2. I/O 口的读/写应用

下面通过一个实例说明 I/O 口的读/写应用。

【例 6.1】某火灾报警系统有三个火警传感器：温度传感器、烟雾传感器和光传感器。已知：当对应传感器检测到有火警时，其输出为高电平。为防止误报，该系统采用当两个及两个以上传感器同时检测到火警时才报警。试编程实现。

解答：

设温度传感器、烟雾传感器和光传感器的输出信号分别为 X、Y 和 Z，报警信号为 F。由题意可知

$$F = XY\overline{Z} + X\overline{Y}Z + \overline{X}YZ + XYZ$$
$$= XY + XZ + YZ$$

设三个传感器信号分别从 P1.0、P1.1 和 P1.2 输入，报警信号从 P1.7 输出。易得电路原理图如图 6.5 所示。

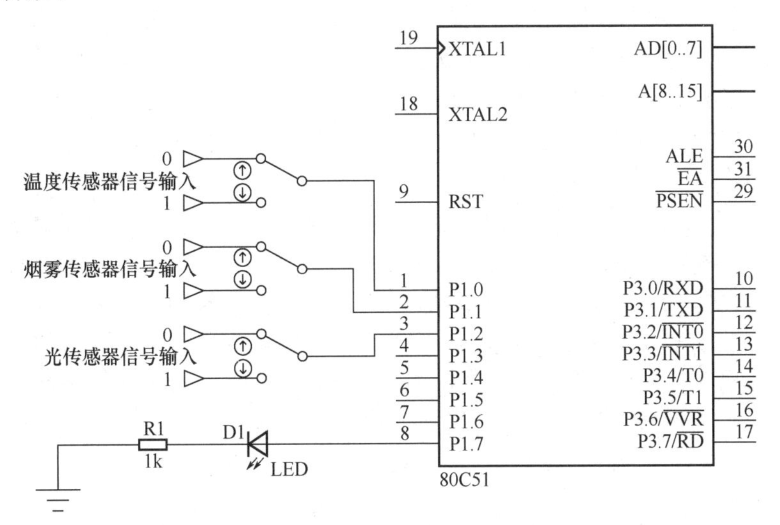

图 6.5　火灾报警系统电路原理图

程序如下

```
        X       EQU    20H        ；位地址赋值
        Y       EQU    21H
        Z       EQU    22H
        F       EQU    23H
LOOP1:  ORL     P1，#07H          ；锁存器输出 1，准备三个传感器信号的输入
        MOV     X，P1.0           ；输入信号 P1.0 到 X
        MOV     Y，P1.1           ；输入信号 P1.1 到 Y
        MOV     Z，P1.2           ；输入信号 P1.2 到 Z
        MOV     C，X              ；X 暂存于 C
        ANL     C，Y              ；求 XY
        MOV     F，C              ；暂存于 F
        MOV     C，X              ；X 暂存于 C
        ANL     C，Z              ；求 XZ
        ORL     C，F              ；求 XY+XZ
        MOV     F，C              ；暂存于 F
        MOV     C，Y              ；Y 暂存于 C
        ANL     C，Z              ；求 YZ
        ORL     C，F              ；求 XY+XZ+YZ
        MOV     F，C              ；结果存入 F 中
        MOV     P1.7，F           ；输出结果
        AJMP    LOOP1             ；循环检测
```

6.3 MCS-51 单片机与外部存储器的接口

存储器是由许多具有记忆功能的存储电路组成的，最小的存储电路可以存储 1 位二进制信息。一般情况下，将 8 位最小存储电路组织在一起作为存储器中最基本的存储单元，称为 1 字节（Byte）；当然，也有一些存储器是以 1 位、4 位、16 位或 32 位为一个存储单元的。每个存储单元都有一个对应的地址号，当存储器的地址线为 n 条时，可使用的地址号有 2^n 个，或者说该存储器有 2^n 个基本存储单元。

对于微型计算机来说，它的地址总线的数目决定了它可以寻找的存储器地址的多少。当采用 MCS-51 单片机时，16 根地址线（P2 口为高 8 位地址线、P0 口为低 8 位地址线）的寻址范围就是 2^{16}（65536，64K），或者说，它最多可以连接容量为 64KB 的存储器。

由于存储器具有记忆功能，因此在单片机应用系统中常被用于存储程序、数据和表格，是单片机应用系统的不可或缺的重要组成部分。存储器根据相对于单片机的位置，可以分为内部存储器和外部存储器，关于单片机的内部存储器请参见第 2 章的相关介绍，下面对外部存储器的分类和一般特性进行介绍，并在此基础上讨论单片机与外部存储器的连接方法。

6.3.1 外部存储器

1. 存储器的分类及特点

传统分类方法中，外部存储器是按其读/写特性进行分类的，可分为只读存储器（Read Only Memory，ROM）和随机存取存储器（Random Access Memory，RAM）两种。近年来，随着存储器技术的飞速发展，又出现了一些新型的存储器，读/写特性也出现了新的变化。一般按断电后数据是否丢失，分为易失性存储器（断电后数据丢失）和非易失性存储器（断电后数据不丢失）。新型存储器有 OTP ROM、Flash 存储器、FRAM、nvSRAM 和新型动态存储器等，其中 Flash 存储器因其良好的性能和较低的价格得到了广泛的重视与好评。为了与传统分类方法相统一，下面分别对只读存储器、随机存取存储器和 Flash 存储器进行简单介绍。

1）只读存储器（ROM）

只读存储器（ROM）中的信息不因断电而消失，故它属于非易失性存储器。根据这个特性，常用它来存储程序、常数和表格等，这些程序、常数和表格是用特殊手段固化进去的，但在正常工作状态下只能读出不能写入，因此得名。按存储器信息固化工艺的不同，ROM 可以分为掩模 ROM、PROM 和 EPROM 三类。

掩模 ROM 的信息固化是由存储器制造商在芯片生产过程中利用掩模工艺完成的，因而芯片制造完毕后用户不能更改所存入的信息。掩模 ROM 结构简单、集成度高，但工艺成本也较高，只适用于大批量生产的产品。

PROM（Programmable Read Only Memory）也称为可编程 ROM。这种 ROM 在出厂时并未存储任何信息。用户要用专门的 PROM 编程器，根据自己的需要把信息（程序、常数或表格）写入 PROM，才可以在计算机系统中使用。但是，这种只读存储器只能编程一次，且写入的信息不能更改。

EPROM（Erasable Programmable Read Only Memory）也称为可擦除的 PROM。它可以多次编程，在需要时，用户可以使用专门的擦除器对固化的信息进行擦除，擦除后还可以再进行编程。根据擦除方法的不同，EPROM 又可分为 UVEPROM（采用紫外线擦除）和 EEPROM（采用高压电脉冲擦除）两种。EPROM 因可多次编程，非常适用于系统开发阶段，但要注意 EPROM 的擦写次数是有限的，几百次到几万次不等。

2）随机存取存储器（RAM）

随机存取存储器又称为读写存储器。正常工作时，数据既可以读出也可以写入，并有如下特点：对 RAM 中的任意单元执行读操作后原数据不变；执行写操作后原数据被新数据所替代。因此 RAM 可以用来存储实时数据、中间结果、最终结果或作为数据的堆栈区。按照信息存储原理的不同，RAM 通常可分为动态 RAM（Dynamic RAM，DRAM）和静态 RAM（Static RAM，SRAM）两类。

动态 RAM 是利用 MOS 管栅极和源极之间的极间电容来存储信息的。电容有电荷表示存有信息“1”，没有电荷表示存有信息“0”。由于 MOS 管的极间电容存在漏电电阻，因此经过一段时间电容的放电后，存储的信息会丢失，显然这对于存储器而言是不允许的。解决的办法是在信息丢失前对电容进行刷新。刷新可以补充存储电容上的电荷，由刷新电路自动完成，通常 2ms 刷新一次。动态 RAM 的集成度高、成本低、功耗低，适合于大容量存储器。但由于需要刷新电路，因此在用它构成 RAM 时，外围控制电路比较复杂，使用不如静态 RAM 方便。

静态 RAM 内部集成了大量触发器，利用触发器的记忆特性，每个触发器存储一位二进制信息。触发器中的信息可长久保存，无须刷新电路为它刷新。但由于每个触发器所用的晶体管数量较多，因此在芯片面积和集成度相同时，静态 RAM 芯片的存储容量比动态 RAM 的要大。

3）Flash 存储器

Flash 存储器也称为闪速存储器，是一种原理上属于 ROM、功能上属于 RAM 的非易失性存储器。闪速存储器的问世要追溯到 1987 年，当时 EPROM 技术已被广泛应用，但是 EPROM 的容量、擦除、编程速度一直不能令人满意。在这样的背景下，研究人员利用单个晶体管的 EEPROM 单元，结合高速高灵敏放大器等技术开发出了一种新型的存储器，容量达到 256KB，这是当时的 EPROM 最大容量 64KB 的 4 倍；擦除和编程速度也是当时的 EPROM 的近 10 倍，因而称为 Flash 存储器。随后的若干年，其在技术上和性能上一直在不断发展。到 1998 年，Flash 存储器的存储容量就从开始时的 256KB 发展到 128MB，提高了 500 倍；制造工艺也从开始的 2 μm 技术进步到 0.25 μm 技术；访问时间也缩短到几百纳秒，并且这样性能的存储器价格并不是很高。所以，闪速存储器在计算机、通信、工业自动化以及各种家用电器设备中都得到了广泛的应用。在有些单片机中也出现了片内集成闪速存储器的品种，如 Atmel 公司开发的 AT89S 系列单片机内部就集成了 Flash 存储器。Flash 存储器一般从两个方面来划分。

（1）从 Flash 存储器的擦除和编程所采用的技术来划分。闪速存储器的擦除都是采用沟道热电子注入（Channel Hot Electron，CHE）技术。而在闪速存储器的编程中，可以采用 CHE 技术，也可以采用 FN 隧道效应（Fowler-Nordheim 隧道效应）技术。一般来说，CHE 技术的可靠性较高，但编程的效率较低，而 FN 隧道效应技术采用低电流进行编程，可以高效、低功耗地编程。

（2）从闪速存储器的接口种类来划分。现在 Flash 存储器的接口可以分为以下三种类型。

第一种是标准的并行接口型。这种芯片具有独立的地址线和数据线，和 CPU 连接时，基本上和一般的存储器接口相似，只要三总线分别连接就可以。这种类型的芯片最多，如 Intel 公司的 A28F 系列、AMD 公司的 Am28F 系列和 Am29F 系列等。

第二种是 NAND（与非）接口型。NAND 型闪存其实也是一种采用并行接口的芯片，只是采用了引脚分时复用的方法，使数据线、地址线、控制线分时复用 I/O 总线。这种接口的优点是引脚数可以减少很多。三星公司和日立公司都有 NAND 型 Flash 存储器的产品。

第三种是串行接口型。这种类型的芯片是通过串行数据总线与 CPU 连接的，因此接口相对简单。但由于数据和地址都是由同一条串行总线传送的，因此要用不同的命令或特殊的时序来区分是地址操作还是数据操作。National Semiconductor 公司就有串行接口的 Flash 产品。

2. 存储器的主要性能指标

存储器的性能指标是正确选用存储器的基本依据，也是进行单片机应用系统设计的基础。存储器的性能指标包括存储容量、存取速度、功耗、可靠性和工作寿命等。

1）存储容量

存储容量是指存储器能够记忆的信息总量，主要受芯片的集成度、面积以及采用的制造工艺等影响。存储器的容量通常以位（bit）为单位，一片存储器芯片的容量定义为

芯片容量=存储单元数×每单元位数（位）

例如，Intel 公司的 EPROM 芯片 2716 的存储容量表示为 2K×8 位，说明 2716 是以 8 位为一个基本存储单元的，这样的存储单元有 2K 个。

需要注意的是，有些存储器的基本存储单元的位数并不是 8 位的，如 DRAM 芯片 NMC5295 的存储容量表示为 16K×1 位，它是以 1 位为基本存储单元的，这在进行存储器扩展时要特别注意。

当存储容量较大时，也可采用 MB 或 GB 表示，1MB=1024KB，1GB=1024MB。

2）存取速度

存取速度用两个指标来衡量：存取时间和存储周期。

存取时间实际上应考虑读取时间和写时间。读取时间是指从输入地址有效到读出的数据在数据总线上稳定出现为止的这段时间间隔，它反映了在读操作时存储器的工作延迟。写时间是指写入操作时存储器从数据总线上获得数据到数据存入存储器内部的时间间隔。一般来说，双极型的存储器比 MOS 型存储器的存取时间短得多，单片机系统常用的存储器的存取时间在几十到几百纳秒之间。很明显，存取时间越短，系统的工作速度就越快。

存储周期则是指连续两次访问存储器之间所需的最小时间间隔。存储周期等于存取时间加上存储器的恢复时间。

3）功耗

存储器功耗是指存储器在正常工作时所消耗的电功率。该电功率由“维持功耗”和“操作功耗”两部分组成。“维持功耗”是指存储器芯片未被选中时所消耗的电功率；“操作功耗”是指存储器芯片选中工作时的电功率。因为存储器的工作电压常是固定值，所以有时也用“维持电流”和“操作电流”两个物理量来表示功耗的大小。

一般地，在其他指标相同时，功耗越小越好。

4）可靠性和工作寿命

存储器的可靠性是指它对周围电磁场、温度和湿度等的抗干扰能力。由于一般存储器常采用 VLSI 工艺制成，因此它的可靠性通常较高，工作寿命也较长，平均无故障时间可达几千小时以上。

3．典型存储器的外部特性

存储器的种类虽然比较多，功能及特性也差别较大，但是为了扩展容易，存储器制造商在设计其外部特性时，还要遵循一定规律。下面介绍一些典型存储器的外部特性。

1）UVEPROM 芯片 27128、27256 和 27512 的外部特性

27XXX 系列芯片是 Intel 公司生产的 EPROM 芯片，属于紫外线擦除的 PROM。其中 27 是系列号，后面的数值代表芯片的容量，以 Kbit（K 位）为单位。如 27128 的存储容量是 128Kbit，因该系列 ROM 的字长都是 8 位，其容量也可以写成 16KB（16K 字节）。该系列的性能指标如下：28 脚双列直插封装，单一+5V 供电，工作电流为 100mA，维持电流为 40mA，最大读取时间为 250ns。

该系列中 27128、27256 和 27512 三个芯片的引脚图如图 6.6 所示，图中省略了电源（VCC，28 脚）和地（GND，14 脚）。从图中可以看出，除地址线的条数有区别外，27256 和 27512 还将编程电源输入引脚和编程脉冲输入引脚设计成了功能复用脚，以减少引脚总数。现对各引脚说明如下。

（1）地址线：A0～A13（27128，16KB）、A0～A14（27256，32KB）、A0～A15（27512，64KB）。

（2）数据线：D0～D7。

（3）片选信号：$\overline{CE}$，低电平有效。

（4）数据输出允许信号：$\overline{OE}$，低电平有效。

（5）编程脉冲输入信号：$\overline{PGM}$。

（6）编程电源：VPP。

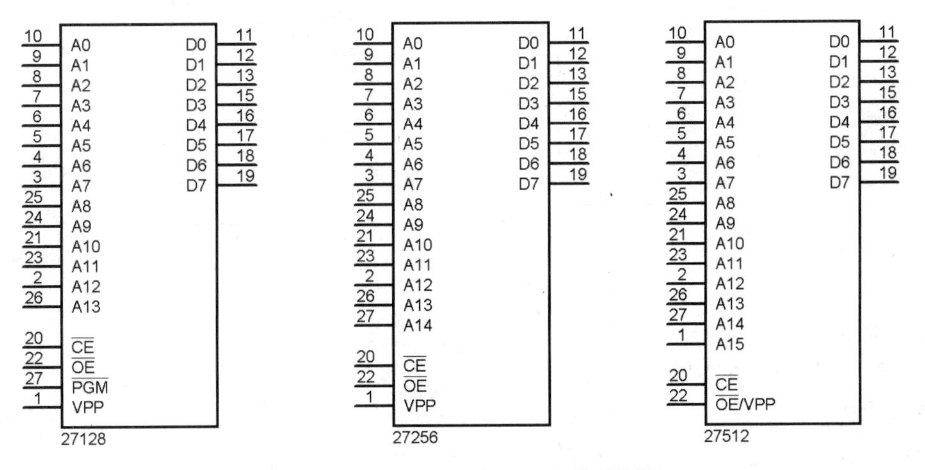

图 6.6　27128、27256 和 27512 的引脚图

2）EEPROM 芯片 2817 的外部特性

2817 是 Intel 公司生产的 EEPROM 芯片，存储容量为 2KB，8 位字长。它是一种可以省去全部硬件接口电路而且能执行数据写入的电可擦除 ROM。编程电压为+5V，最大读取时间为 240ns，数据写入时间较长，一般为十几毫秒。

2817 的引脚图如图 6.7 所示，图中省略了电源（VCC，28 脚）和地（GND，14 脚）。现对各引脚说明如下。

（1）地址线：A0～A10。

（2）数据线：D0～D7。

（3）片选信号：$\overline{CE}$，低电平有效。

（4）数据输出允许信号：$\overline{OE}$，低电平有效。

（5）数据写入允许信号：$\overline{WE}$，低电平有效。

（6）总线防冲突信号：RDY/$\overline{BSY}$，2817 通过该引脚来避免总线冲突。若 RDY/$\overline{BSY}$ 为低电平，则说明 2817 处于忙状态，此时不能对它进行操作；若 RDY/$\overline{BSY}$ 为高电平，则说明 2817 处于空闲状态。

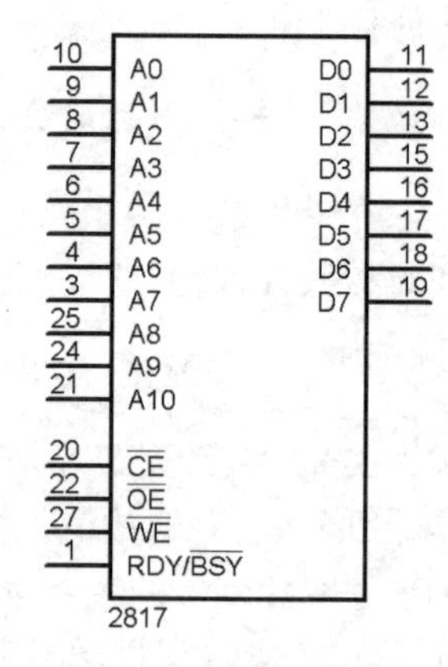

图 6.7　2817 的引脚图

3）SRAM 芯片 6264 和 62256 的外部特性

62XX 系列是 Intel 公司的 SRAM 芯片，均为 8 位字长。其中 62 是系列号，后面的数值代表芯片的容量，常用的有 6264（8KB）、62128（16KB）、62256（32KB）、62512（64KB）等型号。该系列的性能指标如下：28 脚双列直插封装，单一+5V 供电，工作电流为 60mA，维持电流为 3mA，最大存取时间为 70ns。

图 6.8 给出了 6264 和 62256 的引脚图，图中省略了电源（VCC，28 脚）和地（GND，14 脚）。现对各引脚说明如下。

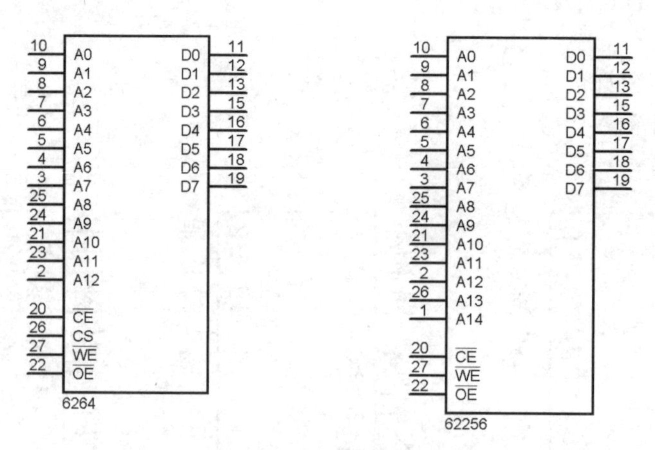

图 6.8　6264 和 62256 的引脚图

（1）地址线：A0～A12（6264，8KB）、A0～A14（62256，32KB）。

（2）数据线：D0～D7。

（3）片选信号 1：$\overline{CE}$，低电平有效。

（4）片选信号 2：CS，高电平有效（62256 无此片选信号）。

（5）数据输出允许信号：$\overline{\text{OE}}$，低电平有效。

（6）数据写入允许信号：$\overline{\text{WE}}$，低电平有效。

4）DRAM 芯片 2164 的外部特性

2164 是 Intel 公司的 DRAM 芯片。它的存储容量为 64KB，字长为 1bit，每片只有一条数据输入线和一条数据输出线。一般应用时将 8 片并联起来，构成 64KB 的动态存储器。

相比于 SRAM，在应用 2164 时需要考虑两点：一是行、列地址分时传送；二是刷新。

2164 采用行地址和列地址来确定一个存储单元，行、列地址线均为 8 条。相应地，片内地址划分为行地址和列地址两组，行、列地址公用一组地址信号线分时传送。$\overline{\text{RAS}}$ 为行地址选通信号，利用该信号将行地址锁存到芯片内部的行地址缓冲寄存器。$\overline{\text{CAS}}$ 为列地址选通信号，利用该信号将列地址锁存到芯片内部的列地址缓冲寄存器。工作时地址总线上先送行地址，后送列地址，它们分别在 $\overline{\text{RAS}}$ 和 $\overline{\text{CAS}}$ 有效期间被锁存在内部锁存器中。

2164 内部有专门的刷新电路，执行刷新时序时，内部刷新电路按地址线 A0～A7 上传送来的刷新地址进行，每次刷新一行。因此，所有存储单元刷新一遍共需 256 次。

图 6.9 给出了 2164 的引脚图，图中省略了电源（VCC，16 脚）和地（GND，8 脚）。现对各引脚说明如下。

（1）行列地址线：A0～A7，行列地址线公用。

（2）数据输入线：D。

（3）数据输出线：Q。

（4）行地址选通信号：$\overline{\text{RAS}}$，低电平有效。

（5）列地址选通信号：$\overline{\text{CAS}}$，低电平有效。

（6）读/写信号：$\overline{\text{WE}}$，0—写，1—读。

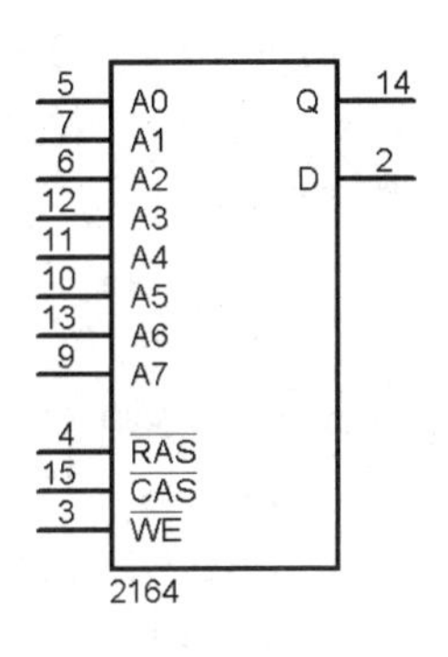

图 6.9　2164 的引脚图

6.3.2　译码技术

1. MCS-51 单片机的系统总线

系统总线简称总线（Bus），是连接应用系统各组成部件的一组公共信号线。采用总线结构形式，可以大大减少单片机系统中传输线的数目、提高系统的可靠性、提高系统的灵活性。MCS-51 单片机与外部存储器的连接一般是按总线结构进行的。

总线按数据形式可分为串行总线和并行总线两种，MCS-51 单片机使用的是并行总线结构。通常，按功能的不同，把系统总线分为数据总线、地址总线和控制总线。

1）数据总线

数据总线（Data Bus，DB）用于单片机与存储器之间或单片机与外设之间传送数据。数据总线的位数一般与单片机的字长一致。MCS-51 单片机是 8 位机，所以，数据总线的数据宽度也是 8 位，由 MCS-51 单片机的 P0 口构成。数据总线是双向的，通过数据总线可以将外部数据读入单片机，也可将数据写到外部设备或存储器。

2）地址总线

地址总线（Address Bus，AB）用于传送单片机发出的地址信号，以便进行存储单元和 I/O

口的选择。地址总线是单向的，只能由单片机向外送出。地址总线的数目决定着可直接访问的存储单元或I/O口的数目（如有 n 条地址线，则寻址范围为 2^n ）。MCS-51 单片机的地址总线为 16 位（其寻址范围为 64KB），由 P0 口构成地址总线的低 8 位，由 P2 口构成地址总线的高 8 位。前面已经介绍，数据总线也是由 P0 口构成的，这样做的目的是减小芯片的引脚数和芯片体积。在对外部地址进行读/写操作时，为了使数据总线上的数据和低 8 位地址不发生冲突，MCS-51 单片机采用分时传送的方法，即 P0 口先传送低 8 位地址，后用作数据传送线。注意，高 8 位地址线在整个读/写指令周期内有效，低 8 位地址线也应在整个读/写指令周期内有效，所以在具体应用中，常在单片机外部增加一个 8 位地址锁存器，用于对低 8 位地址线进行锁存。

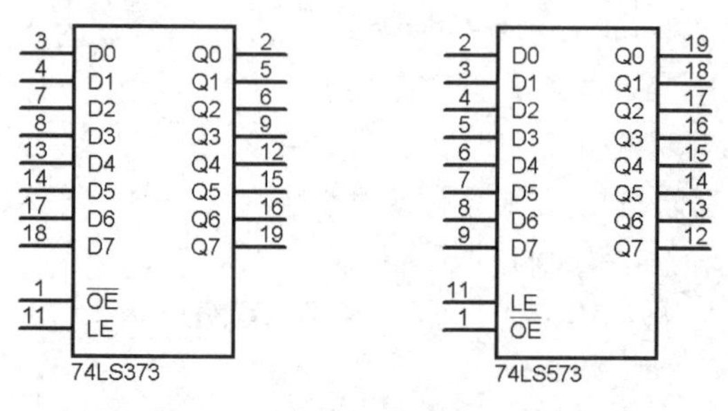

图 6.10　74LS373 和 74LS573 的引脚图

常用的地址锁存器有 74LS373 和 74LS573，这两款锁存器的功能完全一样，只是引脚排列有些差异。图 6.10 所示为 74LS373 和 74LS573 的引脚图，图中省略了电源（VCC，20 脚）和地（GND，10 脚）。其中，D0～D7 为数据输入端，Q0～Q7 为数据输出端；$\overline{OE}$ 为输出使能信号，低电平有效；LE 为锁存使能信号，高电平有效。用作低 8 位地址锁存时，可将 LE 引脚直接接 MCS-51 单片机的 ALE 引脚。

3）控制总线

控制总线（Control Bus，CB）实际上就是一组控制信号线，由单片机发出。这些信号有的是单片机引脚的第一功能信号，有的则是 P3 口的第二功能信号。

（1）ALE，用于低 8 位地址的锁存使能。

（2）$\overline{PSEN}$，用于外部程序存储器的读选通信号。

（3）$\overline{EA}$，用于内外程序存储器的选择控制信号，当为高电平时，程序从单片机内部开始执行，执行完内部程序再执行外部程序；当为低电平时，单片机只执行外部存储器的程序。

（4）$\overline{RD}$ 和 $\overline{WR}$，分别用于外部存储器或外设的读/写选通信号。

80C51 单片机的三总线原理图如图 6.11 所示，数据线名称为 AD0～AD7，地址线名称为 A0～A15。图中考虑到 80C51 单片机内部有 4KB 的 EPROM，所以 $\overline{EA}$ 引脚接高电平。

2．MCS-51 单片机扩展单片外部存储器时的连线方法

MCS-51 单片机采用三总线扩展单片外部存储器时，其连线方法如下。

（1）数据总线与外部存储器的数据端相连。

（2）地址总线（低 8 位地址锁存后）与外部存储器的地址线相连。外部存储器的地址线可能不足 16 根，一般按实际使用从地址总线的低位开始连起。例如，容量为 2KB（ $2^{11}=2K$ ）的外部存储器，地址线共 11 根，连线时，地址总线的 A0～A10 分别与外部存储器的 A0～A10 引脚相连，地址总线的高位（A11～A15）空。

（3）控制总线的连接相对复杂一些，但还是有一些规律的。RAM 因其可读可写，一般都有读控制线和写控制线，常记为 $\overline{OE}$ 和 $\overline{WE}$ 。扩展外部 RAM 时，这两个引脚分别与 MCS-51

单片机的 $\overline{\text{RD}}$ 和 $\overline{\text{WR}}$ 相连。UVEPROM 正常工作时只能读出不能写入，故没有写控制引脚（但一般有编程脉冲输入引脚，只在编程时才需要），只有读控制引脚，记为 $\overline{\text{OE}}$。如果扩展外部 UVEPROM 是用来存储程序的，则 $\overline{\text{OE}}$ 与 MCS-51 单片机的 $\overline{\text{PSEN}}$ 相连；如果扩展外部 UVEPROM 是用来存储常数或表格的，则 $\overline{\text{OE}}$ 还可与 MCS-51 单片机的 $\overline{\text{RD}}$ 信号相连（此时相当于把它看成只能读的 RAM）；当然有时也会让 $\overline{\text{PSEN}}$ 和 $\overline{\text{RD}}$ 进行逻辑“与”后连接到外部 UVEPROM 的 $\overline{\text{OE}}$ 端，将这两种功能合并。EEPROM 因可电擦除，相比于 UVEPROM，它多了一个写控制引脚，此时写控制引脚可与单片机的 $\overline{\text{WR}}$ 相连。

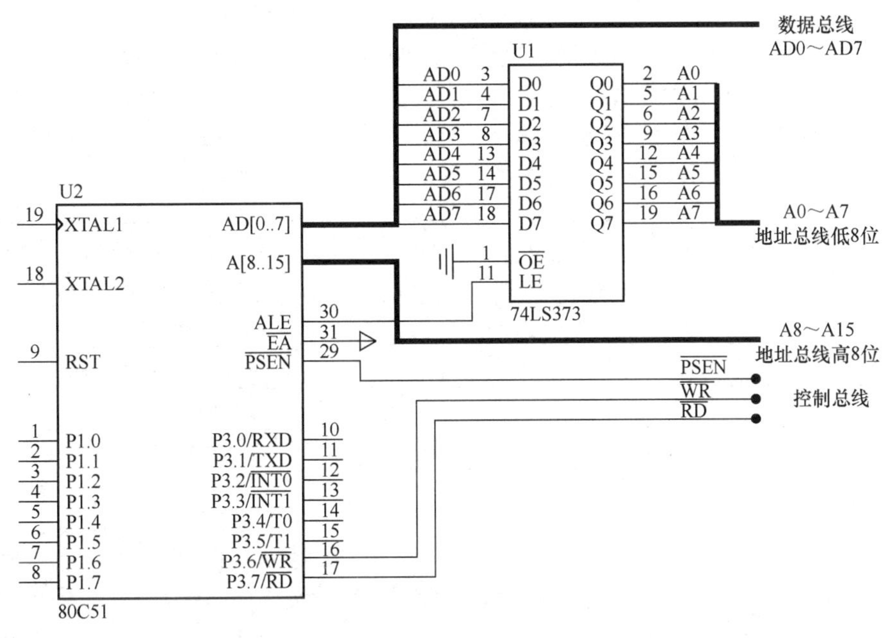

图 6.11　80C51 单片机的三总线原理图

MCS-51 单片机扩展单片外部存储器时，可使外部存储器的片选信号（$\overline{\text{CE}}$，有时写为 $\overline{\text{CS}}$ 或 E）直接接低电平，即始终选中。当然，也可让片选信号接到地址线中没有用到的高位线。

3．MCS-51 单片机扩展多片存储器时的连线方法

存储器的地址与其内部的存储单元是一一对应的。当采用 MCS-51 单片机扩展多片存储器时，如果连线方法与扩展单片存储器时一样，将会出现一个地址对应着多个存储单元的现象，对某地址进行读/写操作将影响多个存储单元。这对于存储器系统来说是不允许的。解决的办法是在存储器地址分配时，将每个存储单元的地址错开。

例如，某 MCS-51 单片机外部连接了单片 6264，其存储容量为 8KB（13 根地址线），存储器单元的地址范围可以设置为 0000H～1FFFH，只要将 MCS-51 单片机的 16 根地址总线的低 13 位（A0～A12）与 6264 的 13 根地址线相连即可。如果该系统外部扩展了 4 片 6264，其存储容量的总和为 4×8KB=32KB。设计时，应将每一片 6264 的地址都设置成不一样的。如第 1 片 6264 的地址设为 0000H～1FFFH、第 2 片为 2000H～3FFFH、第 3 片为 4000H～5FFFH、第 4 片为 6000H～7FFFH，这样在对存储单元进行操作时就不会出现冲突。当然这样的设置方法有很多种，原则上，只要一个地址对应着唯一的存储单元即可（反过来，一个存储单元则可以对应着多个地址）。要实现上述设置其实不难，只要给每片存储器分别提供一个可控的

片选信号，在对某芯片操作时，只要使能该芯片的片选（同时禁止其他芯片的片选信号）就可以了。具体做法有下面两种。

1）线选法

所谓线选法，就是直接使用系统未用的地址线作为存储芯片的片选信号线。下面举例说明。

【例 6.2】 现有 2K×8 位的 SRAM 存储器芯片，试用线选法扩展成 8K×8 位的存储系统。

解答：

要求扩展 8KB 的存储系统，需 4 块 2KB 的存储器芯片。2KB 的存储器所用的地址线为 A0～A10，共 11 根，对应着地址总线的 P2.0～P2.2 及 P0 经地址锁存后的低 8 位地址。存储系统中暂时没有用到的高位地址线有 P2.3～P2.7 共 5 根，可将 P2.3～P2.6 这 4 根地址线分别与 4 片 SRAM 的片选信号相连。具体连线表如表 6.2 所示，电路连接示意图如图 6.12 所示。

表 6.2　线选法的连线表

MCS-51 单片机		存　储　器
地址总线	P0 口经锁存器形成的低 8 位地址线	与每片存储器的 A0～A7 相连
	P2.0、P2.1、P2.2 高 3 位地址线	与每片存储器的 A8～A10 相连
数据总线	P0 口	直接与每片存储器的 D0～D7 相连
控制总线	P2.3	与存储器 1 的片选信号相连
	P2.4	与存储器 2 的片选信号相连
	P2.5	与存储器 3 的片选信号相连
	P2.6	与存储器 4 的片选信号相连
	读信号 $\overline{RD}$	与每片存储器的 $\overline{OE}$ 引脚相连
	写信号 $\overline{WR}$	与每片存储器的 $\overline{WE}$ 引脚相连

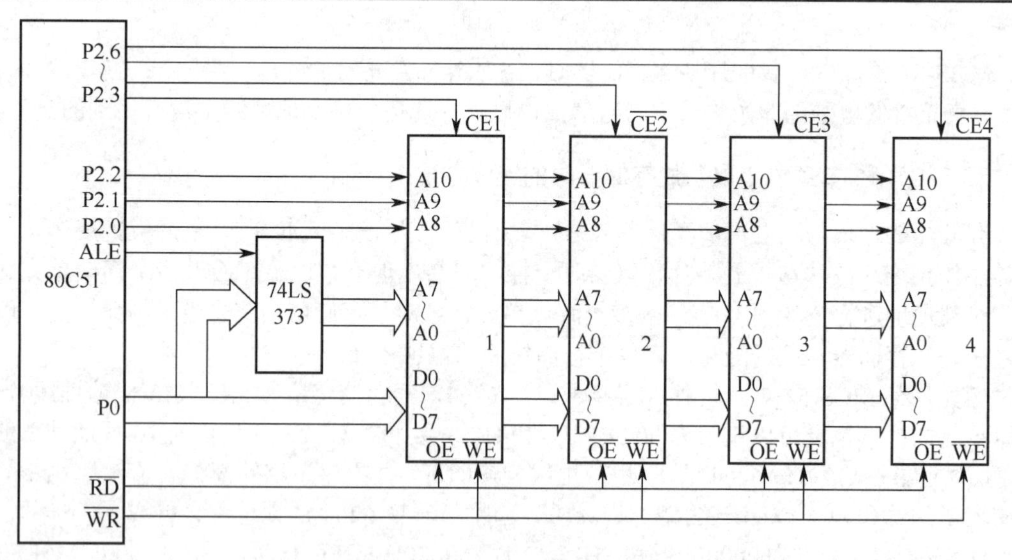

图 6.12　线选法电路连接示意图

假设未用到的 P2.7 始终置为低电平，则 4 个芯片的地址分配如表 6.3 所示。

表 6.3　线选法每片芯片的地址范围表（P2.7=0 时）

	P2.3～P2.7	P2.0～P2.2 及 P0 口	地 址 范 围
芯片 1	01110	000…000～111…111	7000H～77FFH
芯片 2	01101	000…000～111…111	6800H～6FFFH
芯片 3	01011	000…000～111…111	5800H～5FFFH
芯片 4	00111	000…000～111…111	3800H～3FFFH

如果把未用到的 P2.7 始终置为高电平，则 4 个芯片对应的地址如表 6.4 所示。

表 6.4　线选法每片芯片的地址范围表（P2.7=1 时）

	P2.3～P2.7	P2.0～P2.2 及 P0 口	地 址 范 围
芯片 1	11110	000…000～111…111	F000H～F7FFH
芯片 2	11101	000…000～111…111	E800H～EFFFH
芯片 3	11011	000…000～111…111	D800H～DFFFH
芯片 4	10111	000…000～111…111	B800H～BFFFH

因为 P2.7 为未用到的高位地址线，该线对操作存储器无任何影响，也就是说，P2.7 为高电平或为低电平均可。但是对于存储芯片来说，P2.7=0 和 P2.7=1 使每个存储单元对应了两个地址。把未用到的高位线均为“0”时对应的地址称为基本地址，这种一个存储单元对应着多个地址的现象称为地址重叠。

由例 6.2 可知，线选法的特点是简单明了，无须增加额外的电路，缺点是存储空间不连续。一般只适用于小规模单片机系统的存储器扩展。

2）译码法

所谓译码法，就是使用译码器对系统的高位地址进行译码，用它的译码输出作为存储芯片的片选信号。这是一种较常用的存储器编址方法，能有效地利用空间，特点是存储空间连续，适用于大容量多芯片存储器扩展。

常用的译码芯片有：74LS138（3 线–8 线译码器）、74LS139（双 2 线–4 线译码器）和 74LS154（4 线–16 线译码器）等。74LS138、74LS139 和 74LS154 的引脚图如图 6.13 所示。它们使用灵活，并且可以进行级联以组成更多线的译码器。使用时，若全部高位地址线都参加译码，则称为全译码；若仅有部分高位地址线参加译码，则称为部分译码。

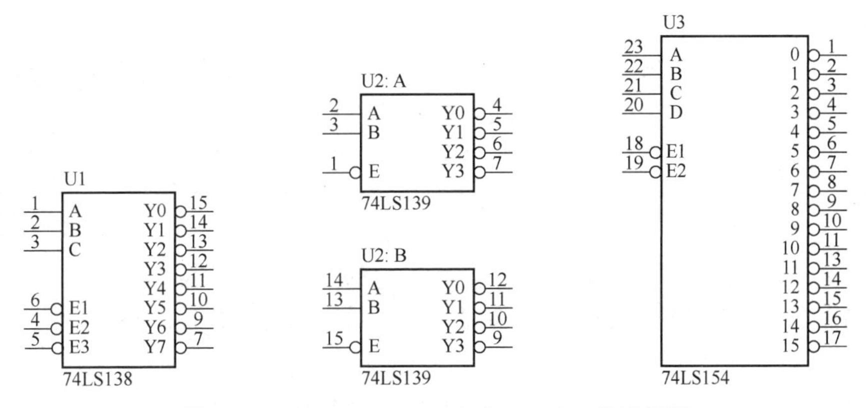

图 6.13　74LS138、74LS139 和 74LS154 的引脚图

下面对较为常用的 74LS138 和 74LS139 译码器做简单介绍。

（1）74LS138。74LS138 是一种 3 线–8 线的译码器，有 3 个使能输入端、3 个编码输入端和 8 个译码输出端。74LS138 的真值表如表 6.5 所示，由表可见，E1、E2、E3 为 74LS138 的使能输入端，其中 E1 为高电平有效，E2、E3 为低电平有效；C、B、A 为编码输入端；Y0～Y7 为译码输出端。当使能引脚中存在无效电平时，所有的输出都为高电平；当 3 个使能引脚均有效且 3 个编码输入端 C、B、A 为任一编码时，有且仅有一个译码输出引脚输出低电平。

表 6.5　74LS138 的真值表

输　入		输　出
E1　E2　E3	C　B　A	Y7　Y6　Y5　Y4　Y3　Y2　Y1　Y0
1　0　0	0　0　0	1　1　1　1　1　1　1　0
1　0　0	0　0　1	1　1　1　1　1　1　0　1
1　0　0	0　1　0	1　1　1　1　1　0　1　1
1　0　0	0　1　1	1　1　1　1　0　1　1　1
1　0　0	1　0　0	1　1　1　0　1　1　1　1
1　0　0	1　0　1	1　1　0　1　1　1　1　1
1　0　0	1　1　0	1　0　1　1　1　1　1　1
1　0　0	1　1　1	0　1　1　1　1　1　1　1
其他状态	×　×　×	1　1　1　1　1　1　1　1

注：1 表示高电平，0 表示低电平，× 表示任意。

（2）74LS139。74LS139 内部集成了两个 2 线–4 线译码器，且这两个译码器完全独立，分别有各自的编码输入端、译码输出端和使能端。其真值表如表 6.6 所示，表中只给出了其中一组。由表可见，E 为 74LS139 的使能输入端，低电平有效，当 E 为有效电平且两个编码输入端 B、A 为任一编码时，有且仅有一个译码输出端输出低电平；当 E 为无效电平时，所有译码输出端都输出高电平。

表 6.6　74LS139 的真值表

输　入		输　出
E	B　A	Y3　Y2　Y2　Y0
0	0　0	1　1　1　0
0	0　1	1　1　0　1
0	1　0	1　0　1　1
0	1　1	0　1　1　1
1	×　×	1　1　1　1

注：1 表示高电平，0 表示低电平，× 表示任意。

下面通过一个实例来说明用译码法扩展多个存储器的特点。

【例 6.3】现有 2K×8 位的 SRAM 存储器芯片，试用译码法扩展成 8K×8 位的存储系统。

解答：

分析方法与例 6.2 一样，只是 4 个芯片的片选信号不是由高位地址线直接提供的，而是高位地址线经译码器后，由译码器的输出线提供的。如译码器采用 74LS139，P2.3、P2.4 作为 74LS139 的编码输入，未用到的高位线 P2.5、P2.6 和 P2.7 悬空，则可得扩展电路连线示意图如图 6.14（a）所示。

假设未用到的 P2.7、P2.6、P2.5 始终置为低电平，则 4 个芯片的基本地址分配如表 6.7 所示。

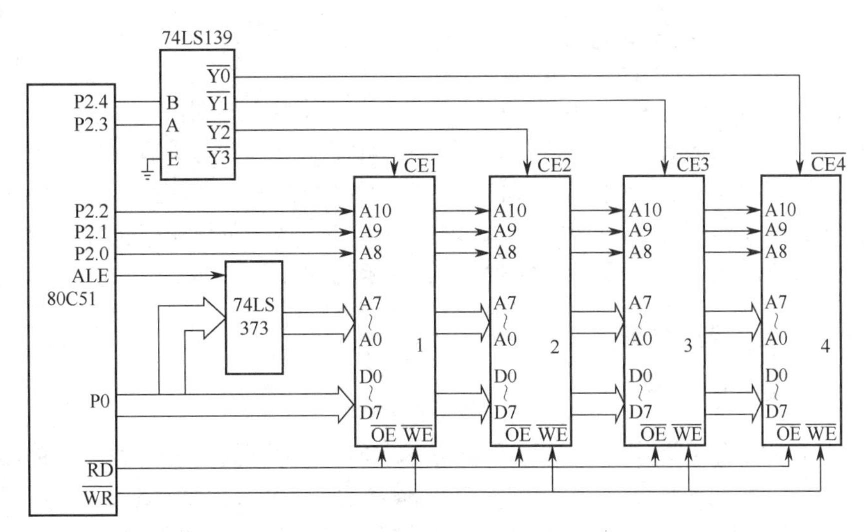

(a) 部分译码法电路原理图

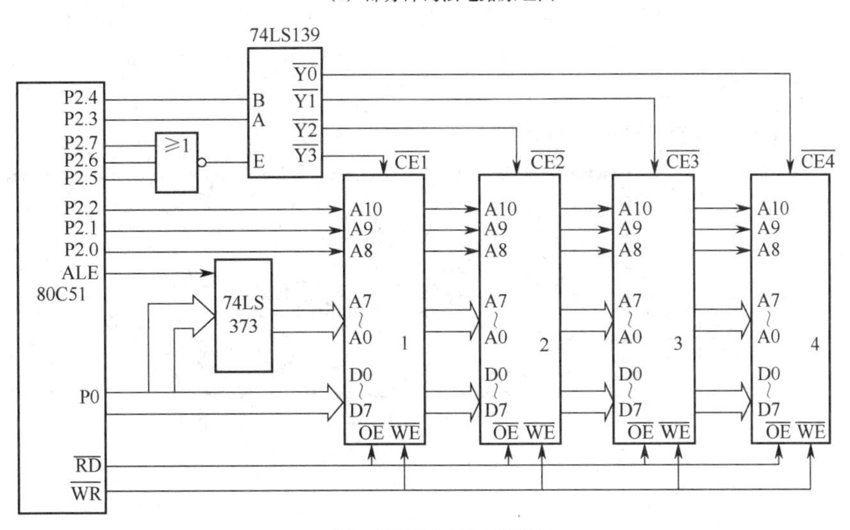

(b) 全译码法电路原理图

图 6.14　译码法连线示意图

表 6.7　译码法每片芯片的地址范围表（P2.7、P2.6、P2.5 均为 0 时）

	P2.3～P2.7	P2.0～P2.2 及 P0 口	地 址 范 围
芯片 1	00000	000…000～111…111	0000H～07FFH
芯片 2	00001	000…000～111…111	0800H～0FFFH
芯片 3	00010	000…000～111…111	1000H～17FFH
芯片 4	00011	000…000～111…111	1800H～1FFFH

因为 P2.7、P2.6、P2.5 为未用到的高位地址线，这三根地址线的电平状态不影响对存储器的地址选择，也就是说，P2.7、P2.6、P2.5 可以为任意状态。所以，采用部分译码法进行扩展时也会出现地址重叠的现象。如果让 P2.7、P2.6、P2.5 这三根地址线也参与译码，如图 6.14（b）所示，只有当 P2.7、P2.6、P2.5 为 000 组合时，74LS139 的使能端 E 才为有效电平，所以用全译码法进行存储器扩展时，各芯片地址一般为连续且唯一的。

6.3.3 外部存储器的扩展

扩展外部存储器的结构有两种：一种是哈佛结构，程序存储器的地址空间和数据存储器的地址空间截然分开；还有一种叫普林斯顿结构，程序存储器和数据存储器合用一个地址空间。MCS-51 单片机采用的是前者。由于 MCS-51 单片机共有 16 根地址线，因此在利用 MCS-51 单片机进行外部存储器扩展时，最多可以分别扩展程序存储器和数据存储器各 64KB。

下面分别讨论外部程序存储器和外部数据存储器的扩展。

1. 外部程序存储器的扩展

1）MCS-51 单片机与 UVEPROM 的连接

下面以 27128 为例说明单片 UVEPROM 与 MCS-51 单片机的连接方法。连接过程主要基于图 6.11 所示的三总线原理图。因为 27128 的存储容量是 16KB，地址线为 14 根，所以 27128 的地址线连接到单片机地址总线的低 14 位 A0～A13；27128 的数据线（D0～D7）直接连接到单片机的数据总线；27128 的输出使能信号 $\overline{\text{OE}}$ 与单片机控制总线的 $\overline{\text{PSEN}}$ 信号相连。另外，因为扩展的是单片 EPROM，所以 EPROM 的片选信号可以直接接地，使 27128 始终有效。连接后的电路原理图如图 6.15 所示。

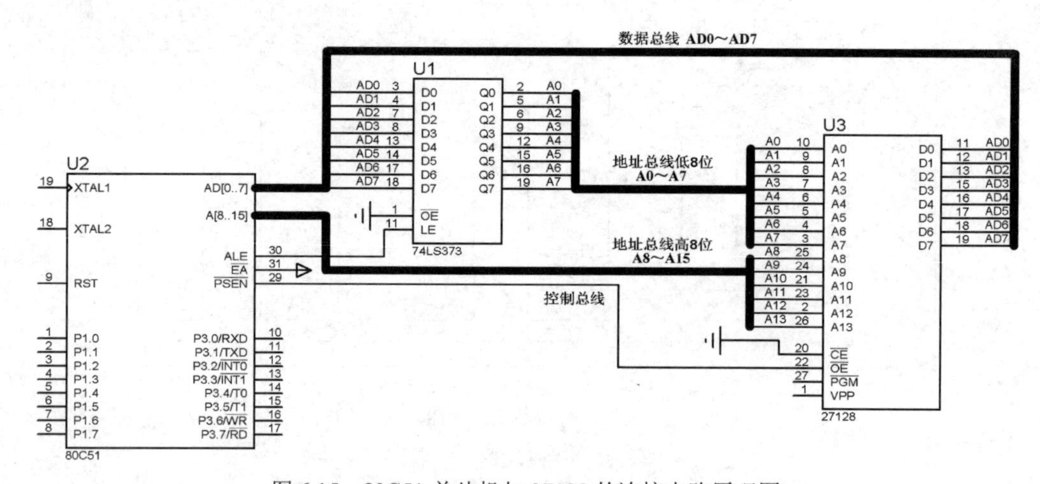

图 6.15　80C51 单片机与 27128 的连接电路原理图

未用到的高位地址线有两根：A14 和 A15，这两根地址线可以是任意状态。

当 A15=0，A14=0 时，27128 的地址范围为 0000H～3FFFH。

当 A15=0，A14=1 时，27128 的地址范围为 4000H～7FFFH。

当 A15=1，A14=0 时，27128 的地址范围为 8000H～BFFFH。

当 A15=1，A14=1 时，27128 的地址范围为 C000H～FFFFH。

显然，在如图 6.15 所示的电路连接中，27128 的地址出现了重叠。读者在使用该电路时，应注意将程序的地址放到基本地址（A15=0，A14=0 时）范围内。

2）MCS-51 单片机与 EEPROM 的连接

下面以 2817 为例说明 EEPROM 与 MCS-51 单片机的连接方法。2817 的引脚原理图请参见图 6.7。2817 的存储容量为 2KB，8 位字长，地址线为 11 根。现假设需扩展两片 2817，并且采用 74LS139 译码法扩展。其电路原理图如图 6.16 所示。

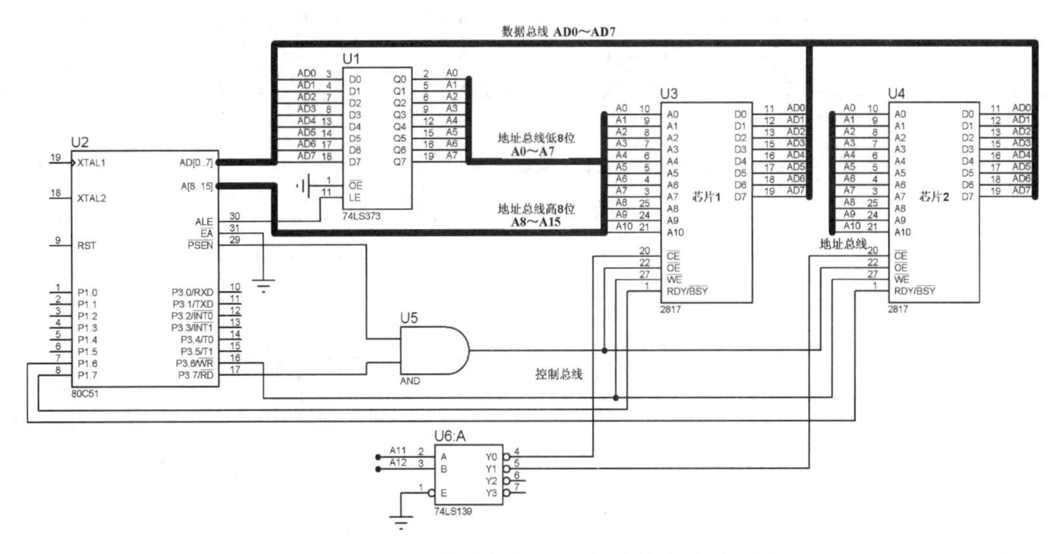

图 6.16 80C51 单片机与 2817 的连接电路原理图

80C51 单片机与两片 2817 的连接方法仍然基于图 6.11 所示的三总线原理图。除片选信号和 RDY/$\overline{BSY}$ 信号外，两片 2817 的连接关系相同。具体做法是：将 2817 的 11 根地址线连接到单片机地址总线的低 11 位（A0～A10）；2817 的数据口（D0～D7）连接到单片机的数据总线；2817 的写信号端 $\overline{WE}$ 与单片机控制总线的写信号选通 $\overline{WR}$ 相连；单片机的 $\overline{PSEN}$ 信号和 $\overline{RD}$ 信号经与门连到 2817 的 $\overline{OE}$ 端。2817 的片选信号由高位地址线的 A12 和 A11 经 74LS139 译码得到；为了通过 RDY/$\overline{BSY}$ 引脚来避免总线冲突，两片 2817 的 RDY/$\overline{BSY}$ 应分别连接到 P1.7 和 P1.6。应用中一般采用查询 P1.7 和 P1.6 的方法来获得当前 2817 的工作状态，根据状态完成 2817 的读/写操作。

未用到的高位地址线有 A13、A14 和 A15 三根，可见这是一种部分译码扩展法，当 A13、A14 和 A15 这三根地址线都为低电平时，得到两片 2817 芯片的基本地址分别为

芯片 1：0000H～07FFH；

芯片 2：0800H～0FFFH。

当 A13、A14 和 A15 为其他电平情况时，所得地址为 2817 芯片的重叠地址。

2．外部数据存储器的扩展

数据存储器有动态和静态两种，由于动态存储器需要刷新，接口电路复杂，在系统存储容量不大时应用得较少。MCS-51 单片机应用系统中使用的外部数据存储器大部分是静态数据存储器或全集成化的动态数据存储器。全集成化的动态存储器将刷新电路集成在芯片内，使

用时与静态数据存储器相似。现以 MCS-51 单片机与 SRAM 芯片 6264 的连接为例，说明外部数据存储器的扩展。

6264 的存储容量为 8KB，字长为 8 位，需用 13 根地址线。假设某系统要求容量为 16KB 的数据存储器，则需用两片 6264 进行存储器扩展，采用 74LS138 译码法扩展，选择高地址线（A13～A15）为 74LS138 的编码输入线。其电路原理图如图 6.17 所示。

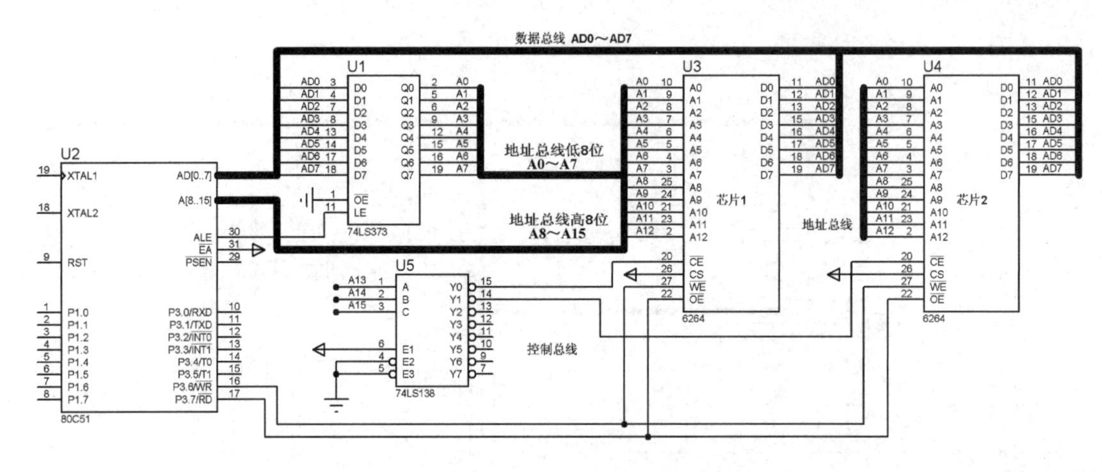

图 6.17　80C51 单片机与两片 6264 的连接电路原理图

当 A15=0，A14=0，A13=0 时，74LS138 译码器的 Y0 输出为低电平，选中芯片 1；当 A15=0，A14=0，A13=1 时，74LS138 译码器的 Y1 输出为低电平，选中芯片 2。所以两片 6264 的地址范围分别为

芯片 1：0000H～1FFFH；

芯片 2：2000H～3FFFH。

可见这种全译码法的扩展地址是连续的，且不会出现地址重叠现象。

3．MCS-51 单片机对外部存储器的操作指令

1）对外部程序存储器的操作指令

外部程序存储器除可用来存储程序外，还可用来存储常数和表格等。所以，单片机对外部程序存储器的操作实际上包括两种：取指令和执行查表指令。需要注意的是，对外部程序存储器的取指令操作是单片机自动完成的，执行查表指令时一般采用以下指令

```
MOV     DPTR，#xxxxH
MOVC    A，@A+DPTR
```

2）对外部数据存储器的操作指令

对外部数据存储器的操作有两种：读数据和写数据。

读外部 RAM 时

```
MOV       DPTR，#xxxxH
MOVX      A，@DPTR
```

写外部 RAM 时

```
MOV       DPTR，#xxxxH
```

```
MOVX    @DPTR, A
```

如果外部存储器的最大地址不超过 FFH（即 8 位地址），还可以使用如下指令进行读/写操作

```
MOVX    A, @Ri      ; 读外部 RAM 数据
MOVX    @Ri , A     ; 将累加器中的数据写到外部 RAM 中
```

6.4　8255 扩展技术

在单片机应用系统中，经常要利用 I/O 接口芯片对单片机的并行 I/O 口进行扩展。这类 I/O 接口芯片有很多，本节以 8255 为例，介绍 I/O 接口芯片的内部结构及工作原理，并给出 8255 扩展 I/O 接口的实例分析。

6.4.1　8255 概述

8255 是 Intel 公司生产的可编程并行 I/O 接口芯片，它可以扩展出 3 个 8 位并行 I/O 口——PA 口、PB 口和 PC 口，有 3 种工作方式。因其使用灵活方便，通用性强，常用作单片机与外设连接时的中间接口电路。单片机通过 8255 连接外设时，外设与单片机的数据传送可以采用直接传送方式、查询传送方式或中断传送方式。

1．8255 的外部引脚及其内部结构

1）8255 的外部引脚

8255 共有 40 个引脚，采用双列直插式封装，其引脚图如图 6.18 所示，各引脚功能如下。

（1）PA0～PA7：PA 口的输入/输出线。

（2）PB0～PB7：PB 口的输入/输出线。

（3）PC0～PC7：PC 口的输入/输出线。

（4）D0～D7：双向数据信号线，用来传送数据和控制字。

（5）$\overline{RD}$：读信号线。

（6）$\overline{WR}$：写信号线。

（7）$\overline{CS}$：片选信号线，低电平有效。

（8）RESET：复位信号，高电平时，8255 内部寄存器初始化。

（9）A0～A1：I/O 口地址选择信号线，用于选择 8255 内部的三个 8 位 I/O 口（PA 口、PB 口、PC 口）和一个控制寄存器。

2）8255 的内部结构

8255 的内部结构框图如图 6.19 所示，主要由以下 4 部分组成。

（1）I/O 口（PA 口、PB 口、PC 口）。8255 有 3 个 8 位并行 I/O 口，可记为 PA 口、PB 口和 PC 口。其中 PA 口、PB 口的输入和输出均有锁存能力；PC 口输出有锁存能力，输入没有锁存能力，但有输入缓冲器。

（2）数据总线缓冲器。8255 的数据总线内部含有三态输入/输出缓冲器，用于和单片机的数据总线相连接，可实现单片机和 8255 之间的数据传送、控制字传送和状态传送。

（3）A 组和 B 组的控制电路。8255 的三个并行 I/O 口分成 A、B 两组，其中 A 组包括 PA 口和 PC 口的高 4 位；B 组包括 PB 口和 PC 口的低 4 位。控制电路的工作受 8255 内部控制寄存器的控制，控制寄存器中存放着决定 I/O 口工作方式的信息，即工作方式控制字（或称为命令字）。

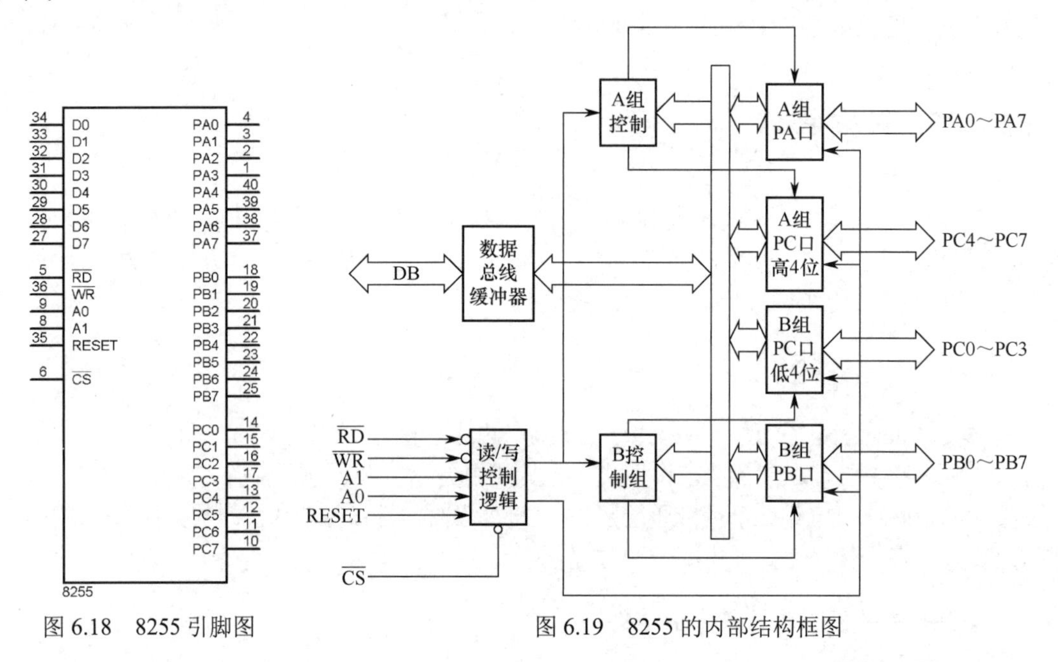

图 6.18　8255 引脚图

图 6.19　8255 的内部结构框图

（4）读/写控制逻辑。读/写控制逻辑电路接收单片机发来的控制信号 $\overline{RD}$ 、$\overline{WR}$ 、RESET、$\overline{CS}$ 和地址信号 A1、A0 等，然后根据控制信号的要求，对 I/O 口、控制字、状态字进行读/写操作。这些控制信号的作用如下。

$\overline{RD}$ ：读信号，低电平有效。

$\overline{WR}$ ：写信号，低电平有效。

RESET：复位信号，当 RESET 引脚为高电平时，内部控制电路对 8255 进行初始化操作，当控制字初始化为 0 时，各 I/O 口设置成为输入方式。

$\overline{CS}$：片选信号，低电平时 8255 被选中，否则 8255 各控制引脚和数据引脚为高阻状态。

A1 、A0：I/O 口地址信号。8255 有 A、B、C 三个 I/O 口，一个控制口和一个状态口，其中控制口和状态口公用一个地址，控制字为只写方式，状态字为只读方式。对这些 I/O 口进行操作是通过 A1 、A0 两根地址线进行选择的。

8255 读/写控制信号的功能如表 6.8 所示。

表 6.8　8255 读/写控制信号的功能

$\overline{CS}$	A1 A0	$\overline{WR}$	$\overline{RD}$	功　能
0	0　0	0	1	对 PA 口进行写操作
		1	0	对 PA 口进行读操作
	0　1	0	1	对 PB 口进行写操作
		1	0	对 PB 口进行读操作
	1　0	0	1	对 PC 口进行写操作
		1	0	对 PC 口进行读操作

（续表）

$\overline{CS}$	A1 A0	$\overline{WR}$	$\overline{RD}$	功　能
0	1　1	0	1	写控制字
		1	0	高阻状态
1	× ×	×	×	高阻状态

注：1 表示高电平，0 表示低电平，× 表示任意。

2．8255 的控制字和状态字

1）8255 的控制字

8255 是可编程接口芯片，通过控制字（控制寄存器）配置 I/O 口的工作方式。8255 共有两个控制字，一个是工作方式控制字，另一个是 PC 口直接置/复位控制字。这两个控制字公用一个地址，通过最高位来选择使用哪个控制字。

（1）工作方式控制字。该控制字的主要功能为确定 8255 接口的工作方式及数据的传送方向。各位的控制功能如图 6.20 所示。

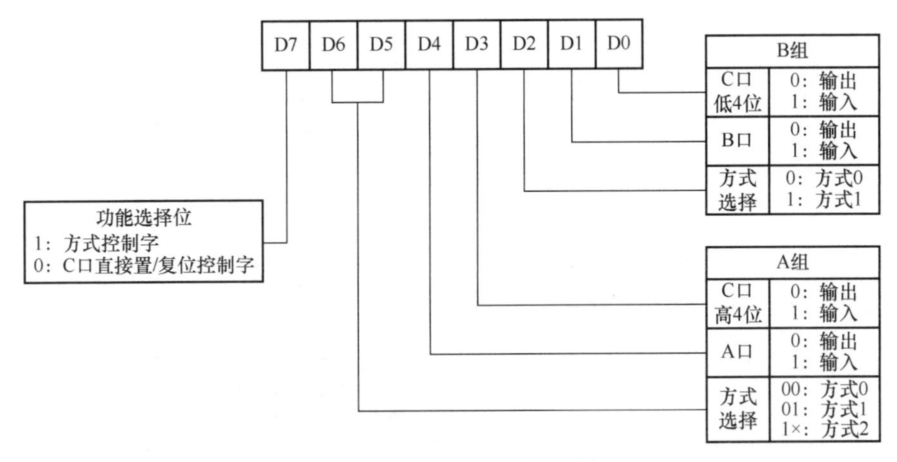

图 6.20　8255 工作方式控制字

对工作方式控制字进行如下说明。

最高位是标志位，在作为方式控制字使用时，其值固定为 1。8255 的三个 I/O 口分成 A、B 两组。其中 A 组包括 PA 口和 PC 口的高 4 位；B 组包括 PB 口和 PC 口的低 4 位。PA 口可工作在方式 0、方式 1 或方式 2，PB 口只可工作在方式 0 或方式 1。当选择工作方式 0 时，PC 口的高、低 4 位可分别设为输入或输出方式；当选择方式 1 或方式 2 时，对 PC 口的定义（输入或输出）不影响作为控制信号使用的 PC 口的各位功能。

（2）PC 口直接置/复位控制字。主要功能：对 PC 口的某位进行置 1 或清 0 操作。各位的控制功能如图 6.21 所示。在该控制字中，最高位必须选择为“0”。

D1～D3 三位用于选择 PC 口的操作位；D0 用于选择置 1 操作（D0=1）还是清 0 操作（D0=0）。例如，对 PC4 引脚进行置 1 操作，则控制字为 09H。

2）8255 的状态字

当 8255 的工作方式设置为方式 1 或方式 2 时，PC 口的各位作为 8255 连接外设的握手信号。这些握手信号的传输方向已经随工作方式而确定，就算在工作方式控制字中对 PC 口的输入/输出方向进行设置也无法改变。此时对 PC 口进行读操作便可得到 8255 的状态字，状态字的格式与 8255 工作方式和外设性质（输入设备还是输出设备）有关，图 6.22（a）和（b）所示为方式 1 的状态字格式，图 6.22（c）所示为方式 2 的状态字格式。

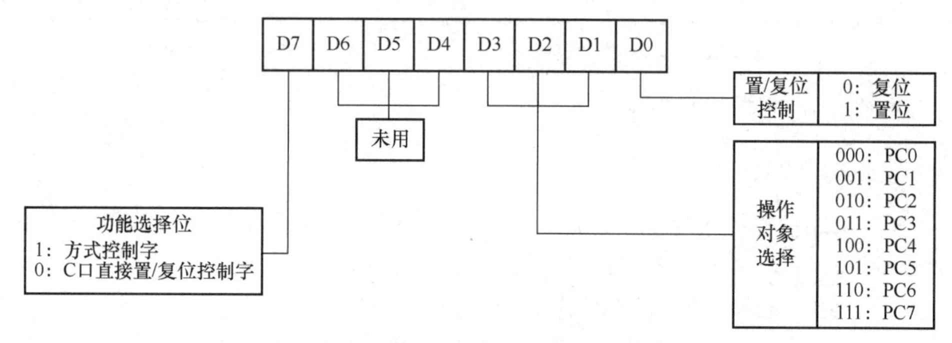

图 6.21　8255 的 PC 口直接置/复位控制字

D7	D6	D5	D4	D3	D2	D1	D0
I/O	I/O	IBFA	INTEA	INTRA	INTEB	IBFB	INTRB

(a) 方式1输入时的状态字格式

D7	D6	D5	D4	D3	D2	D1	D0
$\overline{\text{OBFA}}$	INTEA	I/O	I/O	INTRA	INTEB	$\overline{\text{OBFB}}$	INTRB

(b) 方式1输出时的状态字格式

D7	D6	D5	D4	D3	D2	D1	D0
$\overline{\text{OBFA}}$	INTE1	IBFA	INTE2	INTRA	由B口的工作方式决定		

(c) 方式2的状态字格式

图 6.22　8255 的状态字

由图中可以看出：D3～D7 为 A 组的工作状态标志，D0～D2 为 B 组的工作状态标志。其中 INTE（包括 INTEA、INTEB、INTE1 和 INTE2）为相应工作方式下的中断允许状态；INTR（包括 INTRA 和 INTRB）为相应工作方式下的中断请求状态；标识为 I/O 的为对应位引脚上的信号状态，其余各位为相应工作方式下的握手信号状态。

3．8255 的工作方式

通过对工作方式控制字的写操作，可以设置 8255 的工作方式，8255 共有三种工作方式。

1）方式 0

方式 0 又称基本输入/输出方式，A 组和 B 组均可设置成该工作方式。在此方式下，PA 口和 PB 口可设置成输入或输出，PC 口可拆成两个 4 位 I/O 口分别进行输入或输出设置。但是这三个 I/O 口不能既设置成输入，也设置成输出，如果外部连接的设备既有输入功能，也有输出功能（如触摸屏），可在数据传送方向改变时重新设置工作方式控制字。

2）方式 1

方式 1 又称选通输入/输出方式，一般是在 8255 连接外设需要握手信号时选择该工作方式。PA 口和 PB 口均可设置成此工作方式。此时，PA 口或 PB 口用于和外设传送数据，PC 口的某些位固定地作为 PA 口和 PB 口连接外设的握手信号，以实现中断方式传送 I/O 数据。PC 口的握手信号及其功能是在 8255 芯片设计时规定的，如图 6.23 所示为 8255 设置成方式 1 时的输入/输出信号连接示意图。

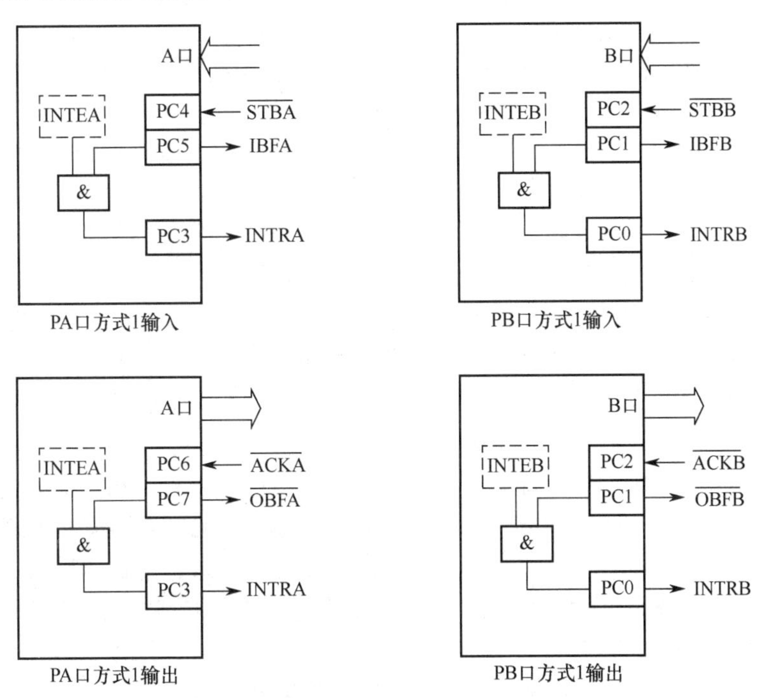

图 6.23　8255 的方式 1 的输入/输出信号连接示意图

图 6.23 中，中断允许信号 INTE 的使能或禁能设置是由对 PC 口相应位的直接置/复位实现的：输入情况下，INTEA 和 INTEB 分别对应着 PC4 和 PC2；输出情况下，INTEA 和 INTEB 分别对应着 PC6 和 PC2。

PC 口的握手信号如表 6.9 所示，表中标有“I/O”的表示在方式 1 下该位未用到，此时，该位可作为普通 I/O 口使用。

表 6.9　8255 方式 1 和方式 2 时 PC 口的握手信号

PC 口的位	方式 1		方式 2
	输入	输出	输入/输出
PC7	I/O	$\overline{\text{OBFA}}$	$\overline{\text{OBFA}}$
PC6	I/O	$\overline{\text{ACKA}}$	$\overline{\text{ACKA}}$
PC5	IBFA	I/O	IBFA
PC4	$\overline{\text{STBA}}$	I/O	$\overline{\text{STBA}}$

（续表）

PC 口的位	方式 1		方式 2
	输入	输出	输入/输出
PC3	INTRA	INTRA	INTRA
PC2	STBB	$\overline{\text{ACKB}}$	由 PB 口工作方式决定
PC1	IBFB	$\overline{\text{OBFB}}$	
PC0	INTRB	INTRB	

用于输入设备的握手信号的各位功能如下。

$\overline{\text{STB}}$（Strobe）：输入选通信号，低电平有效。它由外设提供，利用该信号可以将外设数据锁存于 8255 的 I/O 口锁存器中。

IBF（Input Buffer Full）：输入缓冲器满信号，高电平有效。当它为有效电平时，表示已有一个有效的外设数据锁存于 8255 的 I/O 口锁存器中。可用此信号通知外设数据已锁存于接口中，尚未被取走，暂不能向 8255 输入新的数据。该位也可以作为 8255 工作状态信号使用。

INTR：中断请求信号，高电平有效。当外设将数据传送至接口（即 IBF=1）中，且 8255 又允许中断请求时，该位向单片机发送中断请求。

输入数据的操作过程是：①当外设数据准备好时，向 8255 发出 $\overline{\text{STB}}$ 信号，输入数据被 8255 的 I/O 口锁存器锁存；②8255 一方面使 IBF 信号为高电平（通知外设数据接收到），另一方面通过 INTR 信号向单片机发出中断请求；③单片机响应中断，在中断处理程序中将数据读入单片机中。只要数据被读走，8255 就自动使 IBF=0，通知外设可以输入下一个数据。

用于输出设备的握手信号的各位功能如下。

$\overline{\text{OBF}}$（Output Buffer Full）：输出缓冲器满信号，低电平有效。用来告诉外设，在所设定的接口（PA 口或 PB 口）上，单片机已输出了一个有效的数据，外设可以从该 I/O 口取走此数据。注意，如果外部连接的是慢速设备，如字符打印机，只有在打印机处于空闲时才会从 I/O 口线上读取数据，8255 置 $\overline{\text{OBF}}$=0 其实也是等待外设读取数据的过程。

$\overline{\text{ACK}}$（Acknowledge）：外设响应信号，低电平有效，由外设提供。当外设从接口上取走发送的数据时，置 $\overline{\text{ACK}}$=0，用来通知 8255 外设已经将数据接收。

INTR：中断请求信号，高电平有效。当外设从接口取走数据（$\overline{\text{ACK}}$=0）时，I/O 口的数据缓冲器变空，此时如果使能了 8255 中断，该位将向单片机发送中断请求。单片机响应中断并在中断处理程序中传送下一个数据。

输出数据的操作过程是：①单片机向 8255 的 I/O 口发送数据，8255 置 $\overline{\text{OBF}}$=0，等待外设读取数据；②外设从接口上读取数据，并向 8255 发送应答信号（$\overline{\text{ACK}}$=0），8255 向单片机发中断请求信号；③单片机响应中断，在中断处理程序中决定是否传送下一个数据至外设。

3）方式 2

方式 2 又称为双向数据传送方式。只有 A 组可选择这种方式，此时，PA 口既可作为输入，也可作为输出。当然，某个时刻数据传送的方向只能是输入或输出中的一种，但可以在这个时刻数据输入，在下个时刻数据输出，而不必对传送方向重新设置。这种方式非常适用于既可输入数据、也可输出数据的外设（如触摸屏）。当输入数据时，PA 口受 $\overline{\text{STB}}$ 和 IBF 信号的控制，工作情况与方式 1 输入时相同；当输出数据时，PA 口受 $\overline{\text{OBF}}$ 和 $\overline{\text{ACK}}$ 信号的控制，工作情况与方式 1 输出时相同，如图 6.24 所示。

图中的 INTE1 和 INTE2 为 8255 的中断允许位，可分别对 PC6 和 PC4 两位的直接置/复位实现中断使能(PC6=1、PC4=1）和禁能（PC6=0、PC4=0）的设置。

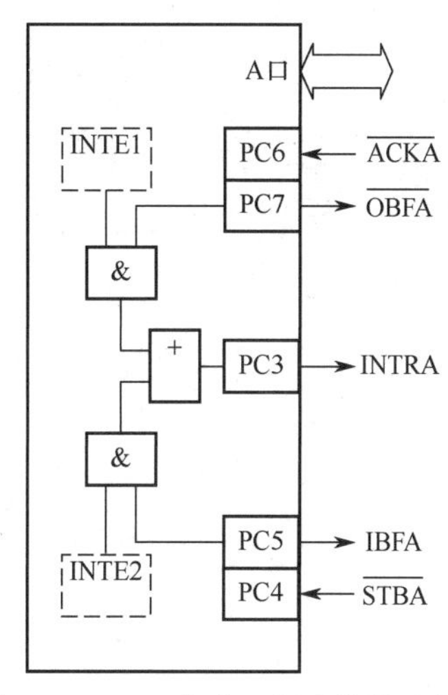

图 6.24　8255 方式 2 握手信号示意图

4．8255 的初始化

8255 初始化包括芯片初始化和功能初始化。芯片初始化一般由上电复位完成，简单的连接方法是：8255 的 RESET 引脚与 MCS-51 单片机的复位引脚连接到一起，单片机在上电复位的同时对 8255 也进行复位。功能初始化就是向控制寄存器写入工作方式控制字或 PC 口直接置/复位控制字。

例如，选择 A 组为方式 1，PA 口为输入；B 组为方式 0，PB 口为输出，PC 口的低 4 位为输入，则控制字为 B1H。假设 8255 的控制字地址为 83H，则初始化程序如下

```
MOV     DPTR，#0083H
MOV     A，#0B1H
MOVX    @DPTR，A
```

或

```
MOV     R0，#83H
MOV     A，#0B1H
MOVX    @R0，A
```

6.4.2　8255 的扩展

MCS-51 单片机采用 8255 扩展 I/O 口时，其电路一般是按单片机三总线结构(参见图 6.11）连接的，连线方法如下。

8255 的数据口连接到数据总线上；8255 的内部地址选择端 A1、A0 连接到地址总线上(一般连接到地址总线的最低两位，有时为了得到偶地址，也可连接到地址总线的 A2、A1 两线)；8255 的复位引脚与 MCS-51 单片机的复位引脚相连；8255 的读、写引脚分别连接到系统总线的 $\overline{RD}$ 和 $\overline{WR}$ 端；8255 的片选信号可按要求接地（始终选中）或接某个高位地址线（按地址选择片选)。

按 8255 的三种工作方式，其扩展应用也有三类。其中方式 0 为基本输入/输出方式，这种方式下，3 个 I/O 口相互独立，均可设置成输入或输出；方式 1 为选通输入或输出方式，可实现单片机与外设间的中断方式连接；方式 2 其实是将方式 1 的选通输入和选通输出功能组合在 PA 口上，其应用与方式 1 相似。下面通过两个实例介绍 8255 扩展 I/O 口工作在方式 0 和方式 1 时的情况。

【例 6.4】 如图 6.25 所示为 MCS-51 单片机通过 8255 扩展十字路口的交通灯电路原理图。因为由东向西和由西向东方向的红黄绿三色灯情况相同，由南向北和由北向南方向的红黄绿三色灯情况相同，所以图中只画出了由东向西和由南向北方向的红黄绿指示灯。试编程实现东西绿灯亮 40s→黄灯闪 3s→南北通行 30s→黄灯闪 3s……不断循环的程序。

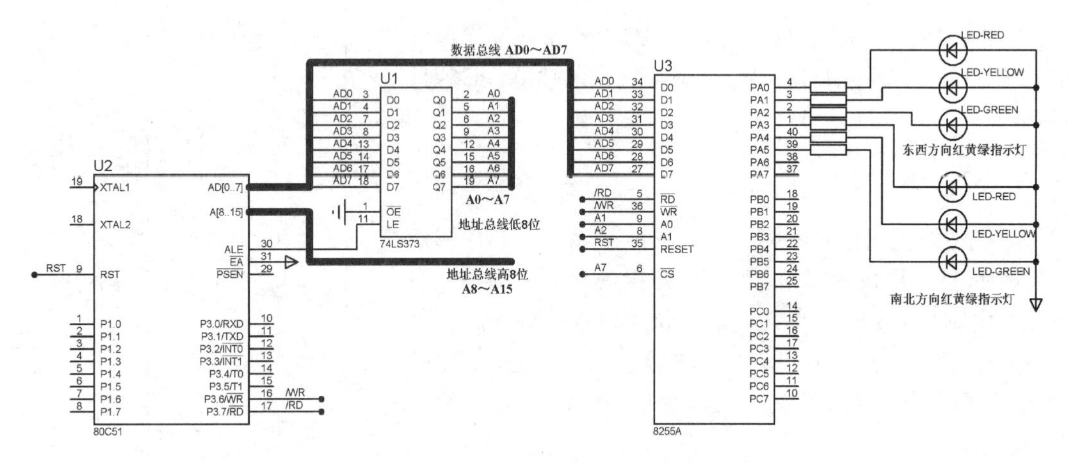

图 6.25 8255 扩展十字路口的交通灯电路原理图

解答：

东西方向红黄绿三个指示灯与南北方向红黄绿三个指示灯连接到 PA 口，所以可将 8255 的 A 组设置成方式 0，且将 PA 口设置成输出，8255 的工作方式控制字为 80H。另外，8255 的片选信号接到了地址总线的 A7，8255 内部地址选择端 A1、A0 接到了地址总线的 A2、A1（注意，不是 A1、A0），所以，8255 的 I/O 口地址为偶地址，各 I/O 口地址分别为（设低 8 位地址线中未用到的地址线 A0 和 A3～A6 均为“0”）

```
PA 口       00H
PB 口       02H
PC 口       04H
控制口      06H
```

点亮指示灯时只要对应 I/O 口为低电平即可，例如，东西方向的绿灯亮，南北方向的红灯亮，黄灯均灭，则只要向 PA 口送 33H（00110011B）。

相应程序为

```
        ORG     0000H
        LJMP    MAIN
        ORG     0040H
MAIN:
        MOV     R0, #06H        ; R0 指向控制口
        MOV     A, #80H         ; 控制字
        MOVX    @R0, A          ; 写控制字
        MOV     R0, #00H        ; 指向 PA 口
LOOP:
        MOV     A, #33H         ; 东西绿灯亮，南北红灯亮，黄灯灭
        MOVX    @R0, A
        LCALL   DELAY_40S       ; 延时 40s
        MOV     R7, #3          ; 黄灯闪三次
LOOP1:
        MOV     A, #2DH         ; 黄灯亮
        MOVX    @R0, A
```

```
        LCALL   DELAY_05S          ; 延时 0.5s
        MOV     A, #3FH            ; 黄灯灭
        MOVX    @R0, A
        LCALL   DELAY_05S          ; 延时 0.5s
        DJNZ    R7, LOOP1

        MOV     A, #1EH            ; 南北绿灯亮，东西红灯亮，黄灯灭
        MOVX    @R0, A
        LCALL   DELAY_30S          ; 延时 30s
        MOV     R7, #3             ; 黄灯闪三次
LOOP2:
        MOV     A, #2DH            ; 黄灯亮
        MOVX    @R0, A
        LCALL   DELAY_05S          ; 延时 0.5s
        MOV     A, #3FH            ; 黄灯灭
        MOVX    @R0, A
        LCALL   DELAY_05S          ; 延时 0.5s
        DJNZ    R7, LOOP2
        LJMP    LOOP
;;;;;;;; 延时 40s 子程序（调用 80 次延时 0.5s，即延时 40s）
DELAY_40S:
        MOV     R6, #80
DE:     LCALL   DELAY_05S          ; 延时 0.5s
        DJNZ    R6, DE
        RET
;;;;;;;; 延时 30s 子程序（调用 60 次延时 0.5s，即延时 30s）
DELAY_30S:
        MOV     R6, #60
DE1:    LCALL   DELAY_05S          ; 延时 0.5s
        DJNZ    R6, DE1
        RET
;;;;;;; 延时 0.5s 子程序
DELAY_05S:（延时 0.5s 子程，此部分请读者自行完成）
        …
        RET
        END
```

【例 6.5】如图 6.26 所示，为 MCS-51 单片机通过 8255 连接字符打印机的电路原理图，字符打印机的工作过程请参见例 5.3。现要求将单片机内部 RAM 中以 30H 为首地址的 20 个数送打印机中打印，试编写相应程序。

解答：

A 组工作在方式 1 的输出时，由表 6.9 可知，$\overline{\text{OBFA}}$（PC7，输出缓冲器满信号）提供的是电平信号，而字符打印机通常需要的选通信号是负脉冲，故不能将 PC7 直接和打印机的 $\overline{\text{STB}}$

端相连，可采用 PC 口直接置/复位控制字产生一个驱动脉冲（图中选用 PC0 引脚）。根据图 6.26，8255 的方式控制字为 A8H（A 口为方式 1 输出，PC0 为输出）。设未用到的地址线 A2～A7 均为“0”，A8～A14 均为“1”，则 8255 的 I/O 口地址分别为

```
PA 口        7F00H
PB 口        7F01H
PC 口        7F02H
控制口       7F03H
```

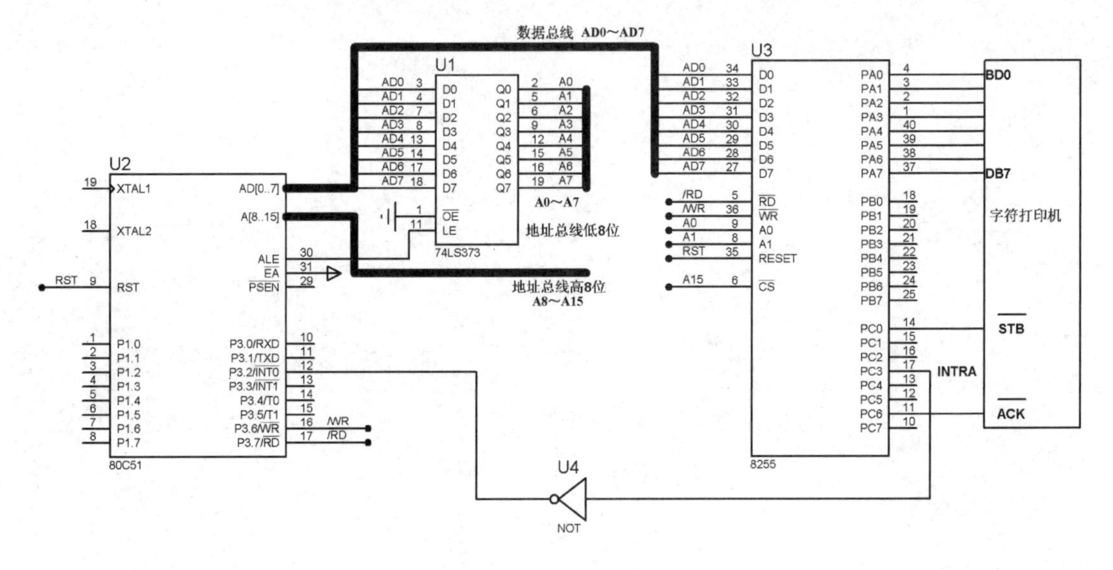

图 6.26　8255 扩展打印机电路原理图

相应程序如下。

（1）主程序

```
        ORG     0000H
        AJMP    MAIN
        ORG     0040H
MAIN:
        ⋮
        SETB    PX0             ；将 INT0 设置成高优先级
        SETB    IT0             ；将 INT0 设置边沿触发
        SETB    EX0             ；开 INT0 中断允许
        MOV     A，#A8H         ；8255 的方式控制字为 A8H
        MOV     DPTR，#7F03H    ；控制口地址为 7F03H
        MOVX    @DPTR，A        ；设置 8255 的工作方式
        MOV     A，#01H
        MOVX    @DPTR，A        ；PC0 置为高电平
        MOV     R0，#30H        ；数据首地址送 R0
        MOV     R7，#19         ；中断次数为 19
        MOV     A，@R0          ；取第一个数
```

```
        MOV     DPTR, #7F00H     ; 指向A口
        MOVX    @DPTR, A         ; 送第一个数据到A口
        MOV     DPTR, #7F03H     ; 指向控制字
        MOV     A, #00H
        MOVX    @DPTR, A         ; PC0置为低电平
        MOV     A, #01H
        MOVX    @DPTR, A         ; PC0置为高电平，产生打印机需要的负脉冲选通信号
        SETB    EA               ; 开中断总允许
LOOP:   AJMP    $                ; 等待中断
        END
```

（2）中断处理子程序

```
        ORG     0003H
        LJMP    PINT0
        ORG     0100H
PINT0:
        INC     R0               ; 指向下一个数据
        MOV     A, @R0           ; 取下一个数
        MOV     DPTR, #7F00H     ; 指向PA口
        MOVX    @DPTR, A         ; 下一个数据送PA口
        MOV     DPTR, #7F03H     ; 指向控制字
        MOV     A, #00H
        MOVX    @DPTR, A         ; PC0置为低电平
        MOV     A, #01H
        MOVX    @DPTR, A         ; PC0置为高电平，产生打印机需要的负脉冲选通信号
        DJNZ    R7, OUT          ; 数据打印完否？未完，则继续
        CLR     EX0              ; 数据打印完，则关INT0中断
        CLR     EA               ; 关总中断总允许
OUT:    RETI
```

6.5 显示、键盘接口技术

显示、键盘是单片机应用系统中实现人机交互的重要途径。常用的显示器件有 LED 和 LCD；常用的键盘有编码键盘和非编码键盘，非编码键盘又可分为独立式键盘和矩阵式键盘。本节介绍键盘、显示器件的电路结构及工作原理，在此基础上讨论 MCS-51 单片机与键盘、显示器件的接口技术。

6.5.1 显示接口技术

常用的显示器件有 LCD 和 LED 两种。LCD（Liquid Crystal Display）称为液晶显示器，在低功耗的显示器市场占有很大的份额。LED（Light Emitting Diode）是发光二极管的缩写，

它是一种电致发光的光电器件。单个 LED 发光二极管的控制简单，现在市面上的一些 LED 显示器件常将多个发光二极管按照一定形状、一定排列顺序组成复杂的显示器件，常用的有 LED 数码管和 LED 点阵。

1．数码管显示接口技术

1）数码管显示器结构及工作原理

数码管按内部显示段数量有七段和八段之分，按内部结构又可分为共阴和共阳两种。八段数码管内部有 8 只发光二极管，分别记作 a、b、c、d、e、f、g、dp，其中 dp 为小数点。七段数码管内无 dp，其余与八段数码管一样。下面以八段数码管为例说明。

各段分布及引脚排列如图 6.27（a）所示，其中 COM 端为公共引脚。如图 6.27（b）所示为共阴和共阳数码管的内部结构图，从图中可以看出共阴数码管其实是将内部 8 个发光二极管的阴极端接到一起，由 COM 端引出；共阳数码管则是将内部 8 个发光二极管的阳极端接到一起，由 COM 端引出。如图 6.27（c）所示为数码管的实物图。

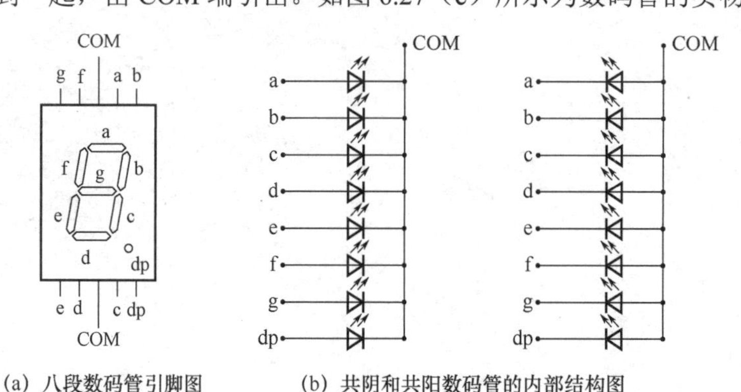

(a) 八段数码管引脚图　(b) 共阴和共阳数码管的内部结构图　(c) 实物图

图 6.27　八段数码管的内部结构和原理图

要显示某个字符，只要控制数码管对应的段点亮或熄灭即可。如要显示字符“2”，只要 a、b、d、e、g 各段点亮，其余段不亮；如要显示字符“P.”，则只要 a、b、e、f、g、dp 各段点亮，其余不亮，如图 6.28（a）所示。对于共阴数码管，应用时一般将公共端（COM）接地，要显示字符“2”，只要让 a、b、d、e、g 各引脚输入高电平；要显示字符“P.”，则只要让 a、b、e、f、g、dp 各引脚输入高电平。对于共阳数码管，应用时一般将公共端（COM）接电源正极，要显示字符“2”，只要让 a、b、d、e、g 各引脚输入低电平，其余各段输入高电平；要显示字符“P.”，只要让 a、b、e、f、g、dp 各引脚输入低电平，其余各段输入高电平，如图 6.28（b）所示。

如果 a、b、c、d、e、f、g、dp 各段的控制端分别接到数据总线的 D0～D7，易得共阴数码管显示字符“2”和“P.”的控制码（常称为显示码）分别为 5BH 和 F3H，如为共阳数码管，则显示码分别为 A4H 和 0CH。表 6.10 给出了共阴数码管和共阳数码管常见字符显示码表。由表可以看出，显示相同字符时，共阴数码管和共阳数码管的显示码存在按位取反的关系。另外要注意的是，显示码是相对的，它由各段控制端与数据总线各位连接情况决定。例如，我们让 a、b、c、d、e、f、g、dp 各段的控制端与数据总线的 D0～D7 相连，则共阴数码管显示“1”的显示码变成 60H。当然，这样的连接方式还有很多种，可由用户自行设定，但一般情况下，还是按 a、b、c、d、e、f、g、dp 连到 D0～D7 的方式连接。

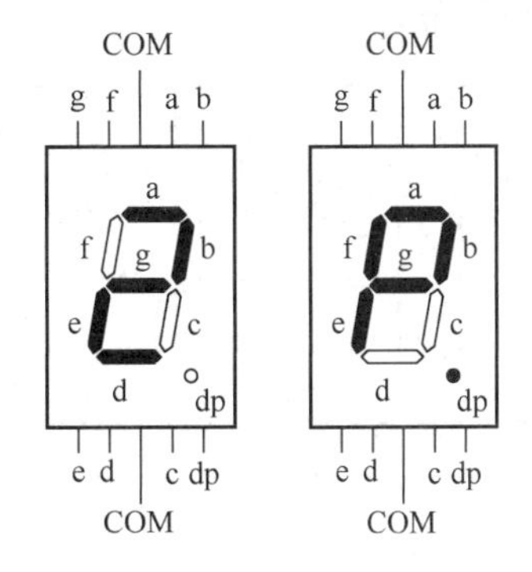

(a) 显示“2”和“P.”示意图

		D7	D6	D5	D4	D3	D2	D1	D0	显示码
		dp	g	f	e	d	c	b	a	
共阴	“2”	0	1	0	1	1	0	1	1	5BH
	“P.”	1	1	1	1	0	0	1	1	F3H
共阳	“2”	1	0	1	0	0	1	0	0	A4H
	“P.”	0	0	0	0	1	1	0	0	0CH

(b) 字符“2”和“P.”的显示码

图 6.28　数码管显示原理图

表 6.10　共阴数码管和共阳数码管常见字符显示码表

显 示 字 符	共阴数码管显示码	共阳数码管显示码	显 示 字 符	共阴数码管显示码	共阳数码管显示码
0	3FH	C0H	C	39H	C6H
1	06H	F9H	D	5EH	A1H
2	5BH	A4H	E	79H	86H
3	4FH	B0H	F	71H	8EH
4	66H	99H	P	73H	8CH
5	6DH	92H	U	3EH	C1H
6	7DH	82H	T	31H	CEH
7	07H	F8H	y	6EH	91H
8	7FH	80H	H	76H	89H
9	6FH	90H	L	38H	C7H
A	77H	88H	P.	F3H	0CH
B	7CH	83H	空	00H	FFH

2）数码管的两种显示方式

根据控制原理的不同，LED 数码管的显示方式可分为静态显示方式和动态显示方式。

如图 6.29 所示为 4 位数码管的静态和动态显示原理图，其中，数码管的公共线称为位选线，数码管的各段控制线称为段选线。

由图 6.29 可以看出，静态显示方式时，位选线都接到+5V（共阳数码管）或 GND（共阴数码管）；段选线连接到 I/O 驱动，并且每个数码管的段选线连接到不同的 8 位 I/O 驱动，显示时每个 8 位 I/O 驱动一个数码管。

动态显示方式时，位选线连接到位选驱动，各数码管的同名段选线接到一起再分别连接到一个 8 位 I/O 驱动器上。显示时，段选和位选配合使用，使每个数码管逐个点亮。由于人眼有视觉惰性和 LED 的余辉效应，因此在动态显示方式下，我们看到的数码管是同时亮的。

一般情况下，动态显示可节约较多的 I/O 资源。

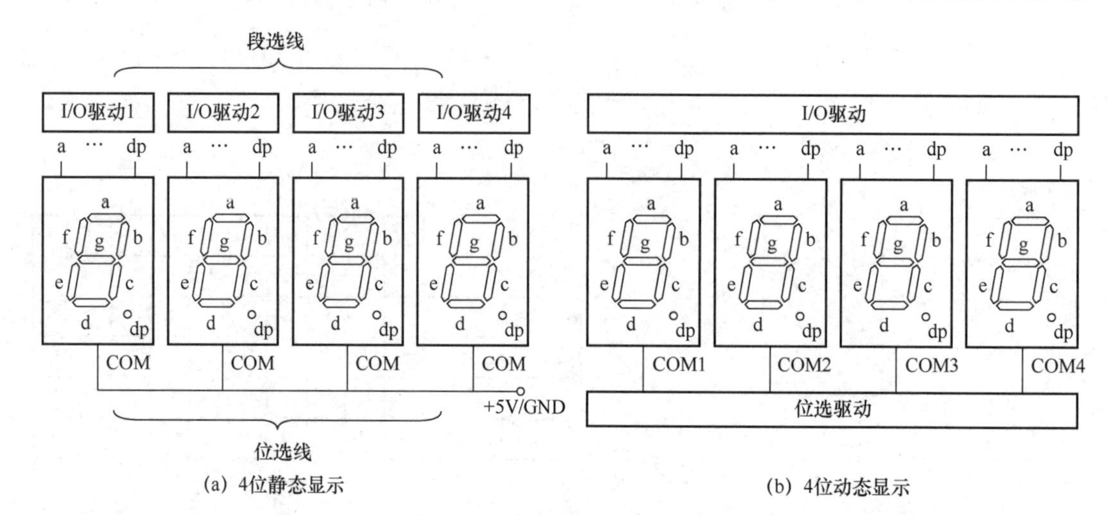

(a) 4位静态显示　　(b) 4位动态显示

图 6.29　静态显示和动态显示原理

3）LED 数码管显示实例

【例 6.6】 如图 6.30 所示为静态显示应用的电路原理示意图，MCS-51 单片机采用静态方式连接了两个共阴数码管。试编程实现 99s 倒计时，计时到 0 时停止（图中 74HC573 为 I/O 驱动器，RESPACK-8 为上拉排阻）。

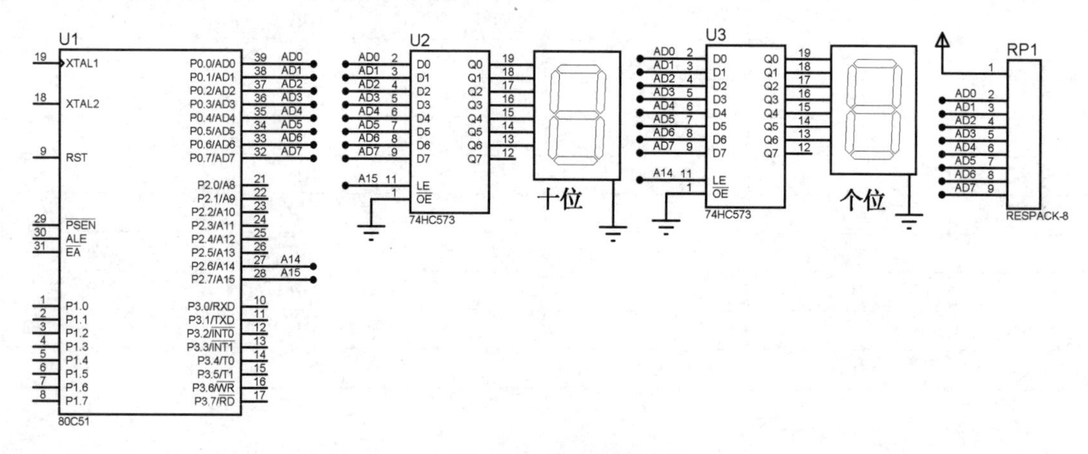

图 6.30　静态显示应用

解答：

为实现 99s 倒计时，可设计一个 8 位寄存器存储当前时间，每过 1s，数值减 1 并送数码管显示。如图 6.30 所示，十位数和个位数的 74HC573 片选信号都接地（始终使能），锁存信号则分别由 A15 和 A14 提供，在送显示数据后，应给对应的 74HC573 锁存信号送入一个负脉冲（下降沿锁存）。

显示时，时间寄存器的十位和个位应分开显示，实现方法有两种：方案一，时间寄存器存储二进制形式的数值，显示时，可用除法指令得到十位数和个位数；方案二，时间寄存器存储 BCD 码形式的数值，用这种方法显示程序较简单，只是每过 1s 数值减 1 时要用十进制调整指令（DA 指令）。

方案一的相应程序为

```
        ORG     0000H
        AJMP    MAIN
        ORG     0040H
MAIN:
        MOV     7FH，#99            ；计时初值，以二进制形式存储
        SETB    P2.7
        SETB    P2.6
        ACALL   DISPLAY             ；调显示子程序
LOOP:
        ACALL   DELAY_1S            ；调 1s 延时子程序
        ACALL   DISPLAY             ；调显示子程序
        MOV     A，7FH              ；取计时值
        JZ      OUT                 ；计时到 0，则停止
        DEC     7FH                 ；计时未到 0，则减 1
        AJMP    LOOP
OUT:    AJMP $                      ；计时到 0，停止
;;;;;;;;;;;;; 显示子程序
DISPLAY:
        MOV     A，7FH              ；取当前计时值
        MOV     B，#10              ；B=10
        DIV     AB                  ；计算计时值的十位和个位
        MOV     DPTR，#TABLE        ；表首地址送 DPTR
        MOVC    A，@A+DPTR          ；查表得十位数显示码
        MOV     P0，A               ；送十位数的显示码
        SETB    P2.7
        CLR     P2.7                ；负脉冲，锁存信号
        MOV     A，B                ；取个位数
        MOVC    A，@A+DPTR          ；查表得个位数显示码
        MOV     P0，A
        SETB    P2.6
        CLR     P2.6                ；负脉冲，锁存信号
        RET
TABLE: DB 3FH，06H，5BH，4FH，66H，6DH，7DH，07H，7FH，6FH；0～9 的显示码表
DELAY_1S:                           ；1s 延时子程序，请读者自行编写
        …
        RET
        END
```

方案二的相应程序为

```
        ORG     0000H
        AJMP    MAIN
        ORG     0040H
MAIN:
        MOV     7FH，#99H           ；计时初值，以 BCD 码存储
        SETB    P2.7
```

```
        SETB    P2.6
        ACALL   DISPLAY         ; 调显示子程序
LOOP:
        ACALL   DELAY_1S        ; 调 1s 延时子程序
        ACALL   DISPLAY         ; 调显示子程序
        MOV     A, 7FH          ; 取计时值
        JZ      OUT             ; 计时到 0，则停止
        ADD     A, #99H         ; 减 1，即为加上其补码 99H
        DA      A               ; 十进制调整
        AJMP    LOOP
OUT:    AJMP $                  ; 计时到 0，停止
;;;;;;;;;;;;; 显示子程序
DISPLAY:
        MOV     A, 7FH          ; 取当前计时值
        ANL     A, #0F0H        ; 得到十位数
        SWAP    A
        MOV     DPTR, #TABLE    ; 表首地址送 DPTR
        MOVC    A, @A+DPTR      ; 查表得十位数显示码
        MOV     P0, A
        SETB    P2.7
        CLR     P2.7            ; 负脉冲，锁存信号
        MOV     A, 7FH          ; 取当前计时值
        ANL     A, #0FH         ; 得到个位数
        MOVC    A, @A+DPTR      ; 查表得个位数显示码
        MOV     P0, A
        SETB    P2.6
        CLR     P2.6            ; 负脉冲，锁存信号
        RET
TABLE: DB 3FH, 06H, 5BH, 4FH, 66H, 6DH, 7DH, 07H, 7FH, 6FH; 0～9 的显示码表
DELAY_1S:                       ; 1s 延时子程序，请读者自行编写
        …
        RET
        END
```

注意：本例题所采用的电路原理图中，在实际电路中应在数码管的每根段选线上串接限流电阻。

【例 6.7】 如图 6.31（a）所示，MCS-51 单片机使用 8255 进行 I/O 口扩展，连接 6 个共阳数码管。PA 口作为段选，PC 口的低 6 位作为位选。现要求在 6 个数码管上显示实时时钟，试编写出 8255 的初始化程序和显示子程序（初始时间为 12:53:48，程序的其余部分请参考例 5.7）。

解答：

8255 的 A 组工作在方式 0 的输出方式，所以，其方式控制字为 80H。8255 的片内地址选择引脚 A1、A0 接到了地址总线的 A2、A1，所以 8255 的片内 I/O 口地址为偶地址（设低 8 位地址线中未用到的地址线 A0 和 A3～A6 均为“0”），各 I/O 口地址为

```
PA 口          00H
PB 口          02H
PC 口          04H
控制口         06H
```

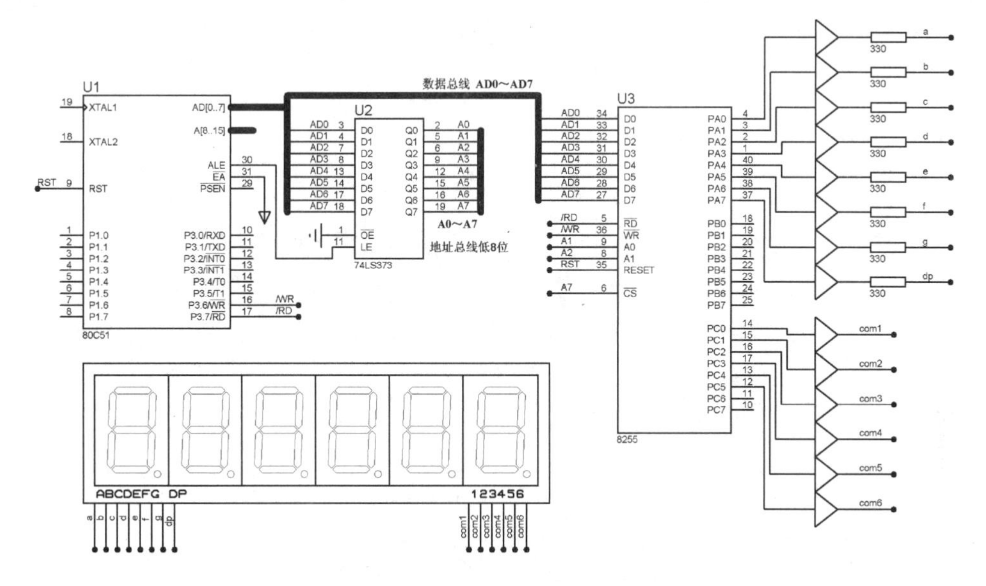

(a) 电路原理图

(b) 仿真效果图

图 6.31　8255 扩展显示实时时钟

由例 5.7 可知，时、分、秒按十六进制数分别存于内部 RAM 的 72H、71H 和 70H 单元中，但是时钟的显示应采取十进制，所以在显示子程序中应计算时、分、秒的十位和个位后送显示。

（1）8255 初始化程序为

```
MOV     R0，#06H              ；R0 指向控制口
MOV     A，#80H               ；控制字
MOVX    @R0，A                ；写控制字
```

（2）显示子程序为

```
DISPLAY:
        MOV     R1，#72H          ；R1 指向显示缓冲区首地址（时寄存器）
        MOV     R7，#3            ；循环次数
        MOV     DPTR，#TABLE      ；显示码表首地址送 DPTR
        MOV     R6，#01H          ；第一个数码管的位选码
DIS:
        MOV     R0，#04H          ；指向 PC 口
```

```
        MOV     A，#00H
        MOVX    @R0，A              ；关所有显示
        MOV     A，@R1              ；取待显示值
        MOV     B，#10
        DIV     AB                  ；分离出十位和个位
        MOVC    A，@A+DPTR          ；查表得十位数的显示码
        MOV     R0，#00H            ；指向 PA 口
        MOVX    @R0，A              ；显示码（段选）送 PA 口
        MOV     R0，#04H            ；指向 PC 口
        MOV     A，R6
        MOVX    @R0，A              ；位选送 PC 口
        RL      A                   ；左移一位得到下一个数码管的位选码
        MOV     R6，A               ；位选码存回 R6
        ACALL   DELAY               ；调延时子程序
        MOV     R0，#04H            ；指向 PC 口
        MOV     A，#00H
        MOVX    @R0，A              ；关所有显示
        MOV     A，B                ；个位送累加器 A
        MOVC    A，@A+DPTR          ；查表得个位数的显示码
        MOV     R0，#00H            ；指向 PA 口
        MOVX    @R0，A              ；显示码（段选）送 PA 口
        MOV     R0，#04H            ；指向 PC 口
        MOV     A，R6
        MOVX    @R0，A              ；位选送 PC 口
        RL      A                   ；左移一位得到下一个数码管的位选码
        MOV     R6，A               ；位选码存回 R6
        ACALL   DELAY               ；调延时子程序
        DEC     R1                  ；指向显示寄存器中的下一个数
        DJNZ    R7，DIS             ；时、分、秒 6 个数码管是否显示完
                                    ；未完继续，完成则退出显示子程序
RET
```

（3）显示码表为

```
TABLE: DB 0C0H，0F9H，0A4H，0B0H，99H，92H，82H，0F8H，80H，90H
                                    ；0～9 的显示码表（共阳）
```

（4）延时子程序为

```
DELAY:                              ；延时子程序
        MOV     R5，#40
DE:     MOV     R4，#80
        DJNZ    R4，$
        DJNZ    R5，DE
RET
```

显示初始时钟的仿真效果图如图 6.31（b）所示。

显示子程序中如下三条指令

```
MOV     R0，#04H                    ；指向 PC 口
```

```
MOV     A, #00H
MOVX    @R0, A                       ；关所有显示
```

其作用是解决拖尾现象。所谓拖尾现象，是指在动态显示中，由于段选和位选信号的不对应而导致的前一个数码管的显示值在后一个数码管上显示出来的错误现象。在动态显示时，前一个数码管送了段选信号及位选信号，经过延时后，需对下一个数码管进行显示操作，也就是需要把段选信号和位选信号切换成下一个数码管。这个过程中，无论是先切换段选信号还是先切换位选信号，都会存在一个段选信号和位选信号不对应的阶段，也就是出现了拖尾。解决的办法是在切换段选信号和位选信号之前把显示关闭，具体实现如上述指令。

2. LCD 显示接口技术

1）LCD 结构及显示原理

LCD（Liquid Crystal Display，液晶显示器）是一种被动式的显示器，具有功耗低、抗干扰能力强、显示形式多样的特点，广泛用于低功耗、便携式的单片机系统中。液晶，即液态的晶体，是一种同时具备液体的流动性和类似晶体排列特性的物质。在电场的作用下，液晶分子的排列会产生变化。液晶本身不发光，但可以通过改变液晶分子的排列方式来调节光的亮度而显示。

LCD 显示器的基本结构如图 6.32 所示。其显示原理为：在上、下两个电极基板上加上电压之后，在电场的作用下，液晶的扭曲结构消失，其旋光作用也消失，经过偏振片的偏振光便可以直接通过；去掉电场后，液晶分子又恢复其扭曲结构，偏振光便不能通过液晶。改变偏振片的相对位置（正交或平行），就可以得到白底黑字或黑底白字的显示形式。

图 6.32　LCD 显示器的基本结构

2）LM032L 液晶显示模块

LCD 按字型显示方式可分为字符型和点阵型两种。下面以字符型液晶 LM032L 为例，介绍液晶的特点及使用方法。

LM032L 为单+5V 供电的字符型液晶，可显示 20×2 个字符（2 行，每行 20 个字符），有标准的 14 脚（无背光）和 16 脚（带背光）两种接口，如图 6.33 所示为无背光的 LM032L 的引脚图，各引脚功能如表 6.11 所示。

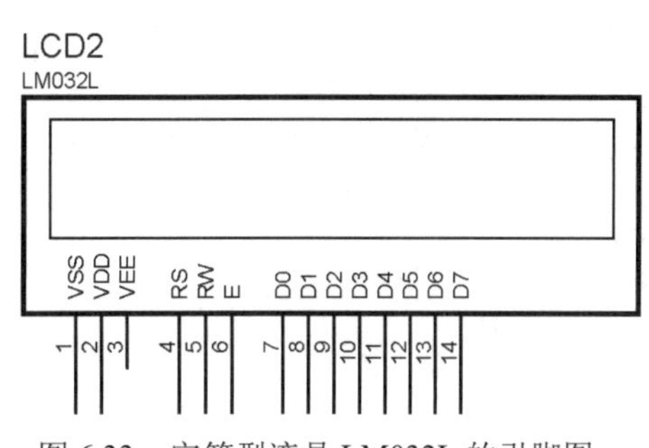

图 6.33　字符型液晶 LM032L 的引脚图

表 6.11　LM032L 引脚说明

引　脚　号	符号及名称	功 能 说 明
1	VSS（电源地）	电源负极
2	VDD（电源正极）	电源正极
3	VEE（液晶显示偏压）	液晶显示器对比度调整端，接正极电源时对比度最低，接地时对比度最高，使用时可以通过一个 10kΩ 的电位器调整对比度
4	RS（数据/命令选择）	高电平时选择数据寄存器，低电平时选择命令寄存器
5	RW（读/写选择）	高电平时进行读操作，低电平时进行写操作。当 RS 和 RW 同为低电平时可以写入指令或者显示地址，当 RS 为低电平、RW 为高电平时可以读/写信号，当 RS 为高电平、RW 为低电平时可以写入数据
6	E（使能信号）	当 E 端由高电平跳变成低电平时，液晶模块执行命令
7～14	D0～D7（数据总线）	8 位双向数据线

LM032L 的基本操作有 4 种。

（1）写指令：当 RS=0、RW=0、D0～D7=命令字、E=正脉冲时，写入命令。对 LM032L 的命令有 8 类，主要为 LM032L 的显示方式、光标方式、内部 RAM 地址指针等。

（2）读状态：当 RS=0、RW=1、E=1 时，读 LM032L 的当前工作状态。其状态字如表 6.12 所示。

表 6.12　LM032L 状态字

STA7	STA0～STA6
读/写操作使能位 1：禁止　0：允许 （该位可作为 LM032L 的忙检测位）	当前数据地址指针的数值

一般每次写命令之前都要进行忙状态检测，除非可以保证 LM032L 一定处于空闲状态。比如经过足够长时间未对 LM032L 操作，可以认为 LM032L 内部的所有操作都结束，也就是说 LM032L 处于空闲。

（3）写数据：当 RS=1、RW=0、D0～D7=数据、E=正脉冲时，写入数据。

（4）读数据：当 RS=1、RW=1、E=1 时，读数据。

这 4 种基本操作对应的 LM032L 的控制命令字如表 6.13 所示，共有 11 类控制指令。

表 6.13　LM032L 的控制命令字

序　号	指　　令	RS	RW	D7	D6	D5	D4	D3	D2	D1	D0
1	清屏	0	0	0	0	0	0	0	0	0	1
2	光标返回	0	0	0	0	0	0	0	0	1	*
3	设置输入模式	0	0	0	0	0	0	0	1	I/D	S
4	显示开/关控制	0	0	0	0	0	0	1	D	C	B
5	光标或字符移位	0	0	0	0	0	1	S/C	R/L	*	*
6	功能设置	0	0	0	0	1	DL	N	F	*	*
7	置字符存储器地址	0	0	0	1	字符存储器地址					
8	置数据存储器地址	0	0	1	显示数据存储器地址						
9	读忙标志或地址	0	1	BF	地址计数器 AC						

（续表）

序　号	指　令	RS	RW	D7	D6	D5	D4	D3	D2	D1	D0
10	写数 CGRAM 或 DDRAM	1	0	要写的数据内容							
11	从 CGRAM 或 DDRAM 读数	1	1	读出的数据内容							

在表 6.13 所示的 11 类控制指令中，前 8 类是用于对 LM032L 进行设置的命令，这些命令的具体功能如下。

（1）清屏指令。清屏指令使 LM032L 内部 RAM 的内容全部被清除，光标回到左上角的原点，地址计数器 AC=0。

（2）光标返回指令。本指令使光标和光标所在的字符回原点，但内部 RAM 单元的内容不变。

（3）设置输入模式指令。该指令中的 I/D 位是地址计数器 AC 的增减方向控制位，I/D=1 时，每读（或写）一次 LM032L 的内部 RAM 数据，地址计数器 AC 自动加 1；I/D=0 时，每读（或写）一次 LM032L 的内部 RAM 数据，地址计数器 AC 自动减 1。S 位用于控制显示内容左移或右移。当 S=1 且数据写入 RAM 时，显示将全部左移（I/D=1）或右移（I/D=0），此时光标看上去未动，仅仅显示内容移动，但读出时显示内容不移动；当 S=0 时，显示不移动，光标左移或右移。

（4）显示开/关控制指令。D 位是显示控制位，D=1 时，开显示；D=0 时，关显示。C 位为光标控制位，C=1 时，开光标显示；C=0 时，关光标显示。B 位是闪烁控制位，当 B=1 时，光标和光标所指向的字符共同以 1.25Hz 的频率闪烁；B=0 时，不闪烁。

（5）光标或字符移位指令。该指令使光标或显示画面在没有对内部 RAM 进行读/写操作时被左移或右移，S/C=0、R/L=0 时，光标左移，AC 自动减 1；S/C=0、R/L=1 时，光标右移，AC 自动加 1；S/C=1、R/L=0 时，光标和显示一起左移；S/C=1、R/L=1 时，光标和显示一起右移。

（6）功能设置指令。该指令用于设置数据接口位数等信息，常设置成 38H，表示两行显示，每字符占用 5×7 点阵。

（7）置字符存储器地址指令。该指令设置内部 RAM 地址指针，地址码被送入 AC。两行字符的对应地址分别为：00H～13H（第一行）和 40H～53H（第二行）。

（8）置数据存储器地址指令。该指令设置内部 RAM 地址指针的值，此后就可以将要显示的数据写入 RAM。由于 LM032L 内部存储了要显示字符的 ASCII 码，所以，要显示字符时，只要把该字符所对应的 ASCII 码送给指定的内部 RAM 即可。

【例 6.8】 MCS-51 单片机与 LM032L 连接电路原理图如图 6.34 所示，试编程实现第一行显示“WO AI DAN PIAN JI　”，第二行显示“1 2 3 4 5 6 7 8 9　　”。

解答：

图 6.34 中，LM032L 的 RS、RW 两个引脚与单片机低 8 位地址的 A0 和 A1 连接；单片机读、写控制引脚经过与非门后和使能信号 E 连接。所以，对 LM032L 进行读状态时可用如下指令

```
MOV     R1，#02H              ；读状态的地址为 02H
MOVX    A，@R1
```

写命令时可用如下指令

```
MOV     A，#CMD               ；#CMD 为待写入的命令字
MOV     R1，#00H              ；写命令的地址为 00H
MOVX    @R1，A
```

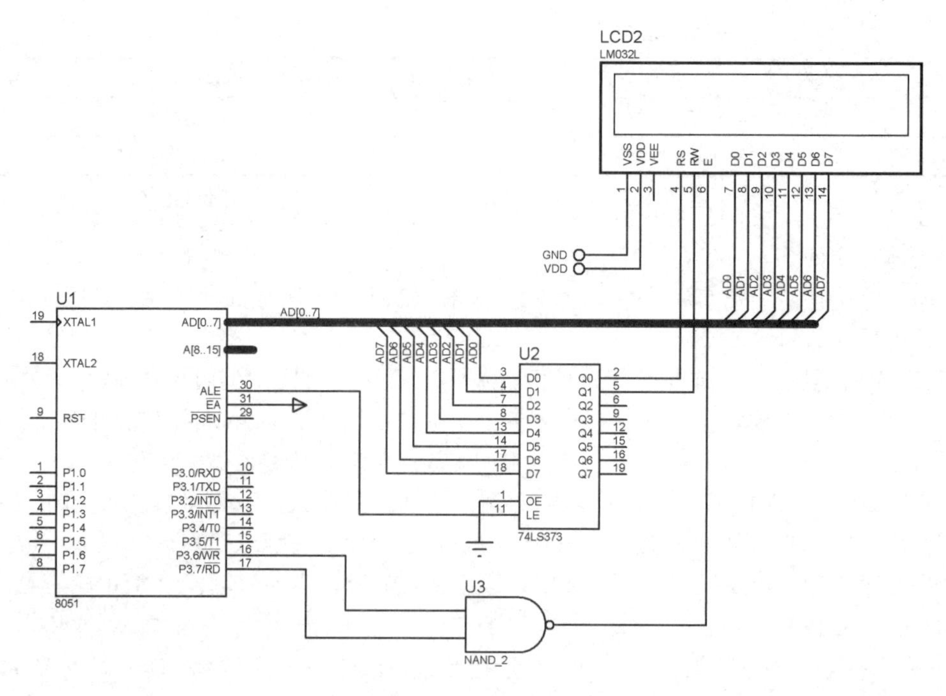

图 6.34　LM032L 液晶显示接口

写数据时可用如下指令

```
MOV     A，#DATA                  ；#DATA 为待写入的数据
MOV     R1，#01H                  ；写数据的地址为 01H
MOVX    @R1，A
```

程序清单如下

```
;;;;;;;;;;;;LCD Registers addresses
LCD_CMD_WR     equ   0
LCD_DATA_WR    equ   1
LCD_BUSY_RD    equ   2
LCD_DATA_RD    equ   3
;;;;;;;;;;;;LCD Commands
LCD_CLS            equ    1
LCD_HOME           equ    2
LCD_SETMODE        equ    4
LCD_SETVISIBLE     equ    8
LCD_SHIFT          equ    16
LCD_SETFUNCTION    equ    32
LCD_SETCGADDR      equ    64
LCD_SETDDADDR      equ    128
;;;;;;;;;;;;;;;
ORG    0000H
AJMP   MAIN
ORG    0040H
stringa:db ' WO AI DAN PIAN JI  0'       ；显示字符串，以‘0’结束
stringb:db '1 2 3 4 5 6 7 8 9   0'       ；显示字符串，以‘0’结束
ORG    0100H
```

```
MAIN:
        MOV     A, #038H                ; LM032L功能设置命令
        LCALL   WRCMD                   ; 调写命令子程序
        MOV     A, #LCD_CLS             ; 清屏
        LCALL   WRCMD                   ; 调写命令子程序
        MOV     A, # LCD_SETVISIBLE+6   ; 光标显示形式设置
        LCALL   WRCMD                   ; 调写命令子程序
        LCALL   DELAY                   ; 调延时子程序
        MOV     A, #LCD_SETDDADDR       ; 内部RAM数据指针指向第一行
        LCALL   WRCMD
        MOV     DPTR, #stringa          ; 显示内容首地址送DPTR
        LCALL   WRSTR                   ; 调写字符串子程序
        MOV     A, #LCD_SETDDADDR+64    ; 内部RAM数据指针指向下一行
        LCALL   WRCMD
        MOV     DPTR, #stringb          ; 显示内容首地址送DPTR
        LCALL   WRSTR                   ; 调写字符串子程序
LOOP:   AJMP    $                       ; 跳自身死循环
WRSTR:                                  ; 写字符串子程序
        MOV     R0, #LCD_DATA_WR
WRSTR1:
        CLR     A
        MOVC    A, @A+DPTR
        JZ      WRSTR2                  ; 待显示的字符串以"0"结束
        MOVX    @R0, A
        ACALL   WRBUSY                  ; LCD忙检测
        INC     DPTR                    ; 指向下一个数据
        AJMP    WRSTR1
WRSTR2: RET
WRCMD:                                  ; 写命令子程序
        MOV     R0, #LCD_CMD_WR         ; LM032L命令地址
        MOVX    @R0, A
        LCALL   WRBUSY                  ; LCD忙检测
RET
WRBUSY                                  ; LCD忙检测子程序
        MOV     R1, #LCD_BUSY_RD
        MOVX    A, @R1
        JB      ACC.7, WRBUSY
RET
DELAY:                                  ; 延时子程序
        MOV     R5, #200
DE:     MOV     R4, #200
        DJNZ    R4, $
        DJNZ    R5, DE
RET
END
```

运行程序，可在 ISIS 软件中得到仿真结果，如图 6.35 所示。

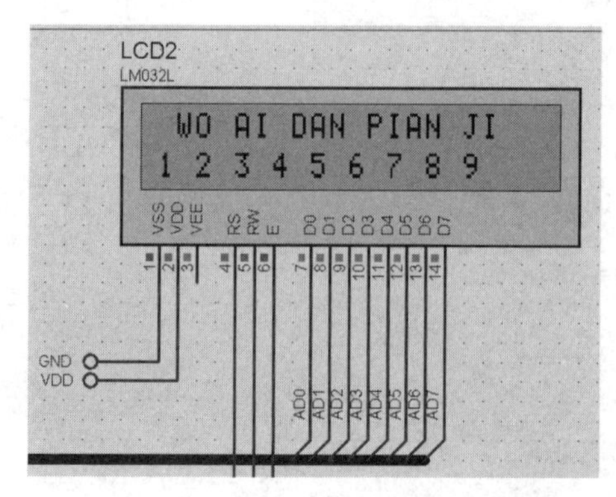

图 6.35　LM032L 液晶显示仿真结果

6.5.2　键盘接口技术

常见的键盘有编码键盘和非编码键盘两种。

编码键盘除本身按键外，还包括产生按键代码（键码）的硬件电路。只要按下某个键，就能产生这个键的键码，同时还能产生一个脉冲信号，用以通知单片机接收键码。这种键盘接口简单，程序易编写，但使用的硬件较复杂，在单片机系统中应用得较少。

非编码键盘又可分为独立式键盘和矩阵键盘。

1．独立式键盘接口技术

独立式键盘一般由多个彼此独立的按键构成，每个按键需占用一条 I/O 输入线。图 6.36 给出了一种 MCS-51 单片机与独立式键盘的接口电路，图中，P1 口的每个引脚都连接了一个按键，并且 P1 口外接了上拉电阻。要判断某个按键是否被按下，只要读该按键对应的 I/O 线状态即可，如为逻辑“1”，则说明按键未被按下，如为逻辑“0”，则说明按键被按下。

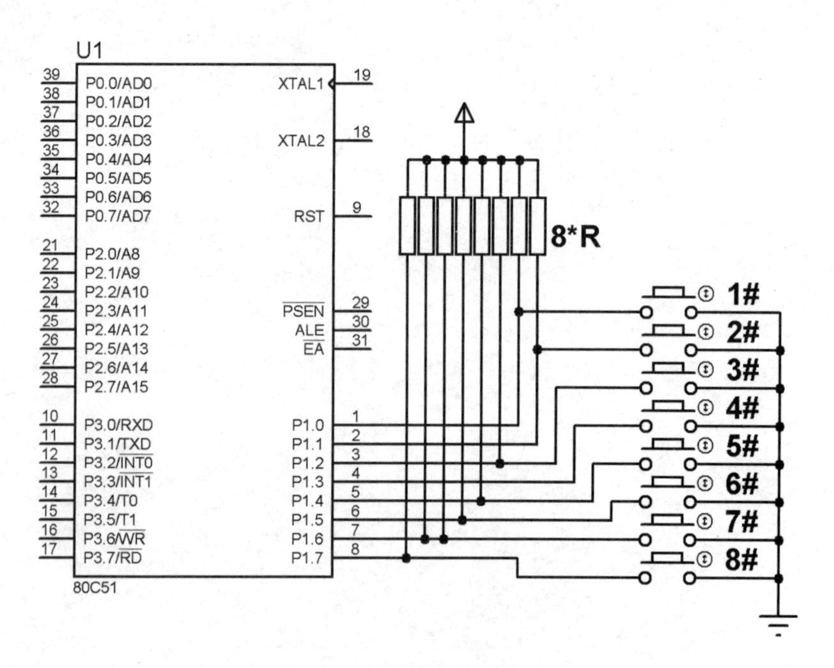

图 6.36　单列键盘接口电路

针对图 6.36 所示的电路，下面给出了根据按键执行不同程序的代码，程序清单如下

```
ORG  0000H
AJMP MAIN
ORG 0040H
MAIN:
        MOV     P1，#0FFH              ；准备读 P1 口
        MOV     A，P1
        CJNE    A，#0FFH，DOU          ；不等于 FFH，说明有键被按下
        AJMP    MAIN
DOU:
        LCALL   DELAY                  ；延时去抖
        JNB     P1.0，PRG0             ；如果 P1.0=0，则说明 1#键被按下，跳 PRG0 处理
        JNB     P1.1，PRG1             ；如果 P1.1=0，则说明 2#键被按下，跳 PRG1 处理
        …
        JNB     P1.7，PRG7             ；如果 P1.7=0，则说明 8#键被按下，跳 PRG7 处理
        AJMP    MAIN
PRG0:                                  ；1#键处理程序
        …
        AJMP    MAIN
PRG1:                                  ；2#键处理程序
        …
        AJMP    MAIN
        …
PRG7:                                  ；8#键处理程序
        …
        AJMP    MAIN
DELAY:                                 ；延时子程序
        MOV     R5，#100
DE:     MOV     R4，#100
        DJNZ    R4，$
        DJNZ    R5，DE
RET
END
```

2. 矩阵键盘接口技术

1）矩阵键盘的结构

将多个按键排列成 *M* 行 *N* 列矩阵式的键盘叫作矩阵键盘。如图 6.37 所示，16 个按键构成了一个 4 行 4 列的矩阵键盘，行线连接到单片机 P1 口的低 4 位引脚，列线连接到单片机 P1 口的高 4 位引脚。从图中还可以看到，每根行线和每根列线的交叉处都接有一个按键，当某个按键被按下时，与这个按键相连的行线和列线就会接通。图中的数码管用于显示键码。

2）矩阵键盘识别原理

在矩阵键盘中，对按键的识别由软件完成，通常有两种方法：一是传统的行扫描法；二是速度较快的线反转法。

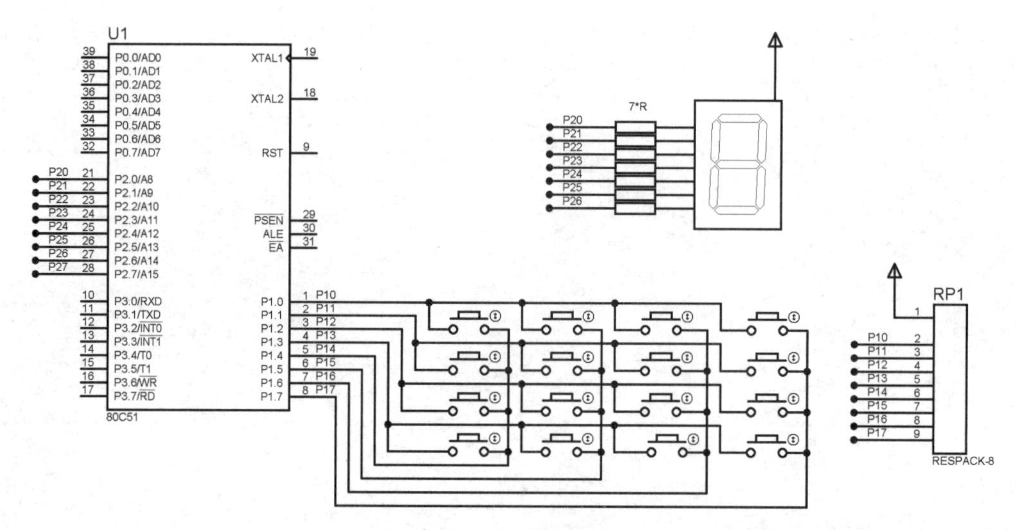

图 6.37　矩阵键盘接口

行扫描法的基本原理是：使所有的行线输出高电平，而使某条列线输出低电平，读回行线状态，如果行线中有线已变成低电平，说明被按下的键处于该行该列上；否则，说明被按下的键不在这一列中，继续使所有行线输出高电平，而使另一列线输出低电平，重复上述判断，直到找到被按键的行号 H 和列号 V，就可以求得该键的键值。

线反转法的基本原理是：首先使所有行线输出高电平，所有列线输出低电平，读回行线状态并记为 S1，此时 S1 中已记录了被按下的键的列信息；然后使所有的行线输出低电平，所有列线输出高电平，读回列线状态并记为 S2，此时 S2 中已记录了被按下的键的行信息；将 S1 与 S2 相或后得到状态 S，此时 S 包含了被按键的行号 H 和列号 V 的信息；最后可通过查表的方法得到该键的键值。

本节以线反转法为例，参考图 6.37，讨论矩阵键盘的按键识别。

3）矩阵键盘识别程序

在图 6.37 所示的电路中，共有 4 行 4 列按键，列线分别接到 P1.4～P1.7，行线分别接到 P1.0～P1.3，并且每根行线均接有上拉电阻。对应的矩阵键盘识别程序包括以下 4 个模块。

（1）判断是否有键被按下。单片机判断矩阵键盘是否有键被按下的原理很简单。可使 P1 口输出 0FH，使所有的行线变为高电平而所有的列线变为低电平。然后读 P1 口，如果读回来的数值仍为 0FH，则说明没有键被按下，如果读回来的数值不是 0FH，则说明有键被按下。

（2）去抖动。在测试表明有键被按下之后，还不能马上进行键码识别。因为，常用键盘的按键为机械开关结构，被按下时，由于机械触点的弹性及电压突跳等原因，在触点闭合或断开的瞬间会出现电压抖动。抖动的时间长短与按键的机械特性有关，一般为 5～10ms。

把按键产生的抖动消除的过程称为去抖动，去抖动有硬件和软件两种方法。硬件方法就是在键盘中附加去抖动电路，从根本上消除产生抖动的可能性；软件方法则采用时间延迟以躲过抖动（延时 10～30ms 即可），待信号稳定之后，再进行键码识别。

大多数单片机系统采用软件方法去抖动。

（3）键码识别。键码识别的过程就是找到被按键的行号 H 和列号 V 的过程。具体为：首先，使所有的行线输出高电平，所有列线输出低电平，即使 P1 口输出 0FH，读回 P1 口的值并记为 S1；然后，使所有的行线输出低电平，所有列线输出高电平，即使 P1 口输出 F0H，读回 P1 口的值并记为 S2；将 S1 与 S2 相或后得到状态 S，此时 S 包含了被按键的行号 H 和列号 V 的信息；最后可通过查表的方法得到该键的键值。

（4）等待按键释放。计算完键码，再以延时和扫描的方法等待与判定键释放之后，就可以根据键码，转到相应的键处理子程序，进行数据的输入或命令的处理。等待键释放是为了保证键的一次闭合仅进行一次处理。

图 6.37 所示电路的矩阵键盘按键识别及键值在数码管显示的程序如下

```
          KEY      EQU      70H           ；键值寄存器定义
          S1       EQU      71H           ；中间状态 S1 寄存器定义
          S2       EQU      72H           ；中间状态 S2 寄存器定义
          SS       EQU      73H           ；中间状态 S 寄存器定义
          ORG      0000H
          AJMP     MAIN
          ORG      0040H
MAIN:
          MOV      P1，#0FH
          MOV      A，P1
          CJNE     A，#0FH，DBCING        ；判断是否有键被按下，有则进入去抖
          AJMP     MAIN
DBCING:
          ACALL    DELAY                  ；延时
          MOV      P1，#0FH
          MOV      A，P1
          CJNE     A，#0FH，KEYSCAN       ；去抖后确实存在键被按下，则进入按键扫描
          AJMP     MAIN
          ;;;;;;;;; 按键扫描;;;;;;;;
KEYSCAN:
          MOV      S1，A                  ；暂存反转前的数据
          MOV      P1，#0F0H
          MOV      A，P1                  ；读回反转后数据
          ORL      A，S1                  ；反转前后相“或”
          MOV      SS，A                  ；暂存反转前后相“或”的结果数据
          MOV KEY，#0FFH
          MOV DPTR，#KEYTABLE
SCA:                                      ；查表法求键值
          INC      KEY
          MOV      A，KEY
          MOVC     A，@A+DPTR             ；查表
          CJNE     A，SS，SCA             ；在表内查找，不相等则说明还未找到该键值
```

```
        ACALL DISPLAY                   ; 调显示子程序
        AJMP MAIN
        ;;;;;显示子程序;;;;;
DISPLAY:
        MOV     A, KEY
        MOV     DPTR, #DISTABLE
        MOVC    A, @A+DPTR
        MOV     P2, A
RET
        ;;;;;延时子程序;;;;;
DELAY:
        MOV     R5, #100
DE:     MOV     R4, #100
        DJNZ    R4, $
        DJNZ    R5, DE
RET

DISTABLE:   DB 0C0H, 0F9H, 0A4H, 0B0H, 99H, 92H, 82H, 0F8H,
            80H, 90H, 88H, 83H, 0C6H, 0A1H, 86H, 8EH      ; 0～F 的显示码（共阳）

KEYTABLE:   DB 0EEH, 0EDH, 0EBH, 0E7H, 0DEH, 0DDH, 0DBH, 0D7H,
            0BEH, 0BDH, 0BBH, 0B7H, 07EH, 07DH, 07BH, 077H    ; 16 个键的反转码表
END
```

如果出现多个键同时被按下，因反转码表里面没有多个键同时被按下的反转码，所以，无法通过查表法查找出键值，此时结果将会出现错误。读者可基于上述程序，针对多键同时被按下的情况，进行程序优化。

习 题 6

6.1 什么叫接口？它的功能是什么？

6.2 I/O 接口有哪几种数据传送方式？

6.3 如果用 MCS-51 单片机控制字符打印机，应采用什么数据传输方式比较好？为什么？

6.4 DMA 方式的基本过程是什么？为什么 DMA 方式可以加快批量数据在外设和存储器之间的传送？

6.5 MCS-51 单片机的内部 I/O 口有哪些？有什么异同？

6.6 线选法与译码法的异同是什么？

6.7 试用多片容量为 4KB 的 ROM 扩展成地址连续并且地址从 0000H 开始的 16KB 程序存储器系统，画出电路原理图。

6.8 8255 的 PA 口工作在方式 1 输入，PB 口工作在方式 0 输出，试写出 8255 的初始化程序。

6.9 某产品生产可分为 6 道工序，各工序分别由 8255 PA 口的 PA0～PA5 进行开/关控制，已知各工序所花费的时间分别为 3s、10s、21s、7s、9s、3s，试画出以 MCS-51 单片机为控制器的电路原理图，并编写

控制程序。

6.10 LED 的静态显示方式与动态显示方式有何区别？各有什么优点和缺点？

6.11 为什么要消除按键的抖动？一般有哪些方法？

6.12 说明矩阵键盘识别原理。

6.13 利用 8255 的 PA 口和 PC 口构成一个 8×8 矩阵键盘，试画出电路原理图，并编写按键识别程序。

6.14 根据图 6.34，试编程实现在 LM032L 液晶上显示实时时钟。

6.15 如图 6.38 所示为电路原理图，试编程实现可调的实时时钟。时钟显示在 LM032L 液晶上，key1 为功能选择键，按下此键时进入时间调整；key2 为数值加键，每按下 key2 键一次，数值加 1；key3 为调整对象移位键，按下 key3 可在时、分、秒的调整对象中循环选择；key4 为确定键。

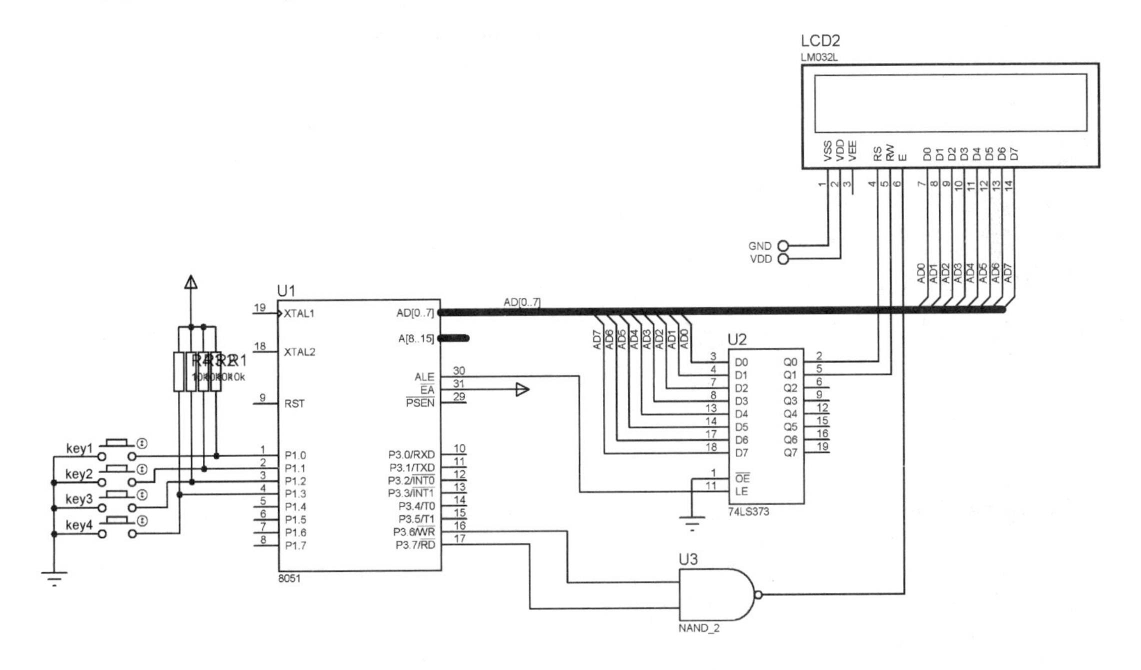

图 6.38　液晶显示可调实时时钟

第7章　串行接口技术

7.1　串行通信概述

计算机通信中有并行和串行两种通信方式。并行通信是将发送和接收设备的所有数据位用多条数据线一一对应连接并同时传送。除数据线外，还需要通信控制线。发送设备在发送数据时，首先检测接收设备是否处于可接收数据状态，然后发出选通信号。在选通信号的作用下，将各数据位信号同时发送到接收设备。并行通信的特点是：传送控制相对简单，但在长距离传送时传输线较多，且成本高。

串行通信是将二进制数据按一位一位的形式在一条传输线上进行传送。串行通信时，发送设备首先需要将数据由并行形式转换成串行形式，然后逐位送到传输线上；接收设备在接收到数据后，将数据由串行形式转换成并行形式再进行处理。串行通信中数据传送的起始及停止控制是很关键的。串行通信的特点是：传送控制相对复杂，但在长距离传送时传输线少，成本低，特别适合于分级、分层和分布式控制系统以及远程通信。

7.1.1　串行通信基本概念

1．串行通信的分类

串行通信中，数据内容和控制内容都在一条传输线上实现传送。为了有效区分数据和控制信息，收发双方需要事先预定通信协议，具体内容包括同步方式、数据格式、传送速率和校验方式等。

按照同步方式的不同，串行通信可分为异步通信和同步通信两类。

1）异步通信

异步通信以字符（或字节）构成的字符帧为单位进行传送。字符帧由发送设备逐帧发送，经传输线被接收设备逐帧接收。发送端和接收端使用各自的时钟来控制数据的发送和接收，两个时钟彼此独立、互不同步。但为了使发送和接收协调工作，要求发送和接收的时钟频率尽可能一致（误差要在允许的范围之内）。字符帧与字符帧之间的间隙是任意的，但每个字符帧中的各位是以固定的时间间隔传送的，即字符帧之间是异步的，但同一字符帧内部的各位是同步的。

接收端如何知道发送端何时开始发送及何时结束发送呢？采用的方法是使每个传送的字符帧都以起始位“0”开始，以停止位“1”结束。每当接收端检测到传输线上发送来的低电平“0”时，就知道发送端开始发送；每当检测到停止位时，就知道一帧信息发送完毕。

异步通信的字符帧由四部分组成，如图 7.1 所示，包括起始位、数据位、奇偶校验位和停止位。

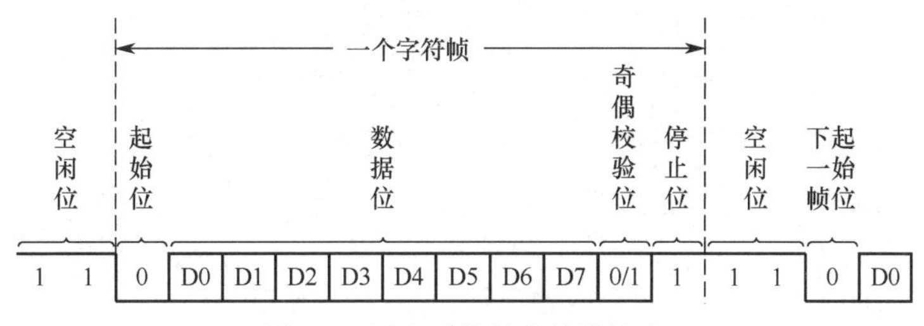

图 7.1　异步通信的字符帧格式

（1）起始位：位于字符帧开头，占 1 位，始终为低电平“0”，用于向接收端表示一帧信息的开始。

（2）数据位：紧跟在起始位之后，根据情况的不同可取 5 位、6 位、7 位或 8 位，低位在前，高位在后。例如，ASCII 码常取 7 位。

（3）奇偶校验位：位于数据位之后，占 1 位（也可以不使用校验位），用于串行通信中的奇偶校验。

（4）停止位：位于字符帧的末尾，为高电平“1”，通常可取 1 位、1.5 位或 2 位，用于向接收端表示一帧发送信息的结束。

串行通信中，相邻两字符帧之间可以无空闲位，也可以有若干空闲位，由用户根据需要决定。传送的每一帧都用起始位来进行收发双方的同步。停止位和空闲位作为时钟频率偏差的缓冲，即使收发双方的时钟频率略有偏差，积累的偏差也仅限于本帧之内。

2）同步通信

同步通信是一种连续串行传送数据的通信方式。一次通信传送一帧信息，但这里的一帧与异步通信的字符帧不同，它包含若干数据字符。

同步通信的一帧信息由同步字符、数据字符和校验字符 CRC（Cyclic Redundancy Check，循环冗余校验）三部分组成。其中，同步字符位于每帧信息的开头，用于确认串行数据传送的开始；数据字符位于同步字符之后，个数不限，取决于传送数据块的大小；校验字符位于帧结构的末尾，通常为 1～2 个，用于接收端对接收字符正确性的校验。

同步通信中，可采用单同步字符或双同步字符帧结构。同步字符可以采用统一标准格式，也可以由用户约定。在单同步字符帧结构中，同步字符常采用 ASCII 码中规定的 SYN 代码（即 16H）；在双同步字符帧结构中，同步字符常采用国际通用标准代码 EB90H。

同步通信的传送速率较高，但要求发送端和接收端的时钟保持严格同步，同时需要建立发送端对接收端时钟的直接控制。

由于 MCS-51 单片机的串行接口为通用异步收发器（UART，Universal Asynchronous Receiver/Transmitter），因此本章主要讨论异步通信。

2. 串行通信的制式

串行通信按照数据传送的方向和时间关系，可分为单工、半双工和全双工三种方式。

单工方式下，数据只能沿一个方向传送，不能实现数据的反向传送，如图 7.2（a）所示；半双工方式下，数据可沿两个方向传送，但需要分时进行，如图 7.2（b）所示；全双工方式下，数据可同时进行双向传送，如图 7.2（c）所示。

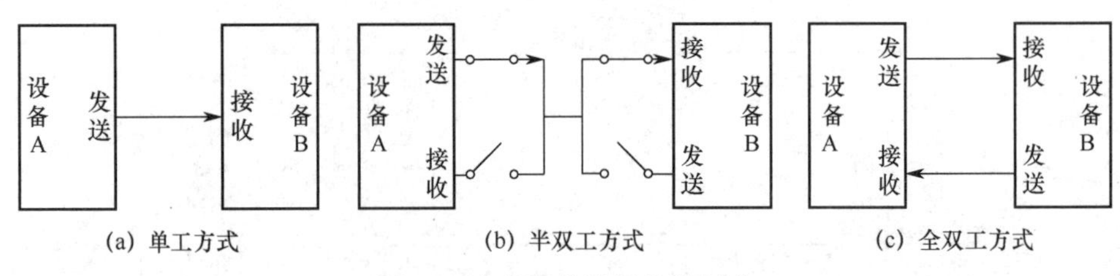

图 7.2 串行通信数据传送制式

3. 信号的调制与解调

计算机之间的远程通信需要借用现有的公用电话网络。电话网络传送的是模拟信号，不适用于二进制数字信号传送。因此，发送时需要将二进制的数字信号调制成模拟信号，使之适合在电话网络上传送；而接收时需要将模拟信号解调成二进制的数字信号。

发送端将数字信号转换成模拟信号需要使用调制器，而接收端将模拟信号还原成数字信号需要使用解调器。但由于通信是双向的，因此调制器和解调器常常合并在一个装置中，即所谓的调制解调器（Modem）。利用调制解调器通信的示意图如图 7.3 所示。

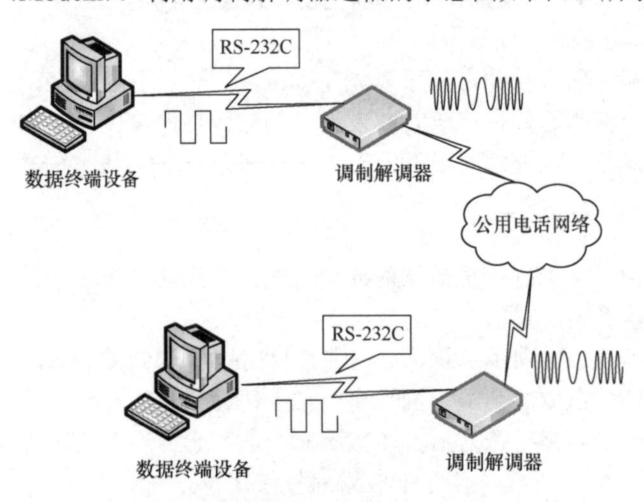

图 7.3 利用调制解调器通信的示意图

调制解调器按工作速度，有低速 Modem、中速 Modem 和高速 Modem 之分；按对数字信号采用的调制技术，有频移键控（FSK）型、相移键控（PSK）型和脉冲振幅调制（PAM）型之分。

4. 串行通信的错误校验

通信中为确保数据传送的准确无误，必须对传送数据的正确性进行校验。单片机应用系统中常用的校验方法有奇偶校验、代码和校验。

1）奇偶校验

串行通信中，发送端可在数据位的最后插入 1 位奇偶校验位，该奇偶校验位的值可能是“0”，也可能是“1”。若通信双方约定为奇校验，则所有数据位和校验位中“1”的个数之和应为奇数；若约定为偶校验，则所有数据位和校验位中“1”的个数之和应为偶数。接收端对接收数据中“1”的个数进行校验，若与事先的约定不同，则说明数据传送过程中有差错。

2）代码和校验

串行通信中，发送端将所发数据块求和（或各字节异或），产生的校验和字节附加到数据块的末尾。接收端将接收到的数据块（不包括校验和字节）求和（或各字节异或），所得结果与接收到的校验和字节进行比较，若不相符，则说明数据传送过程出现了差错。

5. 传送速率与传送距离

1）传送速率

传送速率可用波特率来描述，它的定义为每秒钟传送二进制数码的位数（因此也称为比特率），单位是位/秒（bit per second，即 bps）。波特率是串行通信的重要指标，用于表征数据传送的速度。标准波特率包括 110bps、300bps、600bps、1200bps、1800bps、2400bps、4800bps、9600bps、14.4kbps、19.2kbps、28.8kbps、33.6kbps、56kbps。

波特率越高，数据传送速度越快，但波特率与字符实际的传送速率不同。例如，波特率为 9600bps，采用图 7.1 所示的字符帧格式（不考虑空闲位），则数据的实际传送速率为 9600/11≈872.73 帧/秒。

波特率还与信道的带宽有关。波特率越高，信道的带宽越宽。因此，波特率也是衡量信道带宽的重要指标。另外，不要将波特率与发送、接收时钟相混淆，波特率通常是时钟频率的 1/16 或 1/64。

2）传送距离与传送速率的关系

传送距离与波特率及传输线的电气特性有关，通常波特率越高，传送距离越短。如使用非屏蔽双绞线（50pF/0.3m），波特率为 9600bps 时的最大传送距离为 76m，若再提高波特率，则传送距离将会大大缩短。

7.1.2　串行通信接口标准

人们较为熟悉的串行通信接口标准是 EIA-232、EIA-422 和 EIA-485，都是由美国电子工业协会（EIA，Electronic Industries Association）制定并发布的。由于 EIA 提出的建议标准都以“RS”作为前缀，所以在工业通信领域也称之为 RS-232、RS-422 和 RS-485。

RS-232 在 1962 年被发布，后来陆续有不少改进版本，目前最常用的是 RS-232C 版。它是 PC 与通信工业中应用最广泛的一种串行通信接口标准。RS-232C 被定义为一种在低速率串行通信中增加通信距离的单端标准，采取不平衡传送方式，即所谓单端通信，传送距离可达 15m，最高速率为 20kbps。

为了解决 RS-232C 存在的传送距离有限等问题，EIA 制定了 RS-422 标准，它定义了一种平衡通信接口，将传送速率提高到了 10Mbps，传送距离延长到约 1219m，并允许在一条平衡总线上最多连接 10 个接收器。当然，RS-422 也存在不足，因为平衡双绞线的长度与传送速率成反比，在 100kbps 传送速率以内，传送距离可能达到最大值，但若想获得最高传送速率，则传送距离必须缩短，如 100m 长的双绞线上所能获得的最大传送速率一般仅为 1Mbps。另外，在 RS-422 通信中，只能有一个主设备（Master），其余为从设备（Salve），从设备之间不能进行通信，所以 RS-422 支持的是点对多点的双向通信。

为扩展应用范围，EIA 于 1983 年在 RS-422 的基础上制定了 RS-485 标准，增加了多点、双向通信能力，即允许多个发送器连接到同一条总线上，同时增加了发送器的驱动功能和冲突保护特性。由于 RS-485 是在 RS-422 的基础上发展而来的，因此许多电气规定与 RS-422 相同，如都采用平衡传送方式、最大传送距离约为 1219m、最大传送速率为 10Mbps 等。但 RS-485 可以采用二线或四线方式，采用二线连接时可实现真正的多点双向通信，而采用四线连接时只能实现点对多点通信。但无论是四线还是二线连接方式，总线上都最多可接 32 个设备。

7.2　MCS-51 单片机的串行接口及其应用

MCS-51 单片机的串行通信接口是一个可编程的全双工通用异步收发器（Universal Asynchronous Receiver/Transmitter，UART）。该接口不仅能同时进行数据的接收与发送，而且能作为一个同步移位寄存器使用。字符帧格式可以为 8 位、10 位或 11 位，可以设置多种不同的波特率，通过 RXD（P3.0，串行数据接收端）和 TXD（P3.1，串行数据发送端）引脚与外界通信。

7.2.1　串行接口结构

1．串行接口结构概述

MCS-51 单片机的串行接口的内部简化结构如图 7.4 所示。图中的发送缓冲器 SBUF 和接收缓冲器 SBUF 在物理结构上是相互独立的，但占用同一地址 99H，可以同时发送、接收数据（全双工）。发送缓冲器只能写入、不能读出；接收缓冲器只能读出、不能写入。

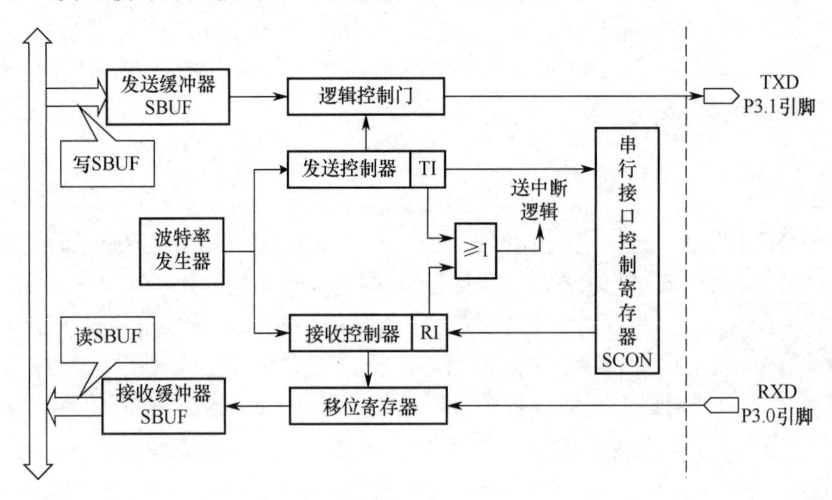

图 7.4　串行接口的内部简化结构

根据工作方式的不同，可选择单片机工作时钟或定时器 T1 作为波特率发生器。工作方式不同，串行接口通信的波特率也不相同。波特率与工作方式之间的关系可参见 7.2.2 节相关内容。

串行接收采用的是双缓冲结构。在接收缓冲器 SBUF 中的前一字节被读走之前，下一字节内容已经串行输入至移位寄存器，若第二字节内容接收完毕而前一字节仍未被读走，则前一字节内容会被丢失。对于发送缓冲器，由于发送时单片机是主动的，因此不会产生数据重叠错误。

串行接口数据的发送与接收是通过对 SBUF 的写与读来实现的。当执行 MOV　SBUF，A 指令时会向 SBUF 发出“写”命令，即向发送缓冲器 SBUF 装载数据，并开始由 TXD 引脚串行向外发送，发送完毕后会使发送中断标志 TI 置“1”。当串行接口接收中断标志 RI 为“0”，并且串行接收使能位 REN 为“1”时，会启动数据接收过程，一帧数据经 RXD 引脚输入移位寄存器，并装载到接收缓冲器 SBUF 中，同时置 RI 为“1”。此时，执行 MOV　A，SBUF 指令会向 SBUF 发出“读”命令，可将接收缓冲器 SBUF 中的数据送至累加器 A。

2. 串行接口控制寄存器

串行接口控制寄存器是可编程的，初始化编程时只要对特殊功能寄存器 SCON 和电源控制寄存器 PCON 写入相应控制字即可。

1）特殊功能寄存器 SCON

特殊功能寄存器 SCON 用于定义串行接口的工作方式、进行接收和发送控制、设置状态标志。字节地址为 98H，也可以进行位寻址（98H～9FH），各位定义如图 7.5 所示。

	7	6	5	4	3	2	1	0	
位地址	9FH	9EH	9DH	9CH	9BH	9AH	99H	98H	
SCON	SM0	SM1	SM2	REN	TB8	RB8	TI	RI	字节地址：98H

图 7.5　SCON 各位定义

（1）SM0 和 SM1：串行接口工作方式选择位，可选择 4 种工作方式，如表 7.1 所示。其中，f_{osc} 为晶振频率。

表 7.1　串行接口工作方式

SM0 SM1	工作方式	说　明	波特率
0　0	方式 0	移位寄存器	$f_{osc}/12$
0　1	方式 1	10 位异步收发（8 位数据）	由定时器控制
1　0	方式 2	11 位异步收发（9 位数据）	$f_{osc}/32$ 或 $f_{osc}/64$
1　1	方式 3	11 位异步收发（9 位数据）	由定时器控制

（2）SM2：多机通信控制位，用于方式 2 和方式 3。

在方式 0 时，SM2 一定要设置为“0”。在方式 1 中，SM2 也应设置为“0”，接收到有效停止位时，接收中断标志 RI 才置“1”。

在方式 2 或方式 3 中，当 SM2=1 时，接收机处于地址帧筛选状态。此时，利用接收到的第 9 位（即 RB8）来筛选地址帧。若 RB8=1，则表明该帧是地址帧，数据可装载进接收缓冲器 SBUF，并置 RI 为“1”，在中断服务程序中进一步进行地址号比较；若 RB8=0，则表明该帧不是地址帧，应丢弃并保持 RI 为“0”。当 SM2=0 时，接收机处于地址帧禁止筛选状态。此时，不论 RB8 的内容是“0”还是“1”，接收到的数据都将装载进接收缓冲器 SBUF，并置 RI 为“1”。而 RB8 的内容作为校验位使用。

（3）REN：串行接收使能位。由软件置位以允许接收，由软件清 0 来禁止接收。

（4）TB8：发送数据的第 9 位。用于方式 2 或方式 3 中存放发送数据的第 9 位，根据需要由软件置“1”或清“0”。例如，可约定作为奇偶校验位，或在多机通信中作为区别地址帧或数据帧的标志位。

（5）RB8：接收数据的第 9 位。在方式 0 中不使用 RB8。在方式 1 中，SM2=0 时，RB8 为接收到的停止位。在方式 2 或方式 3 中，RB8 为接收到的第 9 位数据，作为奇偶校验位或地址帧/数据帧的标志位。

（6）TI：发送中断标志。在方式 0 中，第 8 位数据发送结束时，TI 由硬件置位。在其他方式中，开始串行发送停止位时，TI 由硬件置位。TI 置位既表示一帧信息发送结束，也表示申请中断，可根据需要，用软件查询或中断的方法获得数据已发送完毕的信息。在发送下一帧数据前，TI 必须用软件复位。

（7）RI：接收中断标志。在方式 0 中，在接收完第 8 位数据后，RI 由硬件置位。在其他方式中，在接收到停止位的中间时刻，RI 由硬件置位。RI 置位表示一帧数据接收完毕，可用软件查询或中断的方法获知。RI 也必须用软件复位。

2）电源控制寄存器 PCON

电源控制寄存器 PCON 中只有一位 SMOD 与串行接口设置有关。字节地址为 87H，各位定义如图 7.6 所示。

	7	6	5	4	3	2	1	0	
PCON	SMOD	–	–	–	GF1	GF0	PD	IDL	字节地址：87H

图 7.6　PCON 各位定义

SMOD：波特率倍增选择位。在方式 1、方式 2 和方式 3 时，串行通信波特率与 2^{SMOD} 成正比，即当 SMOD=1 时，通信波特率可提高为原来的 2 倍。系统复位时，SMOD=0。

PCON 中的其余各位与 MCS-51 单片机的电源控制有关，可参见 2.3.3 节相关内容。

7.2.2　串行接口工作方式

MCS-51 单片机的串行接口有 4 种工作方式，由 SCON 中的 SM0、SM1 进行选择。

1. 方式 0

方式 0 为同步移位寄存器输入/输出方式。可外接移位寄存器以扩展 I/O 口，也可以外接同步输入/输出设备。8 位串行数据从 RXD 输入/输出，TXD 用来输出同步脉冲。在方式 0 下，SM2、RB8 和 TB8 都不起作用，通常都设置为“0”。

发送操作是在 TI=0 下进行的，CPU 通过 MOV　SBUF，A 指令启动发送，将 8 位数据以 $f_{osc}/12$ 的固定波特率从 RXD 输出（低位在前，高位在后），同步脉冲从 TXD 输出。发送完一帧数据后，发送中断标志 TI 由硬件置位。CPU 响应中断后，由软件将 TI 复位，然后发送下一帧数据。

接收过程是在 RI=0 和 REN=1 条件下启动的。此时，RXD 为串行数据输入端，TXD 仍为同步脉冲输出端。在接收到 8 位数据后，将数据移入接收缓冲器，并由硬件置位 RI。CPU 查询到 RI=1 或响应中断后，通过 MOV　A，SBUF 指令将数据读入到累加器 A，同时由软件将 RI 复位。

应当指出，对串行接口而言，工作方式 0 并非一种同步通信方式，它的主要用途是和外部同步寄存器（如 74LS164、74LS165）连接，以扩展一个并行 I/O 口。

2．方式 1

方式 1 为波特率可变的 10 位异步收发方式。发送或接收一帧信息，包括 1 位起始位、8 位数据位和 1 位停止位。

发送操作也是在 TI=0 时，通过执行 MOV　SBUF，A 指令启动的。发送电路会自动在 8 位数据前、后分别加上 1 位起始位和 1 位停止位，并在移位脉冲的作用下将 10 位数据由 TXD 引脚输出，发送完一帧信息后，自动维持 TXD 引脚为高电平。最后发送停止位时，TI 由硬件置位，并由软件将其复位。

接收操作是在 RI=0 和 REN=1 条件下进行的，这与方式 0 相同。平时，接收电路对高电平的 RXD 引脚采样，采样频率是接收时钟频率的 16 倍。当接收电路连续 8 次采样到 RXD 引脚为低电平时，便确认 RXD 引脚上有了起始位。此后，接收电路对第 7、8、9 次采样值进行位检测，并以 3 中取 2 的原则确定采样数据的值。当接收到第 9 位数据（即停止位）时，若满足 RI=0 且 SM2=0 或者接收到的停止位为“1”，则会把接收到的 8 位数据装载到接收缓冲器 SBUF 中，同时把停止位装入 RB8 中，通过硬件置 RI 为“1”并发出串行接口中断请求（若中断开放）。CPU 查询到 RI=1 或响应中断后，通过 MOV　A，SBUF 指令将数据读入累加器 A，同时由软件将 RI 复位。若上述条件不满足，则这次接收的数据将被丢弃，不装入 SBUF，正常情况下这是不允许的，因为这意味着一组数据的丢失。因此，在方式 1 下，SM2 应设置为“0”。

方式 1 下，接收和发送时钟由定时器 T1 的溢出率经 32 分频获得，并由 SMOD=1 倍频。因此，方式 1 的波特率是可变的，这一点同样适用于方式 3。

3．方式 2 和方式 3

方式 2 和方式 3 都为 11 位异步收发方式，不同仅在于波特率。方式 2 的波特率由 MCS-51 单片机的晶振频率 f_{osc} 经 32 分频或 64 分频得到；方式 3 的波特率由定时器 T1 的溢出率经 32 分频获得，并可由 SMOD=1 倍频，方式 3 的波特率是可变的。

方式 2 和方式 3 的发送过程类似于方式 1，不同之处在于方式 2 和方式 3 有 9 位有效数据。在将发送数据装入发送缓冲器 SBUF 之前，要事先将第 9 位数据位装入 SCON 的 TB8 中。第 9 位数据可以是奇偶校验位，也可以是其他控制位。第 9 位数据位置为“1”可由 SETB　TB8 指令实现，置为“0”可由 CLR　TB8 指令实现。第 9 位数据位装入 TB8 后，便可以用一条 MOV　SBUF，A 指令启动发送过程。发送完一帧信息后，由硬件置位 TI，并由软件将其复位。

方式 2 和方式 3 的接收过程也类似于方式 1，不同之处在于方式 1 中 RB8 存放的是停止位，而方式 2 和方式 3 中 RB8 存放的是第 9 位数据位。同样，方式 2 和方式 3 要满足 RI=0 且 SM2=0 或者接收到的第 9 位数据位为“1”，才会把接收到的 8 位数据装载到接收缓冲器 SBUF 中，同时把第 9 位数据位装入 RB8 中，通过硬件置 RI 为“1”并发出串行接口中断请求，否则这次接收到的数据将被丢弃，RI 也不被置位。

因此，在 RI=0、SM2=0 时，第 9 位数据位往往用作奇偶校验位，以保证串行数据的正确接收；而在 RI=0、SM2=1 时，第 9 位数据位可参与接收控制，当第 9 位为“1”时，数据被接收，而当第 9 位为“0”时，数据被舍弃，这种方式往往用于单片机的多机通信。

7.2.3　串行接口通信波特率

串行通信中，收发双方对接收和发送数据的速率要有约定。MCS-51 单片机的串行接口可设置为 4 种工作方式，其中，方式 0 和方式 2 的波特率是固定的，计算公式为

$$方式0的波特率=f_{osc}/12$$

$$方式2的波特率=(2^{SMOD}\times f_{osc})/64$$

式中，f_{osc} 为单片机的晶振频率，SMOD 为电源控制寄存器 PCON 的最高位，用于控制是否倍频。

方式 1 和方式 3 的波特率是可变的。由定时器 T1 的溢出率来决定。为了操作方便，同时为了避免重装初值所带来的定时误差，定时器 T1 通常采用定时方式 2，即自动重装的 8 位定时器方式。此时，定时器 T1 的溢出率可由 TH1 的初值决定

$$T1溢出率=f_{osc}/[12\times(256-TH1初值)]$$

由此可得到方式 1 和方式 3 的波特率的公式为

$$方式1(或方式3)波特率=(2^{SMOD}\times T1溢出率)/32$$

在实际应用中，波特率要选择标准值（见 7.1.1 节相关内容），又由于 TH1 的初值为整数，为减小波特率的计算误差，单片机的晶振频率通常选择 11.0592MHz，因此，方式 1 和方式 3 的波特率与 TH1 初值的对应关系基本是确定的，如表 7.2 所示。

表 7.2　方式 1 和方式 3 常用波特率与 TH1 初值的关系表

波特率/bps	28800	19200	14400	9600	4800	2400	1200
SMOD	1	1	1	0	0	0	0
TH1 初值	FEH	FDH	FCH	FDH	FAH	F4H	E8H

注：T1 为定时方式 2，晶振频率为 11.0592MHz。

7.2.4　串行接口应用

了解 MCS-51 单片机串行接口的结构，更重要的是要掌握它的应用，学会编写串行接口通信软件的方法和技巧。

1. 串行接口的并行 I/O 扩展

并行 I/O 扩展主要是串行接口方式 0 下的应用。在方式 0 下，串行接口可以用作并入串出的输出口，也可以用作串入并出的输入口。串行接口用作并入串出的输出口时需要外接一片 8 位串行输入/并行输出的同步移位寄存器 74LS164（或 CD4094），而用作串入并出的输入口时需要外接一片 8 位并行输入/串行输出的同步移位寄存器 74LS165（或 CD4014）。

【例 7.1】 根据图 7.7 完成单片机串行接口扩展成 LED 并行接口的电路连接（电路仅用于 Proteus 仿真，因此单片机没有外接复位和晶振电路），并编写汇编程序使发光二极管自上而下以一定的速度轮流点亮。输出高电平对应的发光二极管点亮。

解答：

74LS164 为 8 位串行输入/并行输出的同步移位寄存器。R（9 脚）为低电平有效的异步清零端；C1（8 脚）为时钟输入端，上升沿有效；1 脚和 2 脚相与的结果作为移位寄存

器的串行数据输入端，当 1 脚和 2 脚同时为“1”时，才会在寄存器中移入 1 位数据“1”，否则移入 1 位数据“0”；3～6 脚及 10～13 脚为移位寄存器的 8 位并行数据输出端，由低位至高位排列。

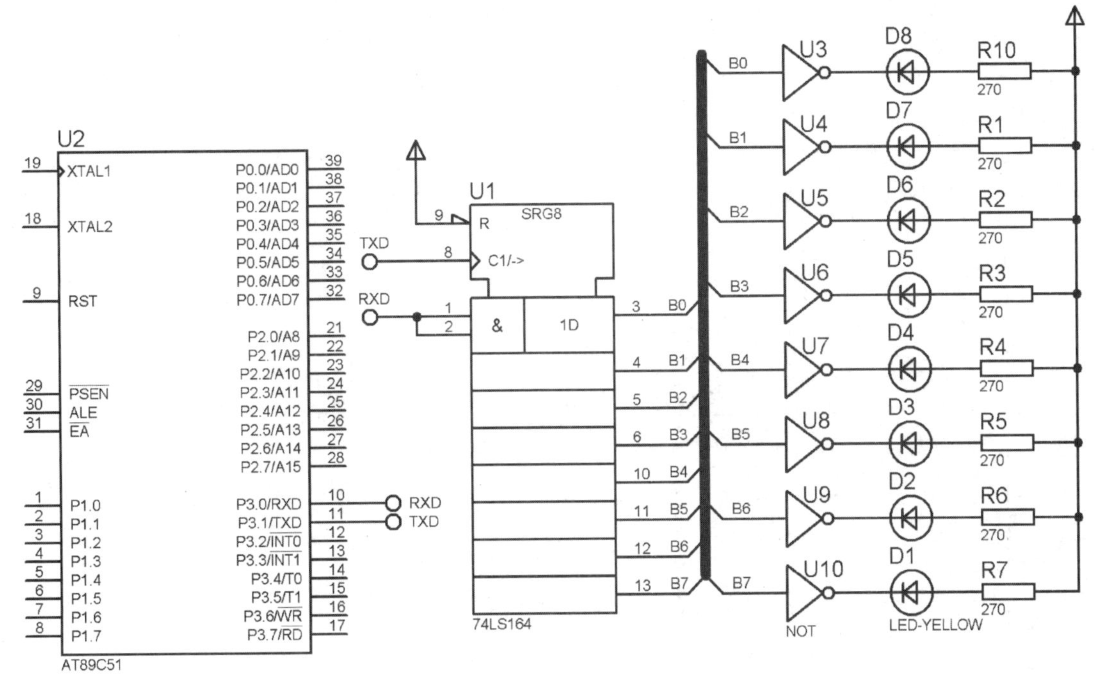

图 7.7　单片机串行接口扩展成 LED 并行接口

串行接口采用中断方式发送，发光二极管的显示时间由延时子程序确定。完整测试程序如下（包括主程序和中断服务程序）

```
        ORG     0000H
        LJMP    START           ；跳转至主程序
        ORG     0023H
        AJMP    SBP             ；转至串行中断服务程序
        ORG     0100H
SBP:    ACALL   DELAY           ；调用延时子程序，使 LED 点亮一段时间
CLR     TI                      ；清发送中断标志
        RR      A               ；循环右移显示数据，准备点亮下一位
        MOV     SBUF，A         ；串行接口输出
        RETI                    ；中断返回
        ORG     0200H
START:  MOV     SCON，#00H      ；串行接口初始化为方式 0
        MOV     IE，#90H        ；开串行接口中断
        MOV     A，#80H         ；起始显示数据送 A（最高位 LED 亮）
        MOV     SBUF，A         ；串行输出
LOOP:   SJMP    LOOP            ；等待串行接口输出完产生中断
DELAY:  MOV     R7，#3          ；延时子程序
DD1:    MOV     R6，#0FFH
```

```
DD2:    MOV     R5, #0FFH
        DJNZ    R5, $
        DJNZ    R6, DD2
        DJNZ    R7, DD1
        RET
        END
```

【例 7.2】根据图 7.8 完成单片机串行接口扩展成串入并出输入口的电路连接（DIPSWC_8 为 Proteus 仿真用 8 位拨动开关），并编写汇编程序使单片机实现串行输入开关量，同时在 P0 口用 LED 显示对应的开关状态。

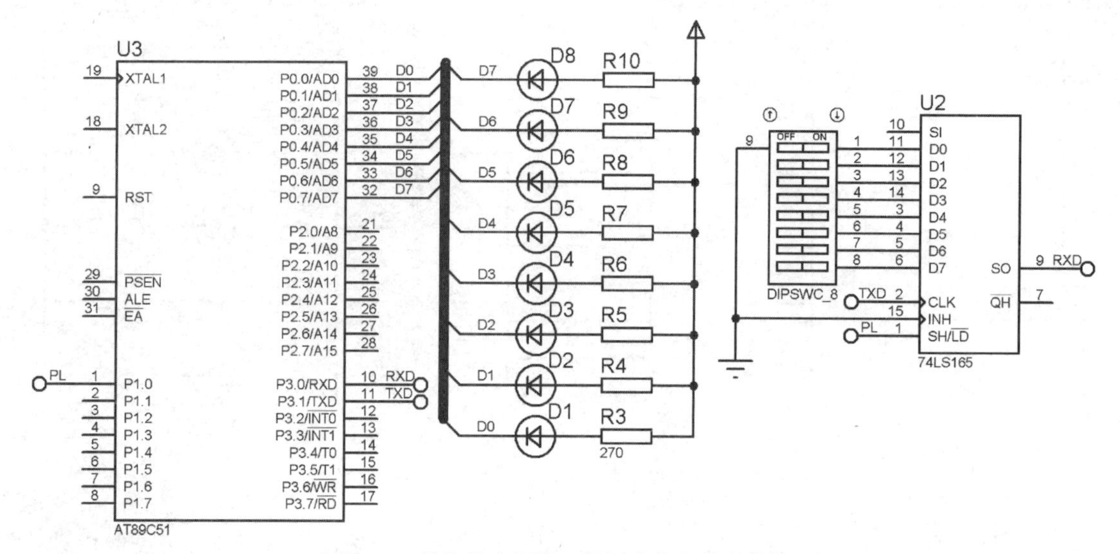

图 7.8 单片机串行接口扩展成串入并出的输入口

解答：

74LS165 是 8 位并行输入、串行输出的同步移位寄存器。SH/$\overline{\text{LD}}$（1 脚）为移位/置数控制端，当该引脚为低电平时，D0～D7 数据锁存进移位寄存器，高电平时按时钟节拍进行数据移位操作；INH（15 脚）为时钟禁止控制端，高电平时时钟被禁止输入，正常移位操作时该引脚应设为低电平；CLK（2 脚）为移位时钟输入引脚，上升沿有效；SO（9 脚）和 $\overline{\text{QH}}$（7 脚）为互补形式的串行数据输出引脚；SI（10 脚）为串行数据输入引脚。

程序采用查询 RI 状态方式接收数据。拨动开关状态为“ON”时，存入移位寄存器的相应数据为“0”，同时在 P0 口用对应 LED 点亮指示。

实现程序如下

```
PL      BIT     P1.0
        ORG     0000H
        LJMP    START
        ORG     0100H
START:  CLR     PL
        SETB    PL              ; 锁存开关状态，并准备移位输入
        MOV     SCON, #10H      ; 设置串行接口方式 0，并允许接收数据
WAIT:   JNB     RI, WAIT        ; 等待数据接收完毕
```

```
        MOV     A, SBUF          ; 读取数据送累加器 A
        CLR     RI               ; 清除接收中断标志
        MOV     P0, A            ; 接收到的数据送 P0 口显示
        ACALL   DELAY            ; 调用延时子程序
        SJMP    START
DELAY:  MOV     R4, #0FFH        ; 延时子程序
AA1::   MOV     R5, #0FFH
AA:     NOP
        NOP
        DJNZ    R5, AA
        DJNZ    R4, AA1
        RET
        END
```

2. 单片机与单片机之间的通信

两个独立的单片机子系统各自完成主系统的某一特定功能，若两个子系统之间存在信息交换的需求，则可以使用串行通信的方式把两个子系统联系起来。

两个单片机子系统若同处于一个电路板或同一机箱内（短距离通信），则可以直接将两个单片机的 TXD 和 RXD 引出线交叉相连即可；若两个子系统不处于同一机箱，通信距离较远（几米或几十米），这时通常需要使用 RS-232C 接口进行连接。

RS-232C 的逻辑电平（－25～－3V 为逻辑“1”，＋3～＋25V 为逻辑“0”）与通常的 TTL 电平不兼容。为实现与单片机 TTL 电路的连接，需要外加电平转换电路，常用的电平转换器是 MAX232，它采用+5V 电源就可以实现 TTL 电平与 RS-232C 电平的转换。使用该器件时，需要外接 4 个 1～22μF 的钽电容，有时还需要在电源与地之间加一个 0.1μF 的去耦电容，以减小电源噪声的影响。MAX232 与单片机的连接如图 7.9 所示。

【例 7.3】根据图 7.9 完成单片机之间通过 MAX232 进行串行异步通信的电路连接，并编写汇编程序实现单片机之间的串行通信。要求采用 10 位异步通信（即工作方式 1），波特率设置为 2400bps。

解答：

单片机的晶振频率选择 11.0592MHz，查表 7.2 可知，TH1=TL1=F4H，而 PCON 寄存器的 SMOD 位设置为“0”。

两个单片机子系统，假定发送端为 A 机，接收端为 B 机。通信时，A 机首先发送请求传送数据信号 TRQ，B 机收到后回复接收应答信号 RAS，表示同意接收。A 机收到 B 机的应答信号后，开始发送数据，每发送一个数据都要计算校验和。

B 机将接收到的数据转存到内部数据缓冲区。每接收到一个数据都计算一次校验和，在完成数据接收后，与 A 机发送过来的校验和做比较。若相等，则说明接收数据无误，B 机回复接收正确信号 RCOR；若不相等，则说明接收数据有误，B 机回复接收有误信号 RERR，并请求重发。A 机收到 B 机的回复信号 RCOR 则结束发送，否则，重发数据。

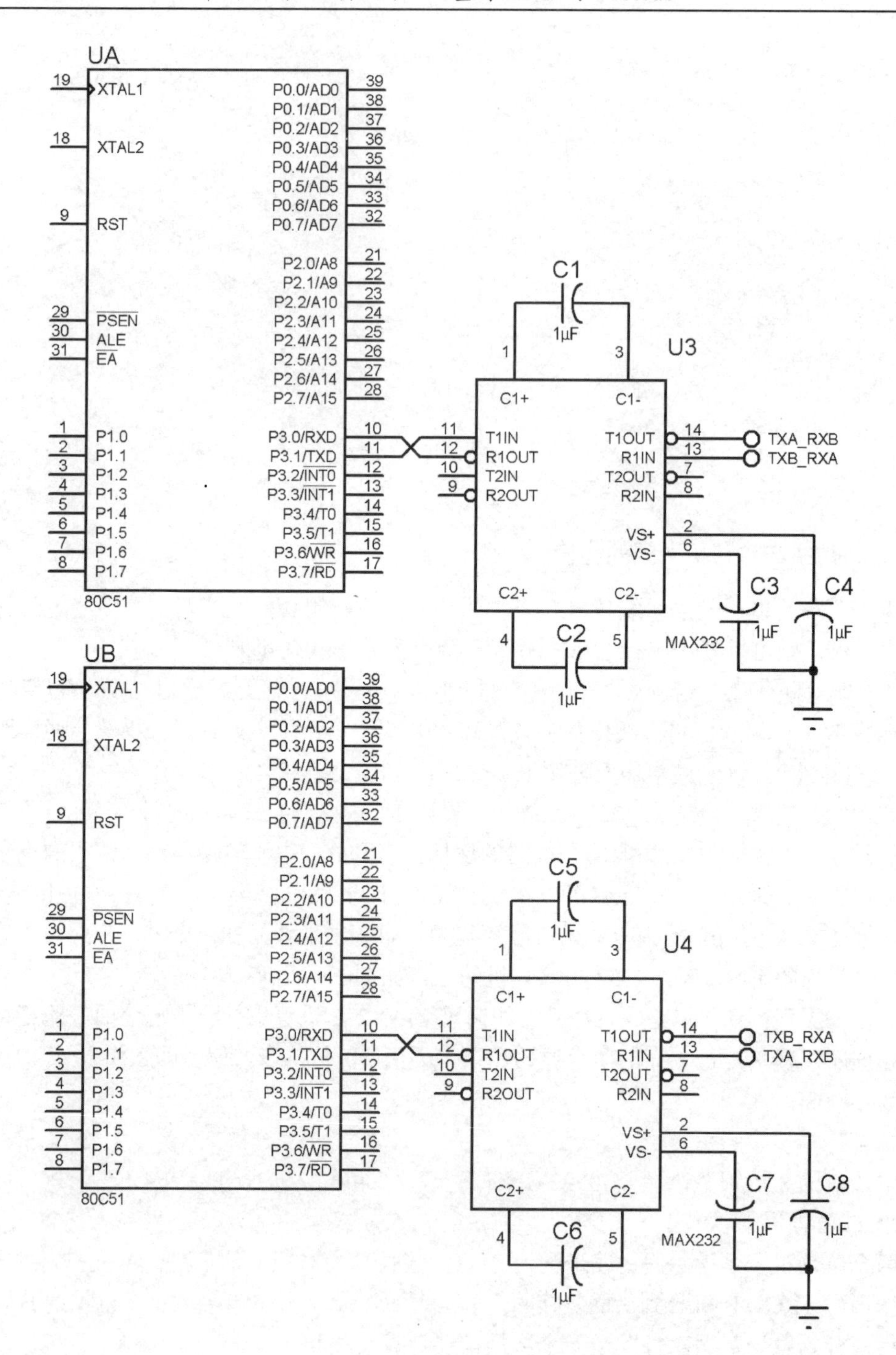

图 7.9　单片机之间通过 MAX232 进行串行异步通信

单片机之间串行异步通信的程序设计流程图如图 7.10 所示。以下给出 A 机和 B 机串行异步通信的实现程序，其中数据传送采用的是查询方式，当然也可以使用中断方式实现。

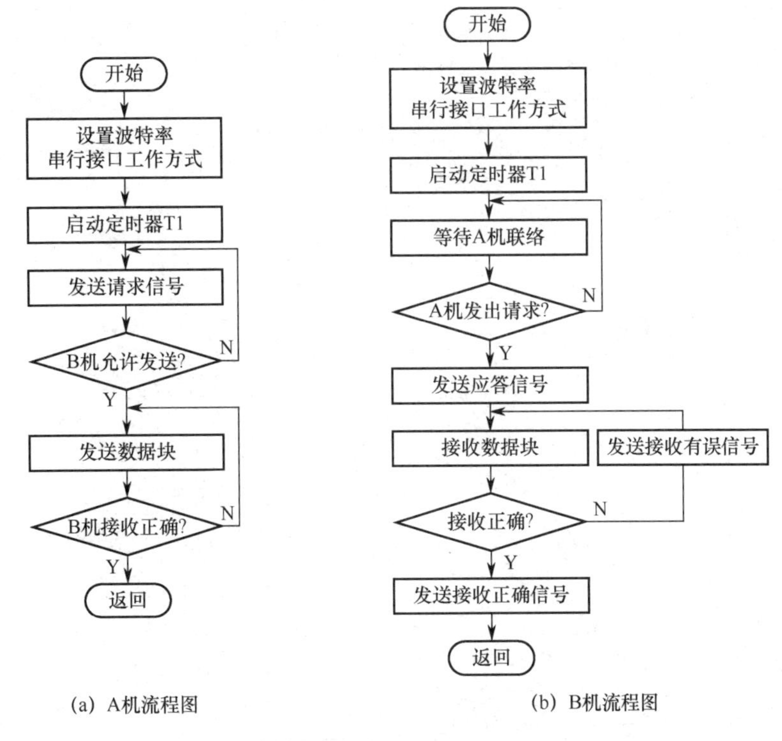

(a) A机流程图　　(b) B机流程图

图 7.10　单片机之间串行异步通信的程序设计流程图

A 机程序如下

```
NUM     EQU     10              ; 数据块大小
DATAST  EQU     35H             ; 数据块起始位置
DFIRST  EQU     4               ; 数据块起始位置数据内容
TRQ     EQU     0E1H            ; 请求信号
RAS     EQU     0E2H            ; 应答信号
RERR    EQU     0FFH            ; 传送数据有误信号
RCOR    EQU     00H             ; 传送数据正确信号
        ORG     0000H
        LJMP    MAIN
        ORG     0100H
MAIN:   MOV     TMOD, #20H      ; 定时器 1 设置为方式 2
        MOV     TH1, #0F4H      ; 设置定时器 1 初值，波特率为 2400
        MOV     TL1, #0F4H
        MOV     SCON, #50H      ; 设置串行接口工作方式 1，并允许串行接收
        MOV     PCON, #00H      ; 不采用倍频操作
        SETB    TR1             ; 启动定时器
        CALL    INIT            ; 调用发送数据产生子程序
DIALOG: MOV     A, #TRQ
        CALL    TXBYTE          ; 发送请求信号
        CALL    RXBYTE          ; 接收应答信号
        CJNE    A, #RAS, DIALOG
```

```
                                  ；判断 B 机是否允许接收
RETX:    CALL    TXDATA           ；发送数据块
         CALL    RXBYTE
         CJNE    A，#RCOR，RETX
                                  ；判断 B 机是否正确接收
         AJMP    DIALOG
TXBYTE:  MOV     SBUF，A          ；发送字节子程序
         JNB     TI，$
         CLR     TI
         RET
RXBYTE:  JNB     RI，$            ；接收字节子程序
         MOV     A，SBUF
         CLR     RI
         RET
TXDATA:  MOV     R7，#NUM         ；发送数据块子程序
         MOV     R0，#DATAST
         MOV     R6，#00H
LDATA:  MOV      A，@R0
         CALL    TXBYTE
         MOV     A，R6
         ADD     A，@R0           ；求校验和
         MOV     R6，A
         INC     R0
         DJNZ    R7，LDATA        ；数据块是否发送完毕
         MOV     A，R6
         CALL    TXBYTE           ；发送校验和
         RET
INIT:    MOV     R0，#DATAST ；发送数据产生子程序
         MOV     R7，#NUM
         MOV     A，#DFIRST
L0:      MOV     @R0，A
         INC     A
         INC     R0
         DJNZ    R7，L0
         RET
         END
```

B 机程序如下

```
NUM      EQU     10               ；数据块大小
DATAST   EQU     35H              ；数据块起始位置
DFIRST   EQU     4                ；数据块起始位置数据内容
TRQ      EQU     0E1H             ；请求信号
RAS      EQU     0E2H             ；应答信号
RERR     EQU     0FFH             ；传送数据有误信号
RCOR     EQU     00H              ；传送数据正确信号
```

```
        ORG     0000H
        LJMP    MAIN
        ORG     0100H
MAIN:   MOV     TMOD，#20H        ；定时器 1 设置为方式 2
        MOV     TH1，#0F4H        ；设置定时器 1 初值，波特率为 2400
        MOV     TL1，#0F4H
        MOV     SCON，#50H        ；设置串行接口工作方式 1，并允许串行接收
        MOV     PCON，#00H        ；不采用倍频操作
        SETB    TR1               ；启动定时器
WDIALOG: CALL   RXBYTE
        CJNE    A，#TRQ，WDIALOG
                                  ；等待联络信号
        MOV     A，#RAS
        CALL    TXBYTE            ；发送应答信号
RERX:   CALL    RXDATA            ；接收数据块
        XRL     A，R6             ；检测校验和
        JNZ     NO                ；不正确转 NO
        MOV     A，#RCOR          ；正确，发送接收正确信号
        CALL    TXBYTE
        AJMP    WDIALOG           ；等待下一次数据块发送
NO:     MOV     A，#RERR          ；数据有误，重发数据块
        CALL    TXBYTE
        AJMP    RERX
TXBYTE: MOV     SBUF，A           ；发送字节子程序
        JNB     TI，$
        CLR     TI
        RET
RXBYTE: JNB     RI，$             ；接收字节子程序
        MOV     A，SBUF
        CLR     RI
        RET
RXDATA: MOV     R7，#NUM          ；接收数据块子程序
        MOV     R0，#DATAST
        MOV     R6，#00H
LDATA:  CALL    RXBYTE
        MOV     @R0，A
        MOV     A，R6
        ADD     A，@R0            ；求校验和
        MOV     R6，A             ；保存校验和
        INC     R0
        DJNZ    R7，LDATA         ；判断数据块是否接收完成
        CALL    RXBYTE            ；接收校验和
        RET
        END
```

A 机程序和 B 机程序分别在 Keil 环境下编译生成 hex 文件。按图 7.9 在 Proteus 中搭建仿

真测试电路，单片机“UA”载入 A 机程序生成的 hex 文件，“UB”载入 B 机程序生成的 hex 文件，同时设置两单片机的晶振频率为 11.0592MHz。启动仿真，暂停后观察“8051 CPU Internal（IDATA）Memory”（内部数据 RAM）窗口结果，如图 7.11 所示，“UA”中可以看到其内部数据 RAM 从 35H 单元开始初始化生成的 10 个数据，“UB”中可以看到其接收到的数据存放在内部数据 RAM 从 35H 单元开始的连续 10 个单元。

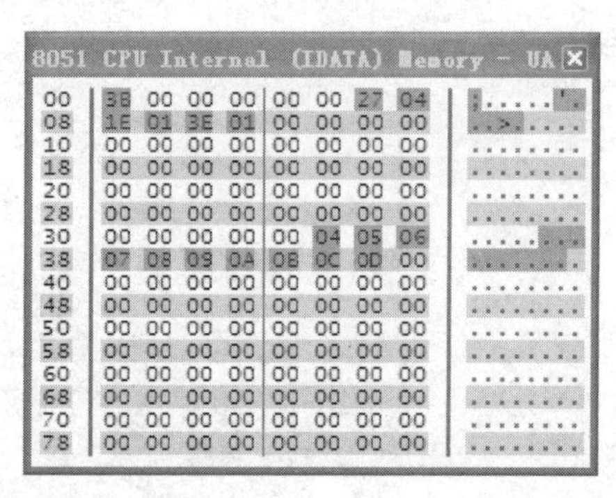

图 7.11 单片机内部数据 RAM 结果

3．单片机与 PC 之间的通信

实际应用中，单片机与 PC 之间的通信非常普遍。在这种情况下，单片机的主要任务是对现场物理信号进行采集，并将采集的数据传送给 PC；而 PC 的主要任务是采集数据的处理、显示或存档等。

普通 PC 通常提供至少一个标准的 RS-232C 串行接口（对于没有 RS-232C 串行接口的 PC，可使用专用转换器实现 USB 接口到 RS-232C 串行接口的转换），用于与其他具备标准 RS-232C 接口的设备或其他 PC 进行数据交换。单片机与 PC 通信需要将单片机的 TTL 电平转换成标准 RS-232C 逻辑电平，要用到电平转换器件 MAX232，并用 9 针的标准连接器引出，如图 7.12 所示。

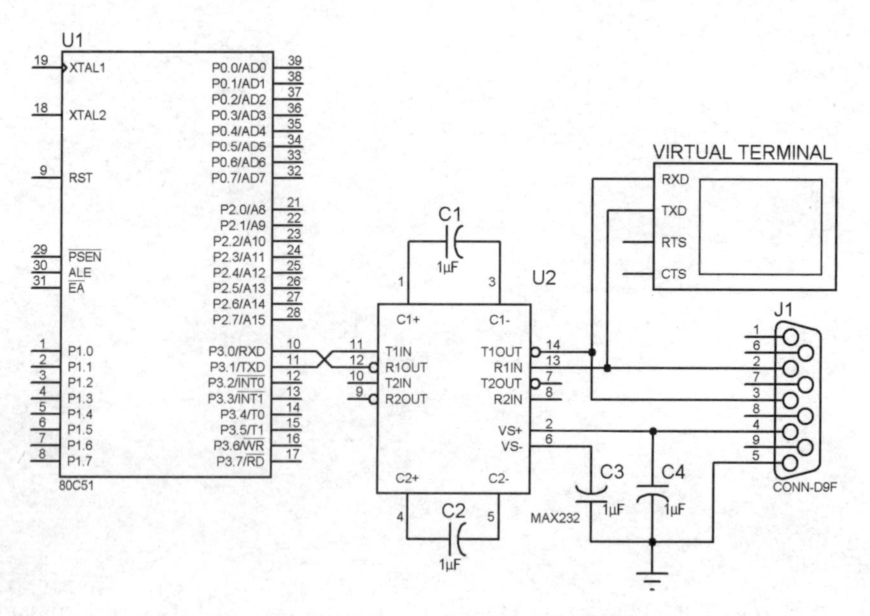

图 7.12 单片机与 PC 之间的串行异步通信

【例 7.4】根据图 7.12 完成单片机与 PC 之间串行异步通信的电路连接(虚拟终端 VIRTUAL TERMINAL 在仿真时模拟 PC 的功能)，并编写汇编程序实现单片机与 PC 之间的串行异步通信。要求采用 10 位异步通信（即工作方式 1)，波特率设置为 4800bps。

解答：

首先，PC 向单片机发送字符‘S’（即 ASCII 码 53H）表示单片机可以向 PC 发送数据，单片机正确接收到字符‘S’后，将数据发送到 PC。当检测到发送内容为字符‘/’（即 ASCII 码 2FH，数据结束字符）时，表示数据发送完毕，单片机停止发送。下一次再发送数据时，PC 要再次发送‘S’字符。

程序设计中，单片机接收数据采用中断方式，而发送数据采用查询方式，流程图如图 7.13 所示。

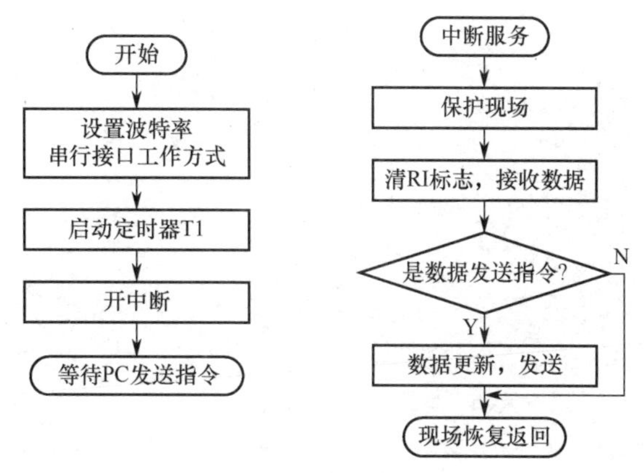

图 7.13　单片机与 PC 之间串行异步通信的程序设计流程图

单片机实现程序如下

```
DATAST  EQU     30H             ; 内部数据起始地址
        ORG     0000H
        LJMP    MAIN
        ORG     0023H
        AJMP    SBP             ; 跳转至中断服务程序
        ORG     0100H
MAIN:   MOV     SP, #10H
        MOV     SCON, #50H      ; 设置串行方式 1，并允许接收
        MOV     TMOD, #20H      ; 设置定时器 1 为方式 2
        MOV     PCON, #00H      ; 不使用倍频操作
        MOV     TH1, #0FAH      ; 设置波特率为 4800
        MOV     TL1, #0FAH
        SETB    TR1             ; 启动定时器
        SETB    ES              ; 开串行接口中断
        SETB    EA
        SJMP    $               ; 等待 PC 发送指令
SBP:    PUSH    ACC             ; 中断现场保护
        PUSH    PSW
        CLR     RI              ; 清接收中断标志
```

```
         MOV     A, SBUF
         CJNE    A, # 'S', QUIT
                                   ; 判断是否接收到数据发送指令（字符 'S'）
         CALL    UPDATA            ; 更新数据
         CALL    TX16              ; 发送数据
QUIT:    POP     PSW               ; 中断现场恢复
         POP     ACC
         RETI
TX16:    MOV     R0, #DATAST       ; 数据发送子程序
         MOV     A, @R0
L1:      MOV     SBUF, A
         JNB     TI, $
         CLR     TI
         INC     R0
         MOV     A, @R0
         CJNE    A, #'/', L1       ; 判断数据是否发送完毕（字符 '/' 为结束标志）
QT:      RET
UPDATA:  MOV     R1, #0            ; 数据更新子程序
                                   ; 实际应用中可用数据采集子程序替换
         MOV     R0, #DATAST
         MOV     DPTR, #TAB
         MOV     A, R1
         MOVC    A, @A+DPTR
L2:      MOV     @R0, A
         INC     R0
         INC     R1
         MOV     A, R1
         MOVC    A, @A+DPTR
         CJNE    A, # '/', L2
         MOV     @R0, A
         RET
TAB:     DB       '***********', 0DH
         DB       'PROTEUS VSM', 0DH
         DB       '***********', 0DH
         DB       'THIS IS A TEST EXAMPLE FOR UART!', 0DH
       DB         '/'
         END
```

PC 端的程序可以采用汇编、C 语言、VC 或 VB 等进行开发。在 Proteus 环境中仿真时，可用虚拟终端 VIRTUAL TERMINAL（如图 7.12 所示）模拟 PC 的收发功能。

上述程序在 Keil 环境下编译生成 hex 文件。按图 7.12 在 Proteus 中搭建仿真测试电路，单片机“U1”载入 hex 文件，同时设置单片机的晶振频率为 11.0592MHz。双击虚拟终端元件，打开属性设置对话框，如图 7.14 所示，设置虚拟终端的相关参数：设置波特率（Baud Rate）为 4800，数据位（Data Bits）为 8 位，停止位（Stop Bits）为 1 位，不使用奇偶校验位（Parity），

其他参数使用默认值。

启动仿真，在虚拟终端的右键菜单中选择“Virtual Terminal”子菜单，打开虚拟终端仿真窗口，在键盘上输入字符‘S’，单片机向 PC 发送的数据会显示在虚拟终端上，如图 7.15 所示，每输入一次字符‘S’，数据发送一次。若输入字符不正确，则数据将不被发送。

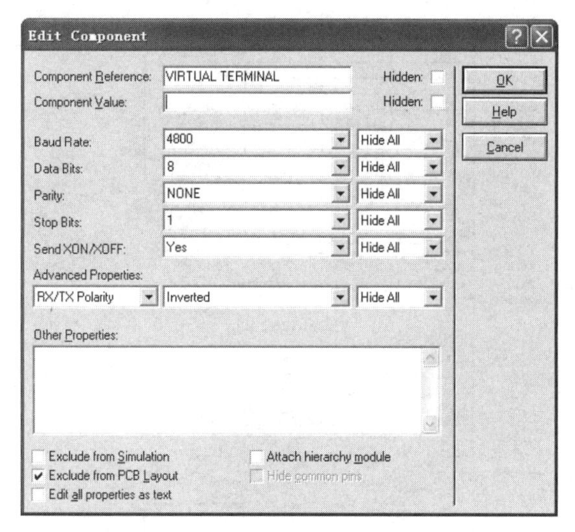

图 7.14 虚拟终端属性设置对话框

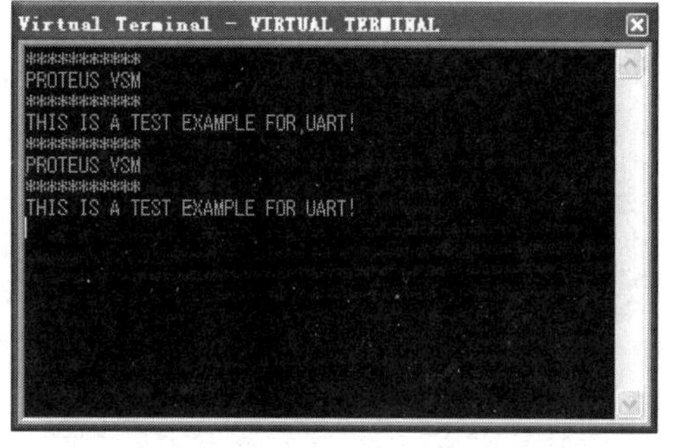

图 7.15 虚拟终端仿真窗口

4. 单片机多机通信

单片机之间在进行多机通信时，其连接形式通常有星型、环型、串行总线型和主从式多机型等。主从式多机型是一种分散型网络结构，如图 7.16 所示，具有接口简单和使用灵活等优点。本节将对这种形式的单片机多机通信进行介绍。

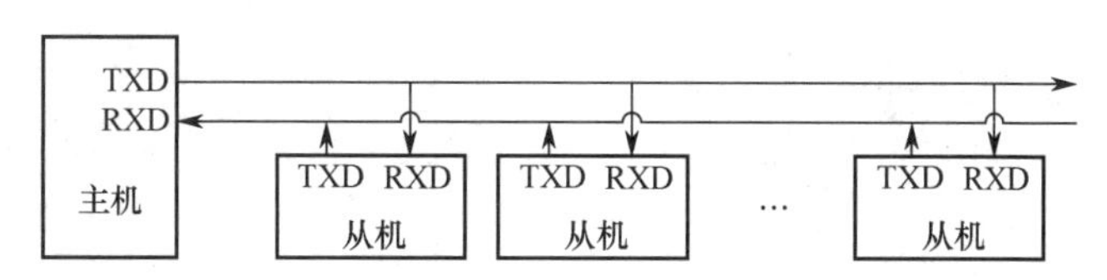

图 7.16 主从式多机型

多机通信时，单片机串行接口应工作于方式 2 或方式 3（即 11 位异步通信方式）。主机的 SM2 应设置为“0”，从机的 SM2 应设置为“1”。主机发送给从机的信息有两类：一类是地址信息，指示需要和主机通信的从机地址，由串行数据第 9 位设置为“1”来标识；另一类是数据信息，由串行数据第 9 位设置为“0”来标识。

主机和从机通信的步骤归结如下。

（1）主机 SM2 设定为“0”，所有从机 SM2 设定为“1”。

（2）主机发送地址信息时，将第 9 数据位设置为“1”，以指示所有从机接收该地址。

（3）所有从机在 SM2=1、RB8=1 和 RI=0 时，接收主机发来的地址信息，并进入各自处理程序，与本机地址相比较，以确认自身是否是被寻址从机。

（4）被寻址从机通过指令置 SM2 为“0”，以便正常接收数据，同时向主机发回地址校验信息，以供主机核对，未被寻址从机保持 SM2=1。

（5）完成主机和被寻址从机之间的数据通信，被寻址从机在通信完成后重新置 SM2 为“1”，并退出服务程序，等待下次通信。

【例 7.5】根据图 7.17 完成单片机主从式多机通信电路连接，并编写汇编程序实现主机与两从机之间的串行异步通信。要求采用异步通信方式 3，波特率设置为 9600bps。

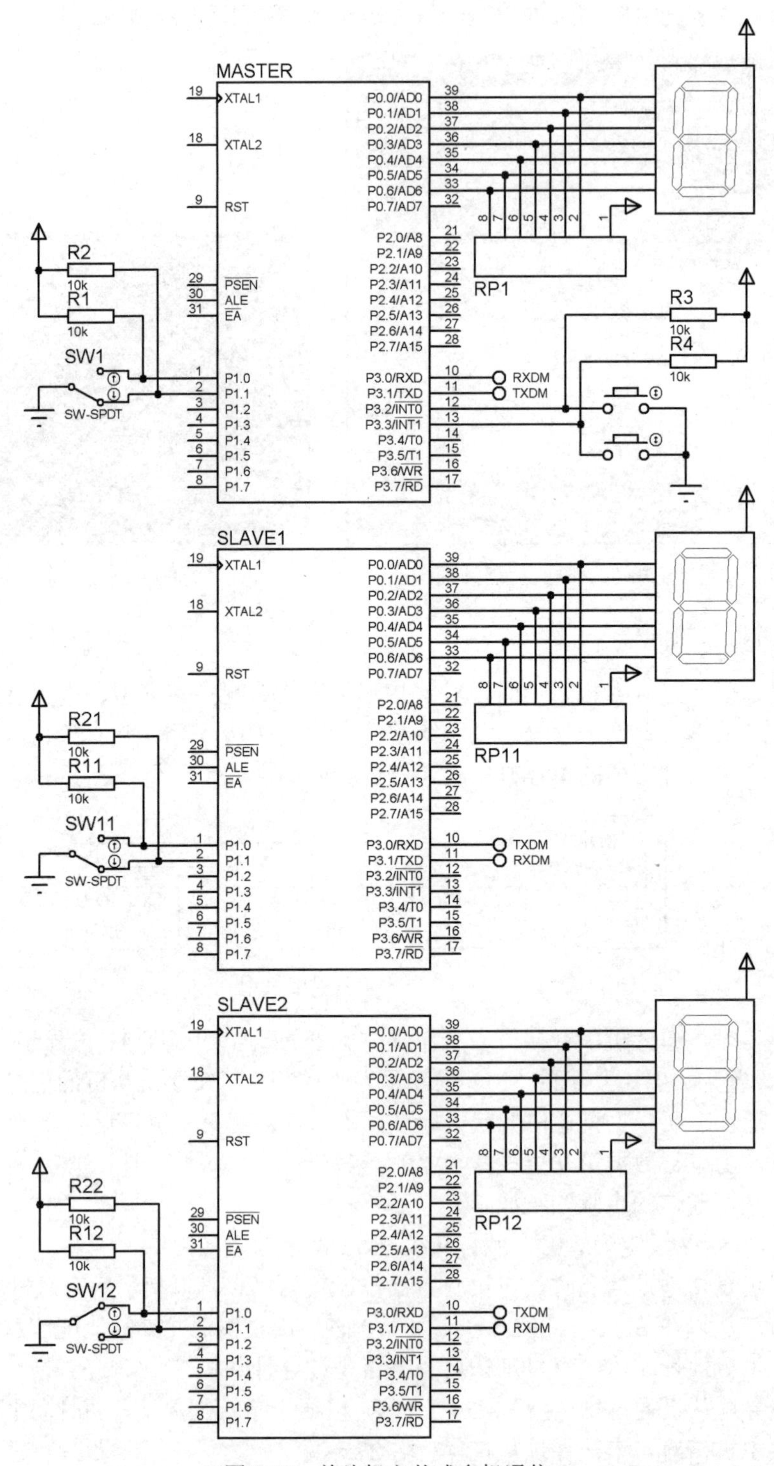

图 7.17　单片机主从式多机通信

解答：

图 7.17 中主机（MASTER）可通过开关 SW1 选择需要通信的从机地址，两个从机（SLAVE1、SLAVE2）可通过开关 SW11 和 SW12 分别设置各自地址（FEH 或 FDH）。主机根据地址将内部 RAM 中指定单元的一字节数据发送给相应的从机，主机数码管显示当前的发送数据，从机数码管显示当前的接收数据。主机内部 RAM 中指定单元的数据可由 P3.2/P3.3 对应按键做加/减“1”操作。

主机发送采用查询方式，接收采用中断方式，程序设计流程图如图 7.18 所示。

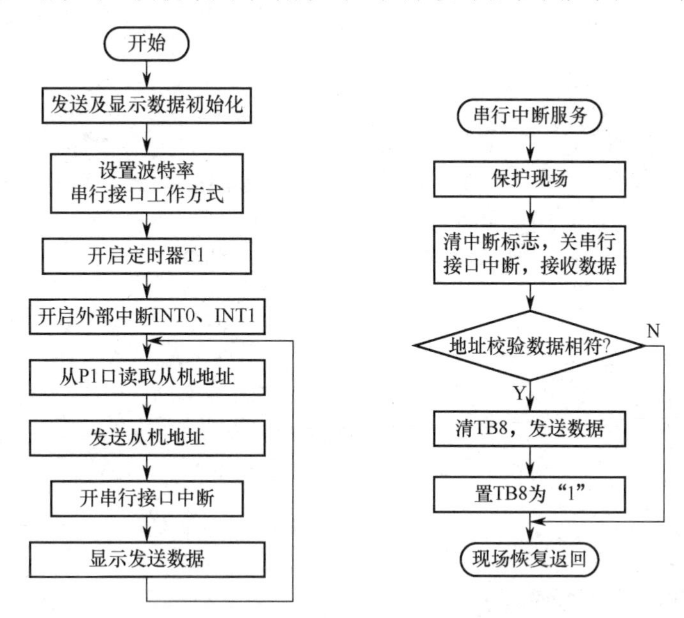

图 7.18　主机通信的程序设计流程图

主机程序编写如下

```
ADDR_ACK    EQU     1AH       ；地址校验数据
DATA_BUF    EQU     40H       ；发送数据在内部 RAM 中的存储单元
SLAVE_ADDR  EQU     30H       ；待通信从机地址在内部 RAM 中的存储单元
        ORG     0000H
        AJMP    MAIN
        ORG     0003H             ；外部中断 INT0 入口
        AJMP    INT_EX0
        ORG     0013H             ；外部中断 INT1 入口
        AJMP    INT_EX1
        ORG     0023H             ；串行中断入口
        AJMP    RECEIVE_ACK
        ORG     0100H
MAIN:   MOV     SP，#60H
        MOV     DATA_BUF，#0
                                  ；发送数据初始化
        MOV     P0，#0C0H         ；显示数据初始化
        MOV     TMOD，#20H        ；定时器 T1 为方式 2
        MOV     TH1，#0FDH        ；波特率为 9600bps
```

```
        MOV     TL1, #0FDH
        MOV     PCON, #00H          ; 不使用倍频
        MOV     SCON, #0D8H
                                    ; 串行接口方式 3，允许接收，SM2=0，TB8=1
        SETB    TR1                 ; 开定时器 T1
        SETB    IT0                 ; 按键使用两个外部中断，负边沿触发
        SETB    EX0
        SETB    IT1
        SETB    EX1
        SETB    EA                  ; 打开中断
HERE:   MOV     SLAVE_ADDR, P1
                                    ; 从 P1 口读取待通信从机地址
        LCALL   HANDLE_ADR
                                    ; 调用发送从机地址子程序
        SETB    ES                  ; 开串行中断，等待从机应答并发送数据
DISP:   LCALL   DISPLAY             ; 调用显示子程序
        SJMP    HERE                ; 返回开始下一次通信
        HANDLE_DATA:                ; 发送数据子程序
        MOV     R0, #DATA_BUF
        MOV     SBUF, @R0
        JNB     TI, $               ; 查询方式发送数据
        CLR     TI
        RET
HANDLE_ADR:                         ; 发送从机地址子程序
        MOV     A, SLAVE_ADDR
        MOV     SBUF, A
        JNB     TI, $               ; 查询方式发送地址
        CLR     TI
        RET
RECEIVE_ACK:                        ; 接收从机应答中断服务程序
        PUSH    ACC                 ; 现场保护
        PUSH    PSW
        CLR     RI                  ; 清接收中断标志
        CLR     ES                  ; 关串行接口中断
        MOV     A, SBUF
        XRL     A, #ADDR_ACK
        JNZ     QT                  ; 地址校验数据不相符，退出中断服务程序
        CLR     TB8                 ; 清 TB8 为“0”
        LCALL   HANDLE_DATA
                                    ; 地址校验数据相符，调用发送数据子程序
        SETB    TB8                 ; 置 TB8 为“1”
QT:     POP     PSW                 ; 恢复现场
        POP     ACC
        RETI
INT_EX0: CLR    EX0                 ; 外部按键中断 INT0 服务程序，完成发送数据加“1”
        PUSH    ACC
        PUSH    PSW
```

```
        MOV     A，DATA_BUF
        INC     A
        MOV     DATA_BUF，A
        CJNE    A，#10，EXIT
        MOV     DATA_BUF，#0
EXIT:   POP     PSW
        POP     ACC
        SETB    EX0
        RETI
INT_EX1: CLR    EX1                     ；外部按键中断 INT1 服务程序，完成发送数据减“1”
        PUSH    ACC
        PUSH    PSW
        MOV     A，DATA_BUF
        DEC     A
        MOV     DATA_BUF，A
        CJNE    A，#0FFH，QUIT
        MOV     DATA_BUF，#9
QUIT:   POP     PSW
        POP     ACC
        SETB    EX1
        RETI
DISPLAY:                                ；显示子程序
        MOV     DPTR，#DATASEG
        MOV     R0，#DATA_BUF
        MOV     A，@R0
        MOVC    A，@A+DPTR
        MOV     P0，A
        ACALL   DELAY
        RET
DELAY:  MOV     R6，#25  延时子程序；
DEL1:   MOV     R7，#98
        DJNZ    R7，$
        DJNZ    R6，DEL1
        RET
DATASEG:
        DB      0C0H，0F9H，0A4H，0B0H，099H，092H，082H，0F8H
        DB      080H，090H，0BFH
        END
```

从机接收采用查询方式，程序设计流程图如图 7.19 所示。

从机程序编写如下

```
ADDR_ACK     EQU     1AH                ；地址校验数据
DATA_BUF     EQU     40H                ；接收数据在内部 RAM 中的存储单元
SLAVE_ADDR   EQU     30H                ；从机地址在内部 RAM 中的存储单元
             ORG 0000H
             AJMP    MAIN
             ORG 0010H
```

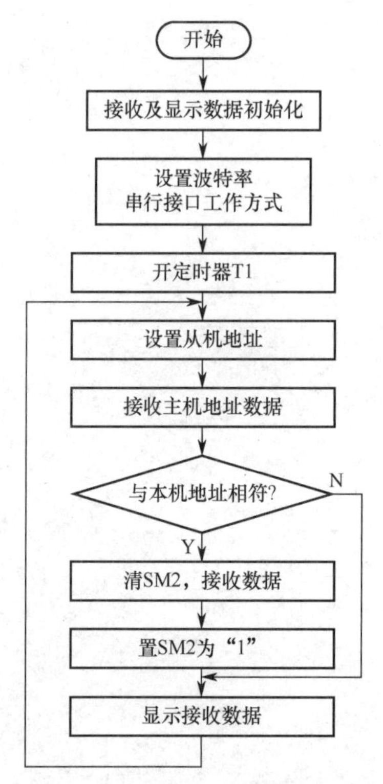

图 7.19　从机通信的程序设计流程图

```
MAIN:       MOV     SP，#60H
            MOV     DATA_BUF，#0
                                    ；接收数据初始化
            MOV     P0，#0C0H       ；显示数据初始化
            MOV     TMOD，#20H      ；定时器 T1 为方式 2
            MOV     TH1，#0FDH      ；波特率为 9600bps
            MOV     TL1，#0FDH
            MOV     SCON，#0F8H
                                    ；串行接口方式 3，允许接收，SM2=1，TB8=1
            SETB    TR1             ；开定时器 T1
HERE:       MOV     SLAVE_ADDR，P1
                                    ；设置从机地址
            LCALL   HANDLE_ADR
                                    ；调用接收地址子程序
            JB      SM2，DISP       ；地址不相符，不接收数据
            LCALL   DATA_RECEIVE
                                    ；地址相符，调用数据接收子程序
            SETB    SM2             ；置 SM2 为“1”
DISP:       LCALL   DISPLAY         ；调用显示子程序
            SJMP    HERE            ；返回开始下一次接收
            HANDLE_ADR:             ；接收地址子程序
            JNB     RI，$           ；查询方式
```

```
            CLR     RI
            MOV     A, SBUF
            XRL     A, SLAVE_ADDR
            JNZ     OVER                ; 地址不相符，退出子程序
            MOV     A, #ADDR_ACK
                                        ; 地址相符，则回复地址校验数据
            MOV     SBUF, A
            CLR     A
            JNB     TI, $
            CLR     TI
            CLR     SM2                 ; 清 SM2 为“0”，准备接收数据
OVER:       RET
DATA_RECEIVE:                           ; 数据接收子程序
            JNB     RI, $               ; 查询方式接收数据
            CLR     RI
            MOV     A, SBUF
            MOV     DATA_BUF, A
            RET
DISPLAY:                                ; 显示子程序
            MOV     DPTR, #DATASEG
            MOV     R0, #DATA_BUF
            MOV     A, @R0
            MOVC    A, @A+DPTR
            MOV     P0, A
            ACALL   DELAY
            RET
DELAY:      MOV     R6, #25             ; 延时子程序
DEL1:       MOV     R7, #98
            DJNZ    R7, $
            DJNZ    R6, DEL1
            RET
DATASEG:
            DB      0C0H, 0F9H, 0A4H, 0B0H, 099H, 092H, 082H, 0F8H
            DB      080H, 090H, 0BFH
            END
```

主机程序和从机程序分别在 Keil 环境下编译生成 hex 文件。按图 7.19 在 Proteus 中搭建仿真测试电路，主机“MASTER”载入主机程序生成的 hex 文件，从机“SLAVE1”和“SLAVE2”载入从机程序生成的 hex 文件，同时设置单片机的晶振频率为 11.0592MHz。从机“SLAVE1”通过开关 SW11 设置地址为“FDH”，从机“SLAVE2”通过开关 SW12 设置地址为“FEH”。启动仿真，主机“MASTER”通过开关 SW1 选择要通信的从机地址（“FDH”或“FEH”），在与相应从机建立通信联系后，主机可以通过 P3.2 和 P3.3 的按键使发送数据加“1”或减“1”，该变化会反映在主机和地址相符的从机数码管显示数据上。而地址不符的从机，数码管显示不变化。

7.3 I^2C 总线接口技术

单片机应用系统越来越多地使用串行外设接口。串行外设接口不仅连线少、硬件设计简单、体积小、可靠性高，同时容易实现系统的扩展。

I^2C 总线（Inter IC Bus）是单片机应用系统中常用的一种串行扩展总线，可以通过软件寻址的方式来扩展器件。

7.3.1 I^2C 总线基础

标准 MCS-51 单片机并没有提供 I^2C 总线接口，但可以通过单片机的并行接口模拟 I^2C 总线时序，以实现与 I^2C 总线外设进行连接。

I^2C 总线是 Philips 公司推出的一种串行总线标准。总线上扩展的外围器件及外设接口通过总线寻址，是具备总线仲裁和高低速设备同步等功能的高性能多主机总线。许多器件都采用了 I^2C 总线接口，如 AT24C 系列 E^2PROM、LED 驱动器 SAA1064 等。

1. I^2C 总线架构

I^2C 总线只有两根双向信号线（双线制），一根是串行数据线 SDA，另一根是串行时钟线 SCL，都可以发送和接收数据。所有挂接在 I^2C 总线上的器件和接口电路都应具有 I^2C 总线接口，且所有的 SDA 和 SCL 同名端相连。总线上的所有器件都依靠 SDA 发送的地址信号寻址，不需要片选线。I^2C 总线的基本架构如图 7.20 所示。

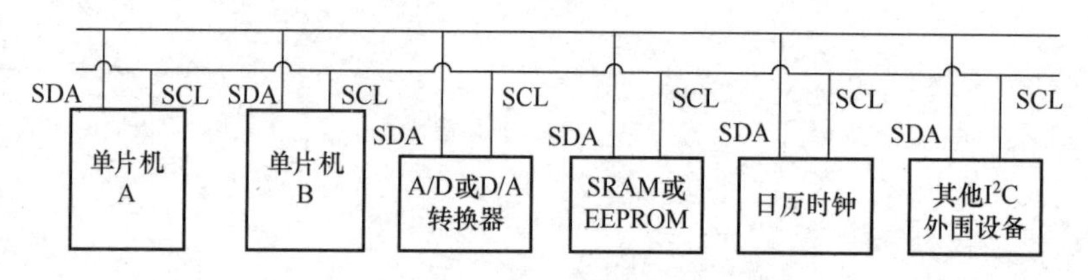

图 7.20 I^2C 总线的基本架构

2. I^2C 总线的特点

（1）采用双线制，芯片引脚少，组成系统结构简单，占用空间小，无须片选信号。

（2）标准模式的传送速率为 100kbps，快速模式为 400kbps，高速模式为 3.4Mbps。

（3）支持单主和多主两种工作方式。标准 MCS-51 单片机并没有提供 I^2C 总线接口，只能工作于单主方式。单片机作为主控器件，扩展的外设作为从器件。

（4）I^2C 总线上所有设备的 SDA、SCL 引脚都必须外接上拉电阻。

3. I^2C 总线的数据传送

在 I^2C 总线上，数据伴随着时钟脉冲，一位一位地进行传送。数据由高位到低位传送，每位数据占一个时钟脉冲。在时钟线 SCL 的高电平期间，数据线 SDA 的状态表示要传送的数据，高电平为数据“1”，低电平为数据“0”。在数据传送时，SDA 上数据的改变应在时钟线 SCL 为低电平时完成，而 SCL 为高电平时，SDA 必须保持稳定，否则 SDA 上的变化会被当作起始信号或终止信号。I²C 的数据传送时序如图 7.21 所示。

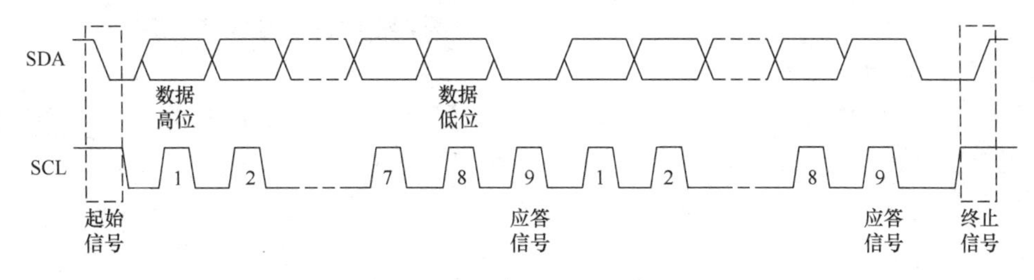

图 7.21　I²C 的数据传送时序

1）起始信号和终止信号

起始信号和终止信号（如图 7.22 所示）都由主控器件发出。起始信号用于开始 I²C 总线通信。起始信号是在时钟线 SCL 为高电平期间，数据线 SDA 上高电平向低电平变化的下降沿信号。起始信号出现以后，才可以进行后续的 I²C 总线寻址或数据传送。

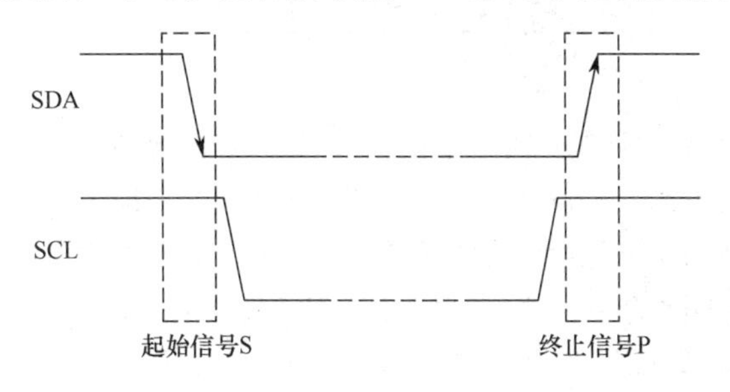

图 7.22　起始信号和终止信号

终止信号用于终止 I²C 总线通信。终止信号是在时钟线 SCL 为高电平期间，数据线 SDA 上低电平到高电平变化的上升沿信号。终止信号一旦出现，所有 I²C 总线操作就都结束，并释放总线控制权。总线处于空闲状态。

从器件检测起始信号和终止信号。从器件收到一个数据字节后，如果可以马上接收下一字节，则应发出应答信号。若不能立即接收下一字节，则可将 SCL 拉为低电平，使主控器件处于等待状态，直到准备好接收下一字节，再释放 SCL 为高电平。

2）字节传送与应答

数据传送字节数没有规定，但每字节必须为 8 位。先传送高位再传送低位，每一被传送字节后面都要紧跟应答位，如图 7.23 所示。

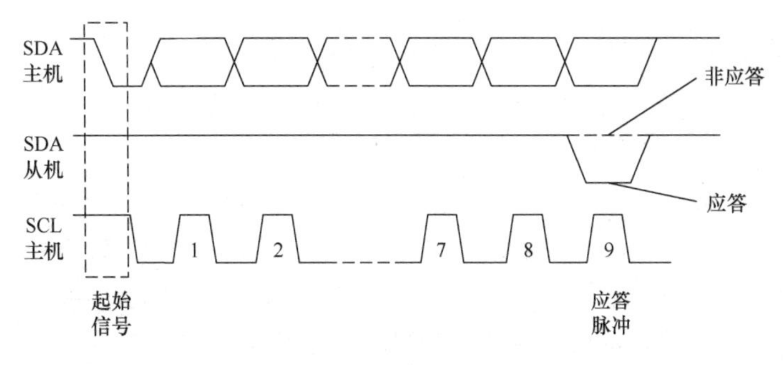

图 7.23　应答时序

如果从器件进行了应答，但在接收一定数据后无法再接收更多数据，从器件可以对无法接收的第一个数据做“非应答”以通知主控器件，主控器件则应发送终止信号以结束数据的继续传送。

主控器件在接收数据时，在接收到最后一个数据后，应向从器件发送一个“非应答”信号。然后，从器件释放 SDA 线，并允许主控器件发送终止信号。

3）寻址字节

主控器件在发出起始信号后再传送 1 个寻址字节，如图 7.24 所示。高 7 位 D7～D1 为从器件地址，最低 1 位 R/$\overline{W}$ 为传送方向控制位（“0”表示主控器件发送数据，“1”表示主控器件接收数据）。

由于所有器件都通过 SCL 和 SDA 连接在 I^2C 总线上，因此，主控器件在进行数据传送前需要通过寻址，选择需要通信的从器件。

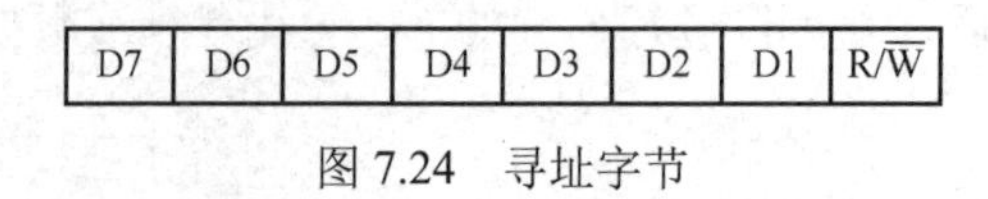

D7	D6	D5	D4	D3	D2	D1	R/$\overline{W}$

图 7.24　寻址字节

I^2C 总线上的所有外围器件都有唯一的 7 位地址，有些器件的地址是固定的，有些是由固定部分和可编程两部分组成的。固定部分是 I^2C 器件固有的地址编码，器件出厂时就已经给定，不可更改；而可编程部分由 I^2C 器件的地址引脚决定，根据其在电路中接电源正极、接地或悬空的不同，形成不同的地址代码。例如，AT24C02C 器件地址的固定部分 D7～D4 的值为“1010”，而器件引脚 A2、A1、A0（与 D3、D2、D1 对应）的不同连接可以选择 8 个同样的器件，片内 256 字节可由单字节寻址，页面写字节数为 8。

7.3.2　I^2C 总线时序

MCS-51 单片机没有配置 I^2C 总线接口，但可以通过并行 I/O 接口模拟 I^2C 总线时序。

1. I^2C 总线的常用信号时序

I^2C 总线的数据传送有严格的时序要求。I^2C 总线的常用信号包括起始信号、终止信号、发送应答（“0”）信号和发送非应答（“1”）信号，它们的典型时序如图 7.25 所示。

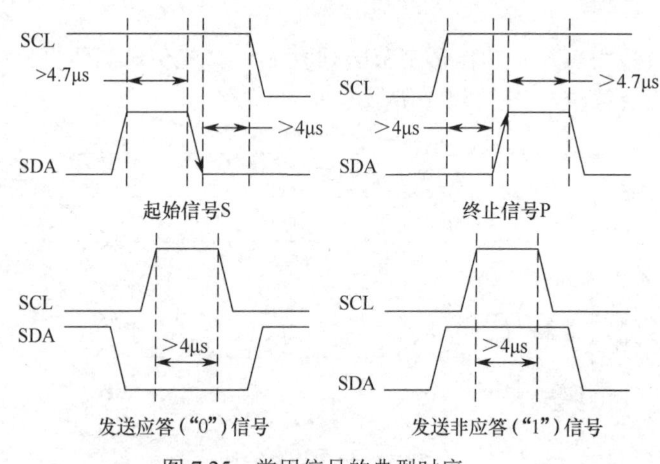

图 7.25　常用信号的典型时序

2. I^2C 总线常用信号的汇编语言子程序

MCS-51 单片机采用 12MHz 晶振（即机器周期为 1μs），常用信号的汇编子程序如下所述。

1）起始信号

```
START:  SETB    SDA         ；发送起始条件的数据信号
        NOP
        SETB    SCL         ；发送起始条件的时钟信号
        NOP
        NOP
        NOP
        NOP
        NOP                 ；起始条件建立时间大于 4.7μs
        CLR     SDA         ；发送起始信号
        NOP
        NOP
        NOP
        NOP                 ；起始条件锁定时间大于 4μs
        CLR     SCL         ；准备发送或接收数据
        NOP
        RET
```

2）终止信号

```
STOP:   CLR     SDA         ；发送终止条件的数据信号
        NOP
        NOP
        SETB    SCL         ；发送终止条件的时钟信号
        NOP
        NOP
        NOP
        NOP
        NOP                 ；终止条件建立时间大于 4μs
        SETB    SDA         ；发送终止信号
        NOP
        NOP
        NOP
        NOP
        NOP                 ；延迟时间大于 4.7μs
        RET
```

3）发送应答（“0”）信号

```
MACK:   CLR     SDA         ；将 SDA 置“0”
        NOP
        NOP
```

```
        SETB    SCL
        NOP
        NOP
        NOP
        NOP
        NOP                     ；保持数据时间大于 4μs
        CLR     SCL
        NOP
        NOP
        RET
```

4）发送非应答（“1”）信号

```
MNACK:  SETB    SDA             ；将 SDA 置“1”
        NOP
        NOP
        SETB    SCL
        NOP
        NOP
        NOP
        NOP
        NOP                     ；保持数据时间大于 4μs
        CLR     SCL
        NOP
        NOP
        RET
```

7.3.3 MCS-51 单片机与 AT24C02C 的接口

串行 EEPROM 的优点是引脚少、体积小、功耗低、硬件连接简单，且性价比高。常用的产品有 Atmel 公司的 AT24C02C，采用 8 引脚封装，容量为 256 字节（2K 位），写入时间短于 10ms，擦写次数大于 1 万次。引脚 A2、A1、A0 为三条地址线，WP 为写保护控制（接地时允许写入），SDA 为串行数据输入/输出线，SCL 为串行时钟线。三条地址线允许一次最多扩展 8 个器件。AT24C02C 与单片机的典型连接如图 7.26 所示。

1．写操作过程

对 AT24C02C 进行写入操作时，单片机先发送起始信号再发送控制字节，然后释放 SDA 线并在 SCL 线上产生第 9 个时钟信号，被寻址器件确认地址后，在 SDA 线送上应答信号，接到应答信号后单片机开始传送数据。

传送数据时，单片机首先要发送一字节的预写入存储单元的首地址，收到正确应答后，单片机逐个发送数据字节，但发送每一字节后都要等待应答。单片机完成数据传送并发送终止信号后，会启动 AT24C02C 内部写周期，约在 10ms 内完成数据写入工作。写入 n 字节的数据格式如图 7.27 所示。

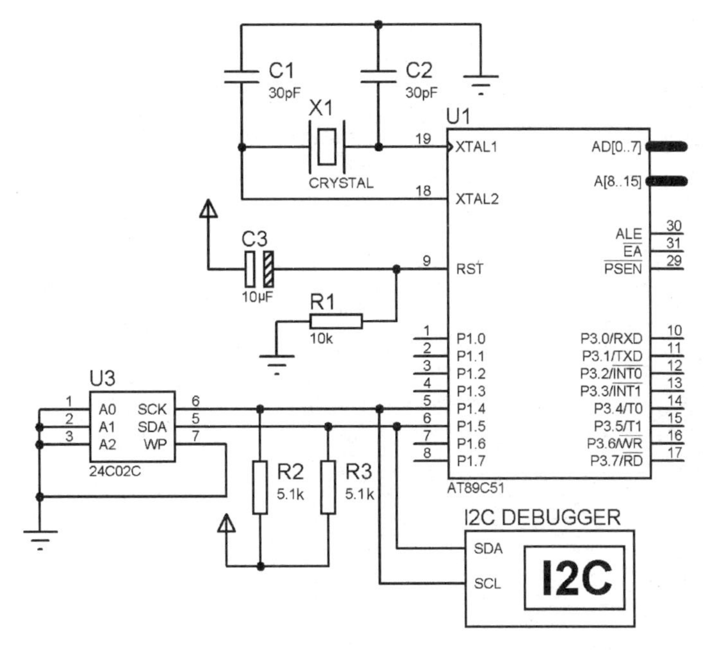

图 7.26　AT24C02C 与单片机的典型连接

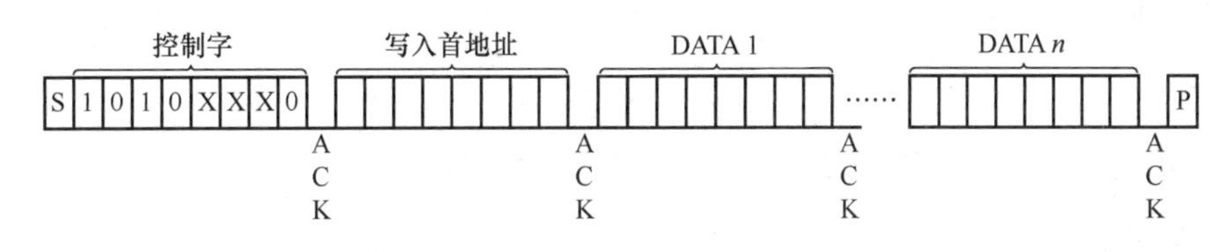

图 7.27　写入 *n* 字节的数据格式

AT24C02C 片内地址指针在接收到每个数据字节后都会自动加 1。若传送数据字节数在芯片“页面字节数”范围内，则传送数据只需要输入首地址。若字节数超过芯片的“页面字节数”，则前面的数据将被覆盖。

2. 读操作过程

对 AT24C02C 进行读出操作时，单片机在发送起始信号后也需要发送控制字节（“伪写”），然后释放 SDA 线并在 SCL 线上产生第 9 个时钟信号，被寻址器件确认地址后，在 SDA 线送上应答信号。

然后，单片机发送一字节的预读出存储单元的首地址，收到正确应答后，单片机再重复一次起始信号并发送器件地址和读出方向位（“1”），收到应答后，单片机逐个接收数据字节，每接收一字节单片机都回复应答信号。当收到最后一字节数据时，单片机回复非应答信号，并发送终止信号结束读出操作。读出 *n* 字节的数据格式如图 7.28 所示。

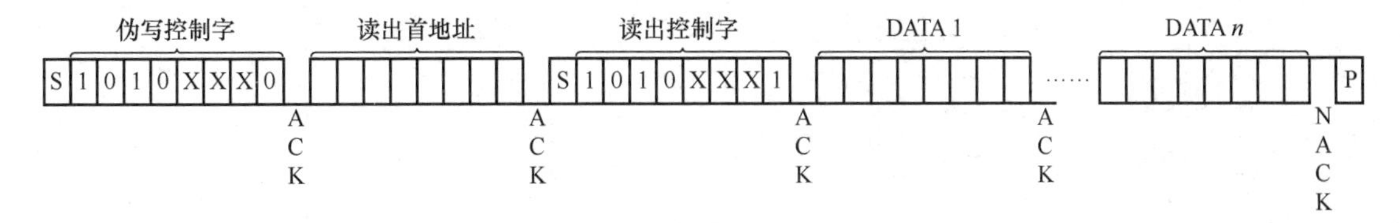

图 7.28　读出 *n* 字节的数据格式

3. 基本操作子程序

1）应答位检测

标志位 ACK 返回“1”时表示有应答，返回“0”时表示无应答。

```
CACK:   SETB    SDA
        NOP
        NOP
        SETB    SCL
        CLR     ACK
        NOP
        NOP
        MOV     C，SDA
        JC      CEND            ；判断应答位
        SETB    ACK
CEND:   NOP
        CLR     SCL
        NOP
        RET
```

2）发送一字节

预发送数据字节存放在累加器 ACC 中，R0 存放字节长度。

```
WRBYTE: MOV     R0，#08H
WLP:    RLC     A               ；取数据位
        JC      WRI
        SJMP    WRO             ；判断数据位
WLP1:   DJNZ    R0，WLP
        NOP
        RET
WRI:    SETB    SDA             ；发送 1
        NOP
        SETB    SCL
        NOP
        NOP
        NOP
        NOP
        NOP
        CLR     SCL
        SJMP    WLP1
WRO:    CLR     SDA             ；发送 0
        NOP
        SETB    SCL
        NOP
```

```
        NOP
        NOP
        NOP
        NOP
        CLR     SCL
        SJMP    WLP1
```

3）读出一字节

读出字节存放于累加器 ACC（或 R2）中，R0 用于存放字节长度。

```
RDBYTE：MOV     R0，#08H
RLP：   SETB    SDA
        NOP
        SETB    SCL             ；时钟线为高，接收数据位
        NOP
        NOP
        MOV     C，SDA          ；读取数据位
        MOV     A，R2
        CLR     SCL             ；将 SCL 拉低，时间大于 4.7μs
        RLC     A               ；进行数据位的处理
        MOV     R2，A
        NOP
        NOP
        NOP
        DJNZ    R0，RLP         ；不够 8 位，继续读入
        RET
```

4）发送 *n* 字节

程序中 SLAW 定义为器件地址，SUBAW 定义为预写入存储单元的首地址，MTD 定义为单片机内发送数据缓冲区的首地址，NUMBYTEW 定义为发送字节数。

```
IWRNBYTE:
        MOV     R3，NUMBYTEW
        LCALL   START           ；启动总线
        MOV     A，SLAW
        LCALL   WRBYTE          ；发送器件地址字
        LCALL   CACK
        JNB     ACK，RETWRN
                                ；无应答则退出
        MOV     A，SUBAW        ；指定预写入存储单元的首地址
        LCALL   WRBYTE
        LCALL   CACK
        MOV     R1，#MTD        ；发送数据缓冲区首地址并存入 R1
WRDA：MOV       A，@R1
```

```
        LCALL   WRBYTE      ；开始写入数据
        LCALL   CACK
        JNB     ACK，IWRNBYTE
        INC     R1
        DJNZ    R3，WRDA    ；判断是否写完
RETWRN:
        LCALL   STOP
        RET
```

5）读出 *n* 字节

程序中 SLAR 定义为器件地址，SUBAR 定义为预读出存储单元的首地址，MRD 定义为单片机内接收数据缓冲区的首地址，NUMBYTER 定义为接收字节数。

```
IRDNBYTE:
        MOV     R3，NUMBYTER
        LCALL   START
        MOV     A，SLAR
        LCALL   WRBYTE      ；发送器件地址字（“伪写”）
        LCALL   CACK
        JNB     ACK，RETRDN
        MOV     A，SUBAR    ；指定预读出存储单元的首地址
        LCALL   WRBYTE
        LCALL   CACK
        LCALL   START       ；重新启动总线
        MOV     A，SLAR
        INC     A           ；准备进行读操作
        LCALL   WRBYTE
        LCALL   CACK
        JNB     ACK，IRDNBYTE
        MOV     R1，#MRD
RON1:   LCALL   RDBYTE      ；读操作开始
        MOV     @R1，A
        DJNZ    R3，SACK
        LCALL   MNACK       ；最后一字节发非应答位
RETRDN:
LCALL   STOP
        RET
SACK:   LCALL   MACK
        INC     R1
        SJMP    RON1
```

4．应用实例

【例 7.6】根据图 7.26 完成 AT24C02C 与单片机的典型连接电路（图中 I2C DEBUGGER

为 I²C 总线调试器)。编写汇编程序实现单片机与 AT24C02C 之间的串行通信。要求首先将单片机内部 RAM 中 30H 单元开始的 8 个数据传送到 AT24C02C 内部 45H 单元开始的连续 8 个单元，然后将 AT24C02C 中 45H 单元开始的 8 个数据读出，存入单片机内部 RAM 中 40H 单元开始的 8 个单元。

解答：

由电路连接可知，AT24C02C 的地址为 A0H。实现程序如下

```
ACK         BIT     10H             ；应答标志位
SLAW        DATA    50H             ；写器件地址字
SLAR        DATA    51H             ；读器件地址字
SUBAW       DATA    52H             ；预写入存储单元的首地址
SUBAR       DATA    53H             ；预读出存储单元的首地址
NUMBYTEW    DATA    54H             ；写字节数
NUMBYTER    DATA    55H             ；读字节数
SDA         BIT     P1.5            ；I2C 总线定义
SCL         BIT     P1.4
MTD         EQU     30H             ；发送数据缓冲区首地址
MRD         EQU     40H             ；接收数据缓冲区首地址
            ORG     0000H
            AJMP    MAIN
            ORG     0100H
MAIN:       MOV     R4，#0F0H       ；延时，等待其他芯片复位完成
            DJNZ    R4，$
                    ；发送数据缓冲区初始化，将连续 8 字节分别赋值为 00H 到 07H
            MOV     A，#0
            MOV     R0，#30H
S1:         MOV     @R0，A
            INC     R0
            INC     A
            CJNE    R0，#38H，S1
                              ；向 AT24C02C 中写数据，数据存放在 45H 开始的 8 字节中
            MOV     SLAW，#0A0H
                                    ；AT24C02C 地址字，写操作
            MOV     SUBAW，#45H
                                    ；目标地址
            MOV     NUMBYTEW，#8
                                    ；字节数
            LCALL   IWRNBYTE        ；写数据
DELAY:      MOV     R5，#20         ；延时，完成数据的写入
D1:         MOV     R6，#248
D2:         MOV     R7，#248
            DJNZ    R7，$
            DJNZ    R6，D2
```

```
        DJNZ    R5, D1
                        ；从 AT24C02C 中读数据，数据送到单片机 40H 开始的 8 个单元
        MOV     SLAR, #0A0H
                                ；AT24C02C 地址字，伪写入操作
        MOV     SUBAR, #45H
                                ；目标地址
        MOV     NUMBYTER, #8
                                ；字节数
        LCALL   IRDNBYTE        ；读数据
        END
```

将上述程序在 Keil 环境下编译生成 hex 文件。按图 7.26 在 Proteus 中搭建仿真测试电路，单片机载入 hex 文件，同时设置晶振频率为 12MHz。启动仿真，在器件“I2C DEBUGGER”的右键菜单中选择“I2C DEBUGGER”子菜单，打开 Terminal-I2C 调试窗口，如图 7.29 所示，显示了 SDA 线上的数据传送过程。其中，“S”表示起始信号，“A”表示应答信号，“N”表示非应答信号，“P”表示终止信号，“Sr”表示重发起始信号，其他为传送数据内容（包括写入地址“A0”及读出地址“A1”）。

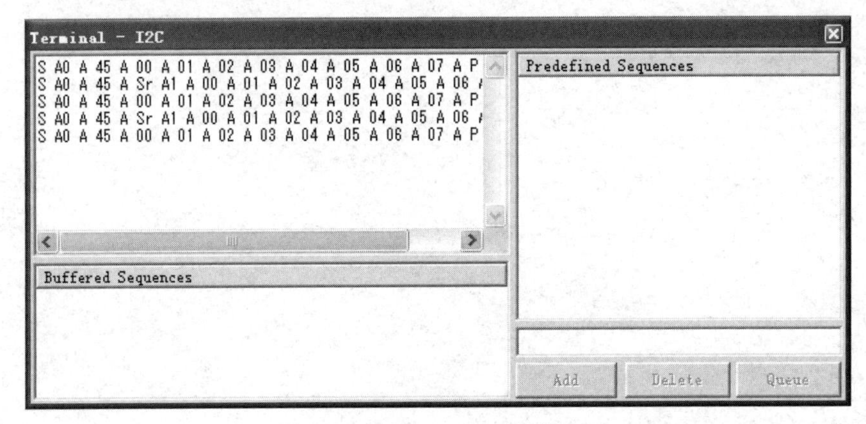

图 7.29 Terminal-I2C 调试窗口

习 题 7

7.1 异步通信和同步通信的主要区别是什么？

7.2 通信波特率的定义是什么？串行接口通信速率与传送距离有什么关系？

7.3 串行通信的制式有哪些？各有什么特点？

7.4 MCS-51 单片机的串行接口有哪些工作方式？各自的特点是什么？

7.5 MCS-51 单片机的串行接口控制寄存器 SCON 中的 SM2 起什么作用？主要在什么方式下使用？

7.6 简述 MCS-51 单片机串行接口在不同工作方式下波特率的计算方法。

7.7 I^2C 总线的特点是什么？

7.8 I^2C 总线的起始信号和终止信号是如何定义的？

7.9 如何控制 I^2C 总线的数据传送方向？

7.10　参考例 7.3 完成两单片机之间的串行接口通信设计。要求：A 机将内部 RAM 中 40H 单元开始的 20 个数据发送到 B 机内部 RAM 中 40H 单元开始的 20 个单元，采用工作方式 1，晶振频率为 11.0592MHz，波特率为 4800bps。

7.11　参考例 7.6，将单片机内部 RAM 中 30H 单元开始的 16 个数据传送到 AT24C02C 内部 40H 单元开始的连续 16 个单元，再重新读回，存入单片机内部 RAM 中 40H 单元开始的 16 个单元。

第 8 章　A/D、D/A 接口技术

在利用计算机对工业现场进行控制和测量时，遇到的物理量往往是连续变化的，比如温度、湿度、压力、流速和密度等。这些量在时间和幅值上呈现出连续变化的特征，被称作模拟量。而计算机只能处理二进制数，不能直接输入或输出模拟量，这就需要将模拟量转换成数字量，以便于计算机处理。A/D 转换器（Analog to Digital Converter）就是一种能把模拟量转换成相应数字量的电子器件。另一方面，对于被控对象，计算机系统还应将内部数字量形式的控制信息转换成模拟电信号送出，以完成一次完整的工业控制过程。

如图 8.1 所示，工业现场信号经过传感器采集转换成电信号，这些电信号通过放大和低通滤波等处理，再送入 A/D 转换器中进行模数转换，转换成单片机能够处理的数字信号，以便单片机对被控对象进行监视；D/A 转换器用于模拟控制，将单片机数字形式的控制命令转换成模拟量，对被控对象施加调整和控制。

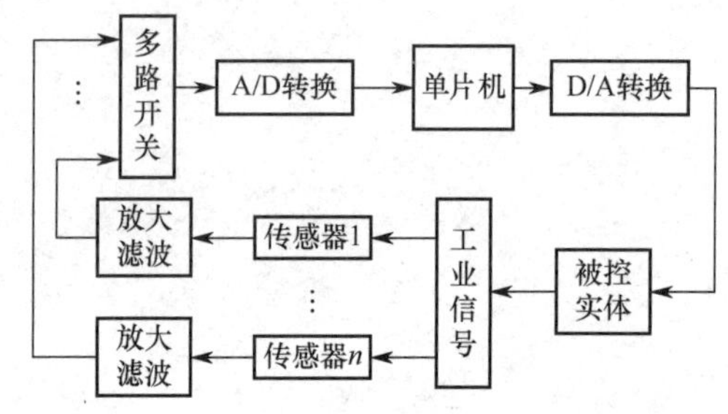

图 8.1　单片机与被控实体间的连接示意图

8.1　D/A 接口技术

本节按照掌握 D/A 接口技术的一般规律展开，首先介绍 D/A 转换器的原理，并在此基础上讨论 D/A 转换器的性能指标，然后结合具体芯片分析其与单片机的接口情况。

8.1.1　D/A 转换器的原理

D/A 转换器的作用是将数字量转换成相应的模拟量。计算机中的数字量采用二进制形式，为了区别每个数字量的大小，通常给每个二进制位都设定权 2^i。要把数字量转换成相应的模拟量电压，需要先把数字量的每一位上的代码按权转换成对应的模拟电流，再把模拟电流相加，最后由运算放大器将其转换成模拟电压。所以 D/A 转换器的原理可以总结为“按权展开，然后相加”。先分析一个最简单的 D/A 转换器，如图 8.2 所示。

图 8.2 中，V_{ref} 是一个有足够精度的标准电源。运算放大器反相输入端的各支路连接待转换的数字量，这些数字量是二进制数，支路开关的闭合由这些二进制数的状态确定，为“1”时开关闭合，为“0”时开关断开。二进制数对应的位码表示方式为 D0 对应第 0 位，D1 对应第 1 位……以此类推。

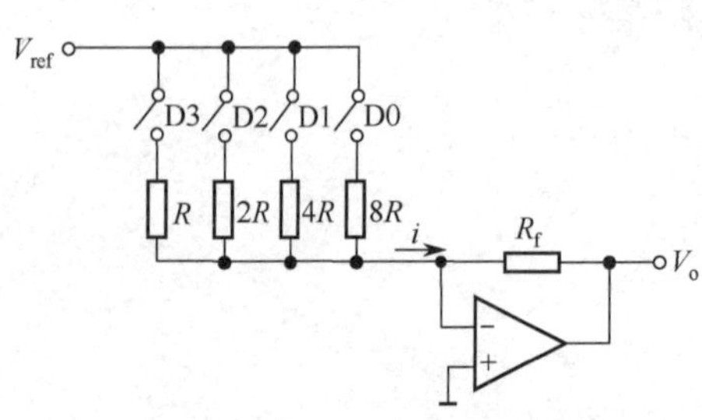

图 8.2　简单的 D/A 转换电路

各输入支路中的电阻依次增大为原来的 2 倍，所产生的输入电流也依次相差 2 倍，正好对应二进制数各位的权值。这样，总的电流输入刚好对应输入的数字量，运算器的输出电压与输入数字量的大小成正

比，实现了从数字信号到模拟信号的转换。

由于在集成电路中制造高阻值的精密电阻比较困难，而如果按照图 8.2 所示的连接方式，D/A 转换位数越多，需要用到的不同电阻越多，所以图 8.2 所示的电路并不实用。在集成电路中，常用 T 形电阻网络实现上述电阻支路的功能，这时所需的电阻阻值只有 R 和 $2R$ 两种。采用 T 形电阻网络的 D/A 转换器如图 8.3 所示。

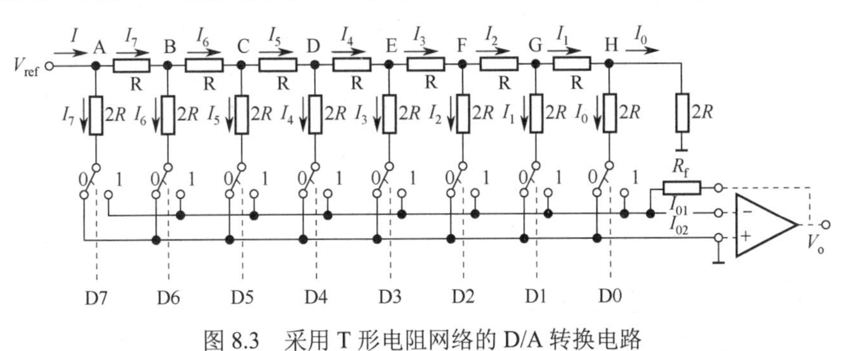

图 8.3　采用 T 形电阻网络的 D/A 转换电路

从图 8.3 中可以看出，任意一条支路中，只有开关打向右边，才会为运算放大器提供电流输入。开关状态由输入的二进制数字信号位控制，为 1 则打向右边，为 0 则打向左边。

T 形电阻网络中，节点 H 左边为两个 $2R$ 的电阻并联，它们的等效电阻为 R；节点 G 左边也是两个 $2R$ 的电阻并联，等效电阻也是 R，以此类推，最后在 A 点等效于一个阻值为 R 的电阻连接在参考电压 V_{ref} 上。而 B,C,⋯,H 点的电压分别为 $V_{ref}/2^1, V_{ref}/2^2, \cdots, V_{ref}/2^7$，总电流为 $I = V_{ref}/R$，其他各条支路上的电流分别为 $I_7 = I/2^1, I_6 = I/2^2, \cdots, I_0 = I/2^8$。当输入的数据 D7～D0 为 1111 1111B 时，运算放大器从各支路得到的输入电流为

$$I_{01} = I_7 + I_6 + I_5 + I_4 + I_3 + I_2 + I_1 + I_0 = (I/2^8) \times (2^7 + 2^6 + 2^5 + 2^4 + 2^3 + 2^2 + 2^1 + 2^0)$$

$$I_{02} = 0$$

若 R_f=R，则输出电压 V_o 的表达式如下

$$\begin{aligned} V_o &= -I_{01} \times R_f \\ &= -I_{01} \times R \\ &= -((V_{ref}/R)/2^8) \times (2^7 + 2^6 + 2^5 + 2^4 + 2^3 + 2^2 + 2^1 + 2^0) \times R \\ &= -(V_{ref}/2^8) \times (2^7 + 2^6 + 2^5 + 2^4 + 2^3 + 2^2 + 2^1 + 2^0) \end{aligned}$$

输出电压正好与数字量的数值成正比，可以代表输入数字量的大小。

8.1.2　D/A 转换器的主要性能指标

选择 D/A 转换芯片时，主要考察的性能指标有以下几项。

1. 分辨率

分辨率也记作 1LSB（最低有效位），反映了 D/A 转换器的灵敏度，具体是指 D/A 转换器可输出的模拟量的最小变化量，也就是最小输出电压（输入的数字量只有 D0=1）与最大输出电压（输入数字量的所有位都等于 1）之比。通常也定义为刻度值与 2^n 之比（n 为二进制位数）。若满量程记作 V_{fx}，则一个 n 位 D/A 转换器的分辨率为 $V_{fx}/2^n$。

比如，一个 8 位的 D/A 转换器，满量程为 10V，其分辨率为 10/256≈39mV=0.39%满量程。

显然，二进制位数越多，分辨率越小，转换越精确，所以有时也用位数表示分辨率。

2. 转换精度

在理想情况下，精度和分辨率基本一致，位数越多，精度越高。但由于电源电压、参考电压、电阻等各种因素存在误差，严格来讲精度和分辨率并不完全一致，而只要位数相同，分辨率就会相同，但相同位数的不同转换器的精度会有所不同。

D/A 转换精度指模拟输出的实际值与理想输出值之间的误差，包括非线性误差、比例系统误差、漂移误差等几项。它用于衡量 D/A 转换器将数字量转换成模拟量时所得模拟量的精确程度。

3. 转换时间

转换时间是指从数字量输入到输出模拟量达到与终值相差±1/2LSB 相当的模拟量值所需的时间，它反映了 D/A 转换的速度。

以电流形式输出的 D/A 转换器的转换时间比较短，以电压形式输出的 D/A 转换器的转换时间主要是运算放大器输出所需要的响应时间，一般也较短。

4. 线性度

D/A 转换输出的模拟量应该与输入的数字量呈线性关系，但实际上输出特性不是理想线性的。线性度是指 D/A 转换器的实际转换特性曲线和理想直线之间的最大偏差。通常，线性度不应超出±1/2LSB。

5. 动态范围

D/A 转换器的动态范围是指最大和最小输出值所决定的范围。一般取决于参考电压 V_{ref} 的高低。参考电压高，动态范围就大。整个 D/A 转换电路的动态范围除与 V_{ref} 有关外，还与输出电路的运算放大器的级数及连接方法有关。适当地选择输出电路，可在一定程度上增大转换电路的动态范围。

8.1.3 MCS-51 单片机与 8 位 D/A 转换器的接口

D/A 接口芯片的种类很多，其中，既有分辨率较低、较通用、价格较低的 8 位、10 位芯片，也有速度和分辨率较高、价格也较高的 12 位、16 位芯片；既有电流输出的芯片，也有电压输出的芯片。本节以典型的 8 位 D/A 转换器 DAC0832 为例，首先介绍 D/A 转换芯片的内部结构和引脚功能，然后结合实例分析其工作方式及电路连接。

1. DAC0832 的内部结构

DAC0832 是 8 位电流输出型 D/A 转换器，分辨率为 8 位，转换时间为 1μs，功耗为 20mW，数字输入电平为 TTL 电平。

DAC0832 芯片内部结构如图 8.4 所示，它是由一个 8 位输入寄存器、一个 8 位 DAC 寄存器和一个 8 位 D/A 转换器及控制电路组成的。输入寄存器和 DAC 寄存器可以分别控制，从而可以根据需要接成两级输入锁存的双缓冲方式或一级输入锁存的单缓冲方式，还可以接成完全直通的无缓冲方式。

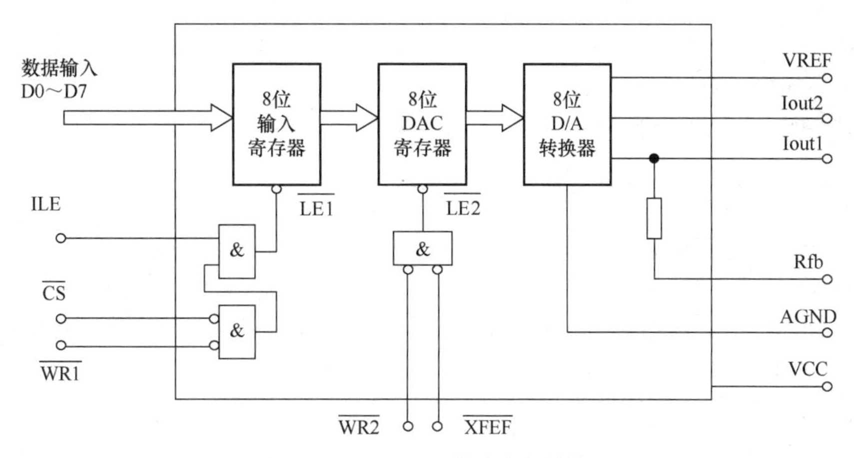

图 8.4　DAC0832 芯片内部结构

2．DAC0832 的引脚功能

DAC0832 是 8 位电流型 D/A 转换器，采用 20 个引脚的双列直插式封装。20 个引脚包括与微机相连的信号线、与外设相连的信号线以及其他引脚，功能如下。

1）与微机相连的信号线

（1）D0～D7：8 位数据输入线，用于数字量的输入，其中 D7 为最高位，D0 为最低位。

（2）ILE（19 脚）：输入锁存允许信号，高电平有效，用于控制 $\overline{WR1}$。

（3）$\overline{CS}$（1 脚）：片选信号，低电平有效，与 ILE 结合决定 $\overline{WR1}$ 是否有效。

（4）$\overline{WR1}$（2 脚）：写信号 1 输入，当 $\overline{WR1}$ 为低电平且 ILE 和 $\overline{CS}$ 有效时，把输入数据锁存在输入寄存器；$\overline{WR1}$、ILE 和 $\overline{CS}$ 三个控制信号构成第一级输入锁存命令。

（5）$\overline{WR2}$（18 脚）：写信号 2 输入，低电平有效，该信号与 $\overline{XFEF}$ 配合，当 $\overline{XFEF}$ 有效时，可使输入寄存器中的数据传送到 DAC 寄存器中。

（6）$\overline{XFEF}$（17 脚）：传送控制信号，低电平有效，与 $\overline{WR2}$ 配合，构成第二级寄存器（DAC 寄存器）的输入锁存命令。

2）与外设相连的信号线

（1）Iout1（12 脚）：DAC 电流输出 1，它是输入数字量中逻辑电平为“1”的所有位输出电流的总和。当所有位逻辑电平全为“1”时，Iout1 为最大值；当所有位逻辑电平全为“0”时，Iout1 为“0”。

（2）Iout2（11 脚）：DAC 电流输出 2，它是输入数字量中逻辑电平为“0”的所有位输出电流的总和。为了保证额定负载下输出电流的线性度，Iout1 和 Iout2 引脚上的电压必须尽量接近地电平。为此，Iout1 和 Iout2 通常接运算放大器的输入端。

（3）Rfb（9 脚）：反馈电阻，为外部运算放大器提供一个反馈电压。根据需要也可外接一个反馈电阻 Rfb。

3）其他引脚

（1）VREF（8 脚）：参考电压输入端。通过 VREF 将外部高精度电压源与内部的电阻网络相连，V_{REF} 值可在−10～+10V 范围内选择。

（2）VCC（20 脚）：芯片工作电源电压，一般为+5～+15V。

（3）AGND（3 脚）：模拟地。

（4）DGND（10 脚）：数字地。

3. DAC0832 的工作方式及线路连接

DAC0832 内部有两级输入缓冲寄存器（8 位输入寄存器和 8 位 DAC 寄存器）。第一级输入缓冲寄存器（8 位输入寄存器）受$\overline{WR1}$、ILE 和$\overline{CS}$三个引脚的控制，当 LE1=1（高电平）（即 ILE=1，$\overline{CS}$=0，$\overline{WR1}$=0）时，输入寄存器的输出端信号随输入的变化而变化，寄存器处于直通状态；当 LE1=0（低电平）（即 ILE=0，$\overline{CS}$=1 或$\overline{WR1}$=1）时，输入寄存器锁存输入数据。如果将引脚$\overline{CS}$接译码器，即通过单片机控制$\overline{CS}$的电平状态，就可以实现控制该级输入寄存器直通或锁存的目的。第二级输入缓冲寄存器（8 位 DAC 寄存器）受$\overline{WR2}$和$\overline{XFEF}$的控制。当 LE2=1（高电平）（即$\overline{WR2}$=0，$\overline{XFEF}$=0）时，DAC 输入寄存器的输出端信号随输入的变化而变化，寄存器处于直通状态；当 LE2=0（低电平）（即$\overline{WR2}$=1 或$\overline{XFEF}$=1）时，输入寄存器锁存输入数据，送 D/A 转换器进行转换。所以，根据这两个锁存器使用方法的不同，DAC0832 有三种工作方式。

1）单缓冲方式

单缓冲方式是使输入寄存器或 DAC 寄存器中的任意一个工作在直通状态，而另一个工作在受控锁存状态。例如，把$\overline{WR2}$和$\overline{XFEF}$接数字信号地，使 DAC 寄存器处于直通状态，ILE 接+5V，$\overline{WR1}$接 CPU 的$\overline{WR}$，$\overline{CS}$接 I/O 口地址译码。在这种方式下，只需执行一次写操作，即可完成 D/A 转换，可以提高 DAC 的数据吞吐量，这种方式的接线图如图 8.5 所示。图中 8 位输入寄存器受$\overline{CS}$和$\overline{WR1}$端信号的控制，而且$\overline{CS}$由译码器输出端 FEH 送来。因此，CPU 执行如下两条指令就可在$\overline{CS}$和$\overline{WR1}$上产生低电平，使 DAC0832 接收 CPU 送来的数字量

```
MOV      R0 , #0FEH
MOVX     @R0, A
```

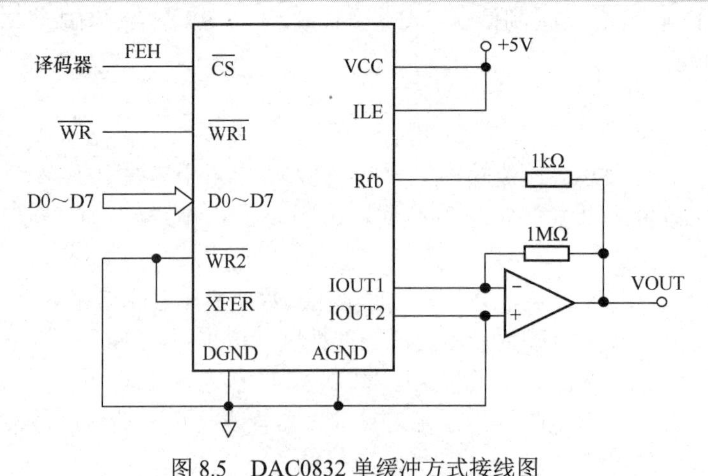

图 8.5　DAC0832 单缓冲方式接线图

2）双缓冲方式

双缓冲方式是指 DAC0832 的 8 位输入寄存器和 8 位 DAC 寄存器都不工作在直通方式下。CPU 必须通过$\overline{LE1}$来锁存待转换的数字量，通过$\overline{LE2}$启动 D/A 转换。数据通过两个寄存器锁

存后送入 D/A 转换电路，需要执行两次写操作才能完成一次 D/A 转换。这种方式特别适用于要求同时输出多个模拟量的场合，通常采用的接线是 ILE 固定接+5V，CPU 的 $\overline{WR}$ 信号复连接到 $\overline{WR1}$ 和 $\overline{WR2}$，$\overline{CS}$ 和 $\overline{XFEF}$ 连接译码器。图 8.6 给出了 DAC0832 工作在双缓冲方式的接线图。图中的 DAC0832 输入寄存器的信号由 $\overline{CS}$ 与 $\overline{XFEF}$ 控制，$\overline{CS}$ 和 $\overline{XFEF}$ 直接与单片机的端口连接而没有经过译码器，则输入寄存器的地址为 DFFFH，DAC 寄存器的地址为 7FFFH。

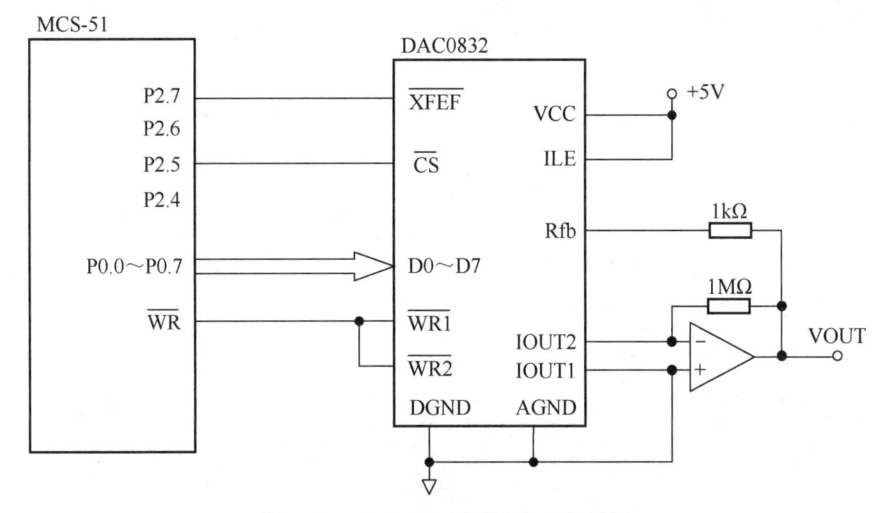

图 8.6　DAC0832 双缓冲方式接线图

在双缓冲方式下，要使 DAC0832 接收到 CPU 送来的数字量，CPU 需要执行如下指令

```
ORG     1200H
MOV     DPTR，#0DFFFH        ；DPTR 指向输入寄存器地址
MOV     A，#DATA
MOVX    @DPTR，A             ；数据写入输入寄存器
MOV     DPTR，#7FFFH         ；DPTR 指向 DAC 寄存器地址
MOVX    @DPTR，A             ；数据送 DAC 寄存器并启动转换
END
```

3）直通方式

直通方式是指 DAC0832 的 8 位输入寄存器和 8 位 DAC 寄存器同时工作在直通方式下，即令 $\overline{LE1}$ 和 $\overline{LE2}$ 始终为高电平时，D7～D0 引脚上的数字量直达 D/A 转换电路，只要输入有变化，就立即进行 D/A 转换，并输出相应的模拟信号。这时的控制信号减至最少，一般用于无计算机控制的系统。直通方式要求 ILE 信号接高平，而 $\overline{CS}$、$\overline{WR1}$、$\overline{WR2}$ 和 $\overline{XFEF}$ 接低电平。

4．DAC0832 的应用

下面结合使用 Proteus 绘制的 DAC0832 单缓冲方式仿真（图 8.7）来说明 D/A 转换的几种典型应用。

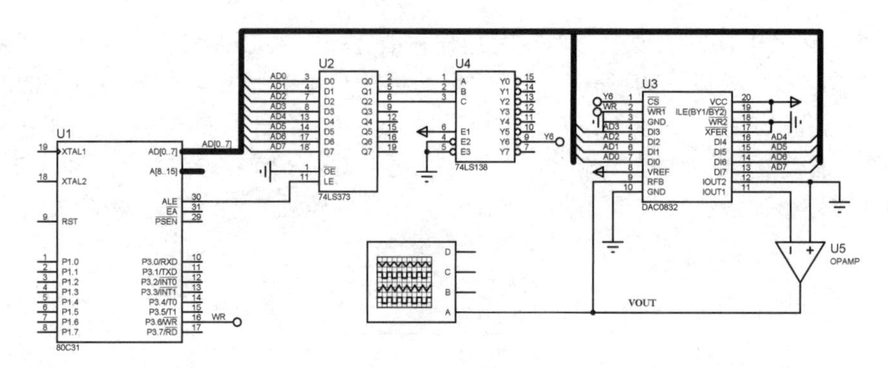

图 8.7　DAC0832 单缓冲方式仿真图

1）锯齿波

在计算机控制系统中，常常需要一个线性增长的电压，可以用 D/A 转换去实现，并用示波器来观察转换结果。只需要将数字量从 0 依次增大到 255，并传送到 DAC0832 进行 D/A 转换，就会产生锯齿波。编写的程序如下

```
        ORG     0100H
MAIN:   MOV     A, #00H
        MOV     R0, #0FEH           ; R0 指向输入寄存器地址
LOOP:   MOVX    @R0, A              ; 数据送输入寄存器
        INC     A                   ; 数字量增 1
        ACALL   DELY
        SJMP    LOOP                ; 反复
DELY:   MOV     R7, #20             ; 延时子程序
        DJNZ    R7, $
        RET
        END
```

产生的锯齿波如图 8.8 所示。由于运算放大器具有反相作用，因此图中的锯齿波是负向的，从 0V 下降到负的最大值。实际上，这条“斜线”不是直线，而是被分成了 255 个小台阶，每个小台阶的持续时间为一次循环所消耗的时间。因此，在循环体中插入 NOP 指令或延时子程序，可以改变锯齿波的频率和周期。

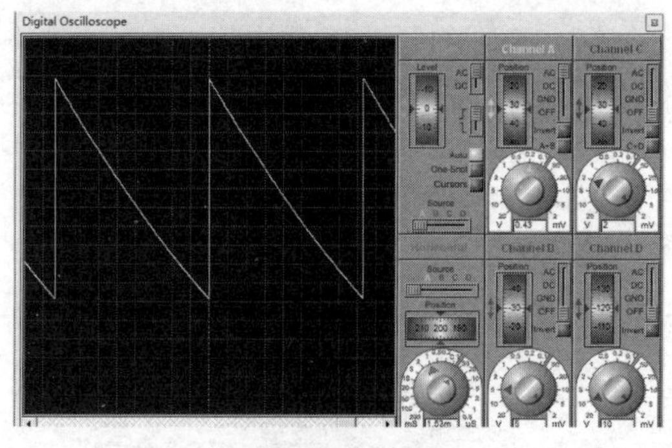

图 8.8　锯齿波

2）三角波

三角波如图 8.9 所示，控制程序如下

```
        ORG     0100H
MAIN:   CLR     A
        MOV     R0，#0FEH           ；R0 指向输入寄存器地址
DOWN:   MOVX    @R，A               ；电压下降段
        INC     A                   ；数字量增 1，电压下降
        ACALL   DELY
        CJNE    A，#0FFH，DOWN      ；不为零，电压继续下降
        MOV     A，#0FEH            ；为零，电压应上升
UP:     MOVX    @R0，A              ；电压上升段
        DEC     A                   ；数字量减 1，电压上升
        ACALL   DELY
        JNZ     UP                  ；不为零，电压继续上升
        SJMP    UP                  ；为零，则循环
DELY:   MOV     R7，#20             ；延时子程序
        DJNZ    R7，$
        RET
        END
```

3）*方波*

对于方波，设高电压对应的数字量为 VH，低电压对应的数字量为 VL，方波如图 8.10 所示，控制程序如下

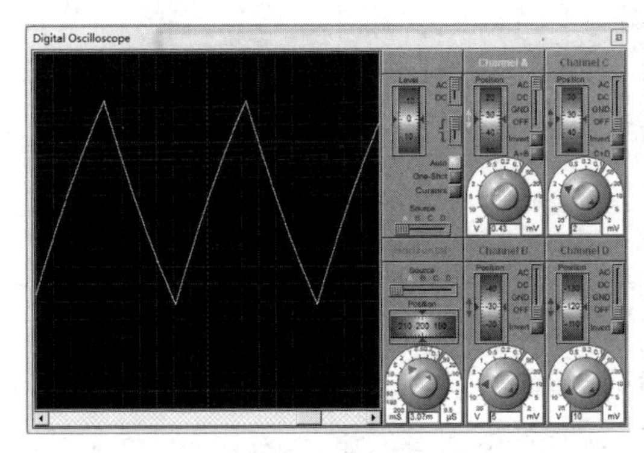

图 8.9　三角波

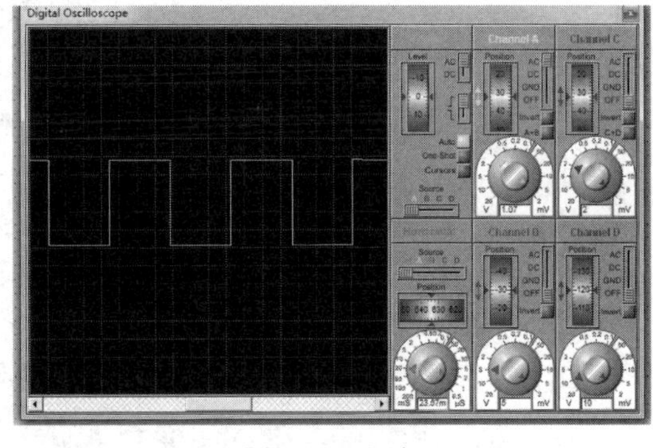

图 8.10　方波

```
        ORG     0100H
MAIN:   MOV     R0，#0FEH        ；R0 指向输入寄存器地址
        MOV     A，#00H          ；置上限电平
        MOVX    @R0，A           ；数据送输入寄存器
        ACALL   DELY
        MOV     A，#0FFH         ；置下限电平
        MOVX    @R0，A
        ACALL   DELY
        SJMP    MAIN
DELY:   MOV     R7，#200
DEL1:   MOV     R5，#200
        DJNZ    R5，$
```

```
        DJNZ    R7，DEL1
        RET
END
```

8.1.4　MCS-51 单片机与 12 位 D/A 转换器的接口

8 位 DAC 的分辨率较低，在一些高精度要求的应用中，可以采用 10 位、12 位或更多位数的 DAC 芯片。现以 12 位 DAC1208 为例，说明这类 DAC 和 MCS-51 单片机的连接关系。

1．DAC1208 的内部结构

DAC1208 的内部结构框图如图 8.11 所示。DAC1208 的内部结构与 DAC0832 非常相似，也具有双缓冲输入寄存器，不同的是 DAC1208 的 DAC 寄存器和 D/A 转换器均为 12 位的。DAC1208 内部由一个 8 位输入寄存器、一个 4 位输入寄存器、一个 12 位 DAC 寄存器及一个 12 位 D/A 转换器组成。

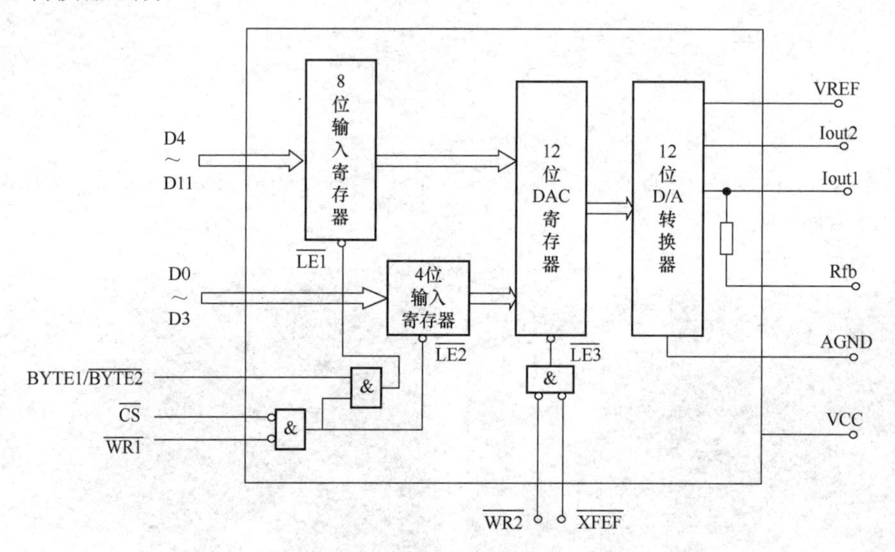

图 8.11　DAC1208 的内部结构框图

DAC1208 的控制基本和 DAC0832 相同，$\overline{CS}$ 和 $\overline{WR1}$ 用来控制输入寄存器，$\overline{WR2}$ 和 $\overline{XFEF}$ 用来控制 12 位 DAC 寄存器。但 DAC1208 增加了一条 BYTE1/$\overline{BYTE2}$，用于区分是 4 位还是 8 位输入寄存器。当 BYTE1/$\overline{BYTE2}$ 为低电平时，$\overline{LE1}$ 锁定为低电平，8 位输入寄存器工作于锁存状态。如果 $\overline{CS}$ 和 $\overline{WR1}$ 也为低电平，则 $\overline{LE2}$ 有效，选中 4 位输入寄存器工作；当 BYTE1/$\overline{BYTE2}$ 为高电平，且 $\overline{CS}$ 和 $\overline{WR1}$ 均为低电平时，$\overline{LE1}$ 和 $\overline{LE2}$ 均有效，选中 8 位和 4 位输入寄存器工作。为了避免错误，在向 DAC1208 送 12 位数字量时，应先送高 8 位，再送低 4 位。接下来再使 $\overline{XFEF}$ 和 $\overline{WR2}$ 为低电平，即让 $\overline{LE3}$ 有效，12 位数据同时进入 DAC 寄存器，启动 D/A 转换。

2．DAC1208 的接口电路及应用

尽管 DAC1208 有 12 根数据线，但 MCS-51 单片机的数据总线是 8 位的，一次只能传送 8 位数据。在实际连线时，一般将 DAC1208 中的 12 位数字量输入的高 8 位作为一个整体，直

接与数据总线相连；低 4 位可以连接到数据总线的低 4 位，也可以连接到数据总线的高 4 位。

图 8.12 给出了 MCS-51 单片机与 DAC1208 的一种连接方式。由图 8.12 可见，$\overline{\text{CS}}$接 3 线−8 线译码器的$\overline{\text{Y1}}$输出，要使$\overline{\text{CS}}$为低电平，则要求与$\overline{\text{CS}}$相连的译码地址为

100XXXXXXX001XXXB

而$\overline{\text{XFEF}}$的译码输出线地址为

100XXXXXXX000XXXB

选通高 8 位输入寄存器需要 BYTE1/$\overline{\text{BYTE2}}$为 1，而 BYTE1/$\overline{\text{BYTE2}}$连接地址总线最低位，所以高 8 位输入寄存器在系统中的地址可以使用：1000000000001001B，即 8009H；同样，低 4 位输入寄存器的地址可以使用：1000000000001000B，即 8008H；选通 DAC 寄存器的地址信号不妨记为：1000000000000000B，即 8000H。

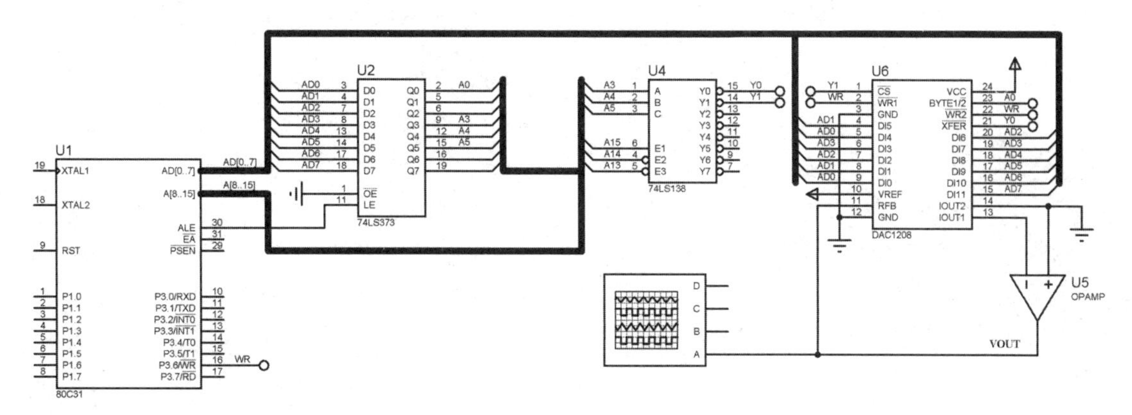

图 8.12　MCS-51 单片机与 DAC1208 的仿真图

利用上述寻址方法，编写利用 D/A 转换生成梯形波的程序，代码如下

```
        ORG     0000H
        AJMP    MAIN
        ORG     0100H
MAIN:   MOV     R0，#00H              ；梯形上底边，12 位
        MOV     R1，#00H
        ACALL   LOOP                  ；调用 D/A 转换子程序
        ACALL   DELY1
DOWN:   INC     R0                    ；梯形下降段
        ACALL   LOOP
        ACALL   DELY1
        CJNE    R0，#0FH，DOWN        ；低 4 位是否转换完成？
DOWN1:  INC     R1
        ACALL   LOOP
        ACALL   DELY1
        CJNE    R1，#0FFH，DOWN1      ；没到下底边，则继续下降
        ACALL   LOOP                  ；D/A 转换获得下底边
        ACALL   DELY
UP:     DEC     R1                    ；梯形上升段
```

```
        ACALL   LOOP
        ACALL   DELY1
        CJNE    R1, #00H, UP          ; 高 8 位是否转换完成?
UP1:    DEC     R0
        ACALL   LOOP
        ACALL   DELY1
        CJNE    R0, #00H, UP1         ; 没到上底边，则继续上升
        ACALL   LOOP                  ; D/A 转换获得上底边
        ACALL   DELY
        AJMP    MAIN
LOOP:   MOV     DPTR, #8009H          ; 高 8 位输入寄存器地址
        MOV     A, R1                 ; 高 8 位数据
        MOVX    @DPTR, A              ; 锁存
        MOV     A, R0                 ; 低 4 位数据
        MOV     DPTR, #8008H          ; 低 4 位输入寄存器地址
        MOVX    @DPTR, A              ; 锁存
        MOV     DPTR, #8000H          ; DAC 寄存器地址
        MOVX    @DPTR, A              ; 启动 D/A 转换
        RET
DELY:   MOV     R7, #200
DEL1:   MOV     R6, #200
        DJNZ    R6, $
        DJNZ    R7, DEL1
        RET
DELY1:  MOV     R4, #20
        DJNZ    R4, $
        RET
        END
```

代码遵守先送高 8 位和后送低 4 位数据的 D/A 转换原则，而且 DAC1208 是以双缓冲方式工作的，分两批接收 12 位数字量，在最后一次的写操作中，DAC1208 并不接收数据，只是选通 DAC 寄存器，启动 D/A 转换。产生的梯形波如图 8.13 所示。

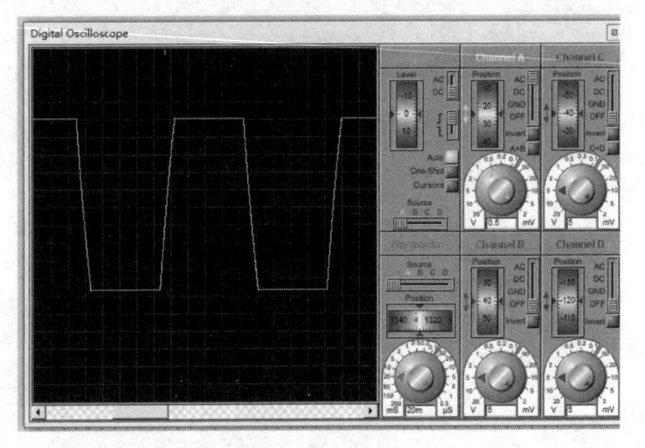

图 8.13　梯形波

8.2　A/D 接口技术

A/D 转换是指通过电路将模拟量转换成数字量的过程，即把被控对象的各种模拟信息变成计算机可以识别的数字信息。A/D 转换也是数据采集处理设备的重要工作环节。

8.2.1　A/D 转换器的原理

A/D 转换主要有计数式、双积分式、逐次逼近式等方法。实现方法不同，电路的复杂程度不同，转换的速度和精度也不同。计数式 A/D 转换器的结构很简单，但转换速度慢，所以很少采用。双积分式 A/D 转换器的抗干扰能力强，转换精度也很高，但速度仍然不大理想，常用于数字式测量仪表当中。计算机中使用比较多的是采用逐次逼近式 A/D 转换器作为接口的电路，其各方面的性能指标都比较理想。并行 A/D 转换器的转换速度快，但造价很高，故只用于某些对转换速度要求较高的场合。本书仅对逐次逼近式 A/D 转换器和双积分式 A/D 转换器进行介绍。

1. 逐次逼近式 A/D 转换器

图 8.14 所示为逐次逼近式 A/D 转换器的内部结构框图，主要由 N 位寄存器、D/A 转换器、电压比较器和一些时序控制逻辑电路等组成。图中，V_i 为 A/D 转换器被转换的模拟输入电压；V_n 是 N 位 D/A 转换器的输出电压，其值由 N 位寄存器中的内容决定，受控制电路的控制；比较器对 V_i 和 V_n 电压进行比较，并把比较结果送控制电路。整个 A/D 转换是在逐次比较过程中形成的，形成的数字量存放在 N 位寄存器中，先形成高位，后形成次高位，一位位地最后形成最低位。

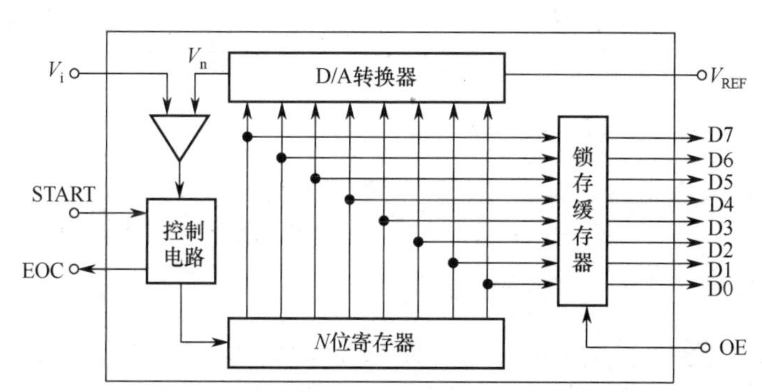

图 8.14　逐次逼近式 A/D 转换器的内部结构框图

逐次逼近式 A/D 转换器的工作原理非常类似于用天平称重。在转换开始前，控制电路从 START 输入端收到 CPU 送来的启动脉冲，然后开始工作。控制电路工作后首先将 N 位寄存器的各位清零，然后设置其最高位为 1（对 8 位寄存器来讲，即为 1000 0000B），这个过程就像天平称重时先放上一个最重的砝码。N 位寄存器中此时的数字量再送 D/A 转换器转换为相应的模拟电压 V_n，然后通过电压比较器与输入电压 V_i 进行比较，若 $V_i \geq V_n$（相当于需要称量的物件重量大于最重的那个砝码的重量），则 N 位寄存器中的最高位的 1 保留，否则就将最高位清零（若砝码比物件重，则取下换其他重量的砝码）。最高位的数值确定后，接下来使次高位置 1，进行相同的过程……直到 N 位寄存器的所有位都被确定。转换过程结束后，N 位寄存器中的二进制码就是 A/D 转换器的输出。

2. 双积分式 A/D 转换器

双积分式 A/D 转换器的电路原理图如图 8.15（a）所示，电路包括积分器、比较器、计数器和标准电压源等。

双积分式 A/D 转换器属于间接型 A/D 转换器，它是把待转换的输入模拟电压先转换为一个中间变量，如时间 T，再对中间变量进行量化编码，得出转换结果，这种 A/D 转换器一般称为电压-时间变换型（简称 VT 型）。

转换开始前，先将计数器清零。转换开始，电路对输入模拟电压进行固定时间的积分，得到输出电压 V_{o1}，该电压与输入电压 V_i 成正比。这一过程称为转换电路对输入模拟电压的采样过程。该过程的积分时间为 T，如图 8.15（b）所示。采样过程结束的标志是计数器给出一个溢出脉冲使控制逻辑电路发出信号，令开关转换至标准电压源一侧。接下来对标准电压进行反向积分。反向积分到一定时刻，便返回起始值。对标准电压的反向积分时间 T_1 正比于输入模拟电压。模拟电压越大，反向积分所需的时间越长。因此，只要用时钟脉冲测定反向积分所消耗的时间，就可以得到输入模拟电压所对应的数字量，即完成了 A/D 转换。

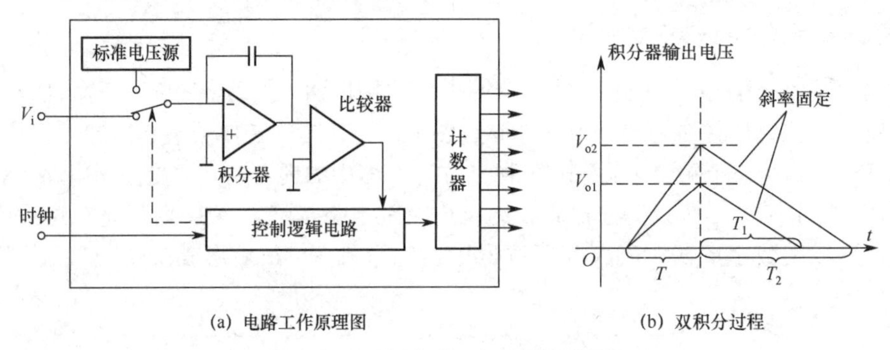

(a) 电路工作原理图　　(b) 双积分过程

图 8.15　双积分式 A/D 转换原理图

3. A/D 转换器的主要性能指标

A/D 转换器的性能指标是衡量 ADC（模数转换器）的关键问题，也是正确选用 ADC 芯片的基本依据。ADC 的性能指标有很多，本节只介绍转换速度和转换精度。

1）转换速度

A/D 转换器完成转换所需要的时间称为 A/D 转换时间，转换速度是转换时间的倒数。ADC 型号不同，转换速度差别很大。实际应用中要根据需求、价格以及转换器的工作特点综合考虑这一指标。通常，8 位逐次比较式 A/D 转换器的转换时间为 100μs 左右。在被控系统的控制时间允许的情况下，可以尽量考虑价格便宜的逐次比较式 A/D 转换器。

2）转换精度

因为模拟量是连续的而数字量是离散的，所以进行 A/D 转换时只能将某个模拟量对应于同一个数字量，这样就存在一定的误差。转换精度反映了实际 A/D 转换器与理想 A/D 转换器的差别，通常用数字量的最低有效位（Least Significant Bit，LSB）表示。ADC 的转换精度由模拟误差和数字误差决定。模拟误差是电源波动、温度漂移以及解码网络中的电阻值不准等引起的误差。数字误差主要包括非线性误差和量化误差，前者属于非固定误差，由器件的质量决定，后者和 ADC 输出数字量的位数有关，位数越多，误差越小。因此，一旦 A/D 转换器的位数确定，其量化误差就确定了。

8.2.2　MCS-51 单片机与 8 位 A/D 转换器的接口

A/D 转换器芯片的种类有很多，下面以较为常用的 A/D 转换器 ADC0809 为例，介绍 A/D

转换器与单片机的连接及应用。

ADC0809 是一种 8 位逐次逼近式 A/D 转换器，可以直接和 51 单片机连接。片内含 8 路模拟开关，可允许 8 路模拟量输入。它的转换精度不是很高，转换时间不是很长，但其性价比有较明显的优势，是目前应用较为广泛的 A/D 转换芯片。

1. ADC0809 的外部引脚

ADC0809 的外部引脚如图 8.16 所示，共有 28 条引脚。现对其各引脚说明如下。

（1）D0～D7（2-1～2-7）：8 位数据输出线，用于数字量的输出，其中 D7 为最高位，D0 为最低位。

（2）IN0～IN7：8 路模拟电压输入端，可连接 8 路模拟量输入，但同一时刻只可有一路模拟信号输入。

（3）ADDA、ADDB、ADDC：通道地址选择，用于选择 8 路模拟输入信号中的一路进行转换。输入通道与地址的对应关系如表 8.1 所示。其中 ADDA 为最低位，ADDC 为最高位。

（4）START：启动信号输入端，下降沿有效，在启动信号的下降沿启动变换。

（5）ALE：通道地址锁存信号，用来锁存 ADDA～ADDC 端的地址输入，上升沿有效。

（6）EOC：A/D 转换结束信号。当该引脚输出低电平时，表示正在转换，输出高电平则表示一次转换结束。

（7）OE（Output Enable）：读允许信号，高电平有效。在其有效期间，CPU 将转换后的数字量读入。

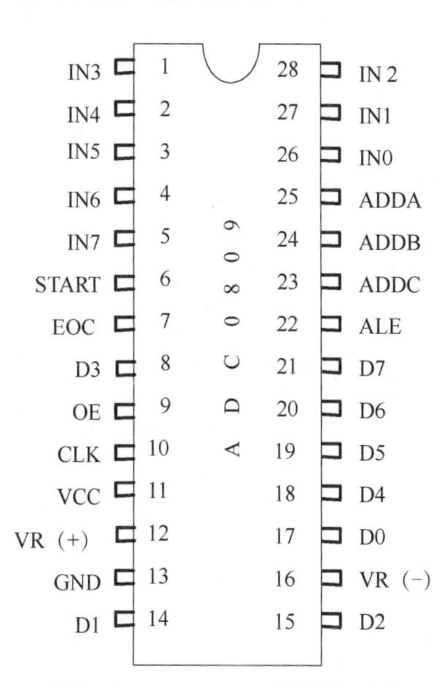

图 8.16　ADC0809 的外部引脚

（8）电源线及其他引脚：CLK 为时钟输入线；VCC 为+5V 电源输入线，GND 为地线；VR（+）和 VR（−）为电压输入线，用于给电阻阶梯网络提供标准电压。

2. ADC0809 的内部结构

ADC0809 由 256R 电阻分压器、树状模拟开关（这两部分组成一个 8 位 A/D 转换器）、8 路模拟开关、地址锁存与译码器、控制电路和三态输出锁存器等组成，如图 8.17 所示。

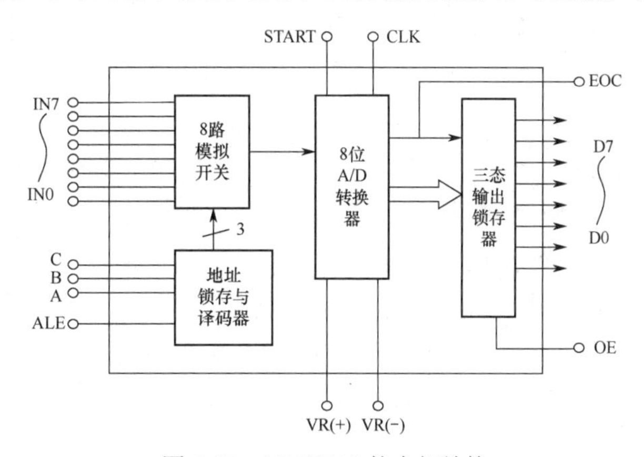

图 8.17　ADC0809 的内部结构

（1）模拟输入选择部分：包括一个 8 路模拟开关和地址锁存与译码器。8 路模拟开关用于输入 IN0～IN7 上的 8 路模拟电压。地址锁存与译码器在 ALE 信号的控制下可以锁存 ADDA、ADDB 和 ADDC 上的地址信息，经译码器译码后控制模拟开关选择相应的模拟输入。地址编码与输入通道的关系如表 8.1 所示。

表 8.1 地址编码与输入通道的关系

对应模拟通道	ADDA	ADDB	ADDC
IN0	0	0	0
IN1	0	0	1
IN2	0	1	0
IN3	0	1	1
IN4	1	0	0
IN5	1	0	1
IN6	1	1	0
IN7	1	1	1

（2）转换器部分：这部分主要通过逐次逼近式 A/D 转换器完成，由 START 引脚控制转换的开启。有关逐次逼近式 A/D 转换器的原理在前面已经做过介绍，在此不再赘述。

（3）输出部分：转换后的数据通过三态输出锁存器输出。CPU 使 OE 引脚变为高电平，就可以从三态输出锁存器取走 A/D 转换后的数字量。数据读取完成后，EOC 引脚由低电平变成高电平，本次 A/D 转换结束。

3. ADC0809 的接口电路

图 8.18 给出了 MCS-51 单片机与 ADC0809 的一种连接方式，下面按照信号的传递方向阐述该接口电路。

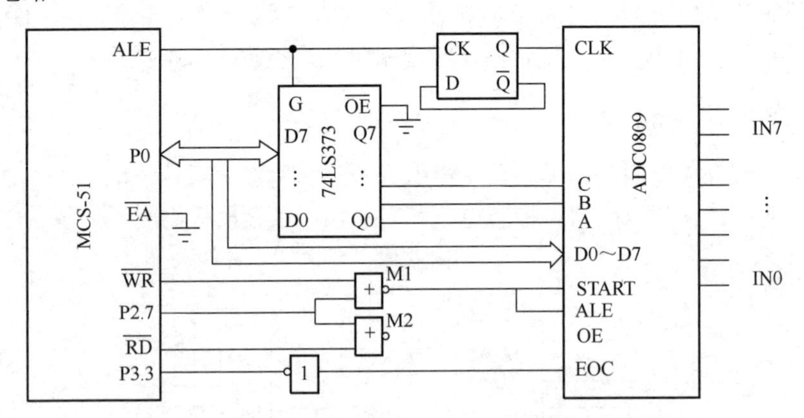

图 8.18 MCS-51 单片机与 ADC0809 的接口电路图

（1）模拟量输入：首先是待转换的模拟信号输入模数转换器 ADC0809，输入的模拟信号分别连接到 IN0～IN7。如图 8.18 所示，MCS-51 单片机送出的低 8 位地址经过 74LS373 锁存之后，选择其中锁存的三根地址线 Q0～Q2 与 ADC0809 的通道地址选择引脚 ADDA～ADDC 连接。ADC0809 内部含有地址锁存与译码器，通过不同的编码来选择当前要转换哪一路信号端（表 8.1）。

（2）启动转换：ADC0809 采用脉冲启动方式。通常将 START 和 ALE 连接在一起，因为 ALE 上升沿有效，而 START 下降沿有效，这样连接就可用一个正脉冲来完成通道地址锁存和启动转换两项工作。MCS-51 单片机执行如下程序后

```
MOV      DPTR, #7FF8H       ；指向 0 通道且 P2.7 置 0
MOVX     @DPTR, A           ；启动 A/D 转换
```

MCS-51 单片机的 $\overline{WR}$ 引脚输出负脉冲，与 P2.7 引脚的低电平相或后，或非门 M1 的输出信号变成正脉冲。这个正脉冲的上升沿使得 ADC0809 的 ALE 引脚有效，锁存 ADDA、ADDB 和 ADDC 上的地址（本例是 0 通道的地址），以选中 IN0 路模拟电压并送入比较器；而正脉冲的下降沿使得 ADC0809 的 START 引脚有效，从而启动 ADC0809 工作。

（3）转换结束：判断一次 A/D 转换是否结束有几种方法，比如编写延时程序，使延时时间≥A/D 转换时间，一旦延时时间结束，就可以读取转换结果；也可以采用查询方式，转换过程中 CPU 通过程序不断地读取 EOC 端的状态，在读到其状态为“1”时，表示一次转换结束；更为常用的方法是采用本例中的中断控制方式，可将 EOC 经过反相器与 CPU 的 $\overline{INT1}$（P3.3）相连。当 $\overline{INT1}$ 产生边沿触发时，进入中断服务子程序，读取 A/D 转换后的结果。

（4）数字量读取：读取数字量的工作是在读允许信号 OE 为高电平期间完成的。为了给 OE 分配一个地址，图 8.18 中把 51 单片机的 $\overline{RD}$ 及 P2.7 与或非门 M2 的输入端相连，M2 的输出端连接 ADC0809 的 OE 引脚。中断到来前，OE 处于低电平封锁状态，在响应中断后，CPU 执行中断服务子程序中的如下两条指令后

```
MOV      DPTR, #7FF8H       ；端口地址送 DPTR
MOVX     A, @DPTR           ；读取 A/D 转换的结果
```

MCS-51 单片机的 $\overline{RD}$ 引脚输出负脉冲，与 P2.7 引脚的低电平相或后，或非门 M2 的输出信号变成正脉冲。这个正脉冲的高电平使得 ADC0809 的 OE 引脚有效，从而打开其三态输出锁存器，允许 MCS-51 单片机读取 A/D 转换后的数字量。

4．ADC0809 的应用

现在介绍一个利用 ADC0809 实现 A/D 转换的实际例子。图 8.19 所示为使用 Proteus 绘制的 ADC0809 仿真图（现有版本的 Proteus 没有 ADC0809 的仿真模型，仿真图中用 ADC0808 替代），基于该仿真电路编程采集 IN0 通道的模拟电压，经过 A/D 转换后的数字量送入数码管进行显示。送入 IN0 通道的模拟电压可以通过调节电位器改变其大小，数码管显示的数字可与电压表的读数对照。

实现上述编程，程序可以分成主程序、数码管显示子程序和中断服务子程序三部分。主程序用来进行中断初始化，给 ADC0809 发启动脉冲和送模拟量地址等；中断服务子程序用来从 ADC0809 接收 A/D 转换后的数字量；数码管显示子程序用来显示 A/D 转换完成后获得的数字量。参考程序如下

1）主程序

```
        ORG      0000H
```

```
        AJMP    MAIN
        ORG     0500H
MAIN:   SETB    EA
        SETB    IT1
LOOP:   MOV     A，#00H           ；选择通道 0 进行转换
        MOV     R0，#7FF8H        ；端口地址送 R0
        MOVX    @R0，A            ；开启 A/D 转换
        SETB    EX1               ；开中断
        MOV     R7，#0FFH         ；等待中断到来
LOOP1:  DJNZ    R7，LOOP1
        ACALL   DISP              ；调用显示子程序
        AJMP    LOOP              ；循环
```

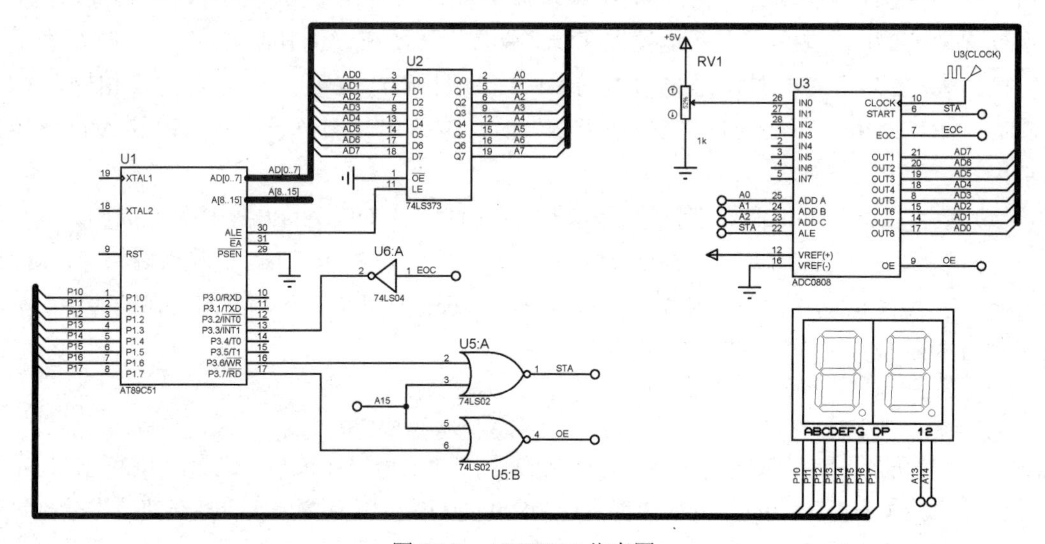

图 8.19 ADC0809 仿真图

2）数码管显示子程序

```
DISP:   MOV     B，#10            ；个位、十位分开
        DIV     AB                ；个位放在 B 中，十位放在 A 中
        MOV     DPTR，#TAB        ；数据表起始地址送 DPTR
        MOVC    A，@A+DPTR        ；查表获得十位数的段码
        MOV     P1，A             ；段码送 P1 口
        CLR     P2.5              ；开通位码
        ACALL   DELY              ；延时一段时间稳定显示
        SETB    P2.5              ；关闭位码
        MOV     A，B              ；显示个位数字
        MOV     DPTR，#TAB
        MOVC    A，@A+DPTR
        MOV     P1，A
        CLR     P2.6
        ACALL   DELY
```

```
        SETB      P2.6
        RET
```

3）中断服务子程序

```
             ORG       0013H
             AJMP      INT0809
             ORG       0100H
INT0809:     CLR       EA
             MOV       R0，#7FF8H          ；端口地址送 R0
             MOVX      A，@R0              ；A/D 转换后的数字量送 A
             SETB      EA
             RETI
```

4）其他程序

```
DELY:   MOV     R6，#255            ；短延时使数码管稳定显示
DEL1:   DJNZ    R6，$
        RET
                                    ；共阴数码管字符显示码
TAB:    DB      3FH，06H，5BH，4FH，66H
        DB      6DH，7DH，07H，7FH，6FH
        DB      77H，7CH，39H，5EH，79H，71H
END
```

以上就是采集 IN0 通道的 A/D 转换程序，该程序通过中断控制的方式来判断一次 A/D 转换是否结束。ADC0809 所需时钟信号可以由 MCS-51 单片机的 ALE 信号提供。MCS-51 单片机的 ALE 信号通常是每个机器周期出现两次，故它的频率是单片机时钟频率的 1/6。也就是说，如果 CPU 的主频是 6MHz，则 ALE 信号的频率为 1MHz。若使 ALE 上的信号经触发器二分频接到 ADC0809 的 CLK 输入端，则可获得 500kHz 的 A/D 转换脉冲。由于本例是在 Proteus 环境下进行的软件仿真，因此 ADC0809 所需的时钟脉冲直接由软件自带的时钟发生器发生。

8.2.3　MCS-51 单片机与 12 位 A/D 转换器的接口

当精度要求较高时，需使用 8 位以上的 A/D 转换器。现以 12 位 A/D 转换器 AD574A 为例，介绍 8 位以上的 A/D 转换器在 MCS-51 单片机这样的 8 位单片机系统中的典型用法。

1. AD574A 的结构特点和引脚功能

AD574A 是 12 位逐次逼近式 A/D 转换器，适合在高精度快速采样系统中使用。

1）AD574A 的结构特点

AD574A 的内部结构与 ADC0809 类同，只是转换位数由 8 位提高到了 12 位。主要特点有：芯片内部包括参考电压源、转换时钟以及三态输出数据锁存器；输入模拟电压的量程可灵活设置；有两个输入引脚，其一为 0～10V 的单极性或−5～+5V 的双极性输入线，其二为 0～20V 的单极性或−10～+10V 的双极性输入线；转换时间为 25μs；数字量位数可以

选择 8 位或 12 位。

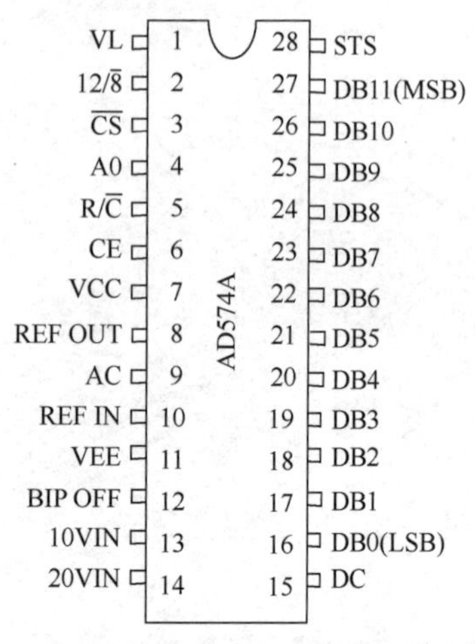

图 8.20　AD574A 的引脚排列

2）AD574A 的引脚功能

AD574A 的引脚排列如图 8.20 所示。共有 28 条引脚，其含义如下。

（1）模拟量输入线（3 条）：10VIN 引脚为 10V 量程的模拟电压输入线，接 0～10V 或-5～+5V 模拟电压输入；20VIN 为 20V 量程的模拟电压输入线，接 0～20V 或-10～+10V 模拟电压输入；AC 引脚为模拟电压公共地线。

（2）数字量输出线（12 条）：DB0～DB11 为数字量输出线，DB11 为最高有效位，DB0 为最低有效位；DC 为数字量公共接地线，常和 AC 相连后接地。

（3）控制线（6 条）：$\overline{CS}$为片选线，低电平有效；CE 为片选使能线，高电平有效。$\overline{CS}$与 CE 共同控制对 AD574A 的读/写操作，当$\overline{CS}$为 0 且 CE 为 1 时，选中该款芯片，否则本片处于禁止状态。R/$\overline{C}$为读出/转换控制输入线。在$\overline{CS}$和 CE 都有效时，若 R/$\overline{C}$为 0，则启动转换，为 1 则读出数据。

A0 和 12/$\overline{8}$ 这两条控制线决定进行 12 位或 8 位 A/D 转换，控制功能如表 8.2 所示。

表 8.2　AD574A 真值表

CE	$\overline{CS}$	R/$\overline{C}$	12/$\overline{8}$	A0	完成操作
1	0	0	×	0	启动 12 位 A/D 转换
1	0	0	×	1	启动 8 位 A/D 转换
1	0	1	1	×	12 位数字量输出
1	0	1	0	0	高 8 位数字量输出
1	0	1	0	1	低 4 位数字量输出
0	×	×	×	×	无操作
×	0	×	×	×	无操作

应当强调的是，在启动 AD574A 进行 A/D 转换时，应先使 R/$\overline{C}$为低电平，再使$\overline{CS}$和 CE 分别变有效，这样可以避免启动 A/D 转换前出现不必要的读操作。

STS 为状态输出线。转换开始后 STS 变为高电平，转换结束时变低。STS 作为 AD574A 与单片机之间的联络信号，可以等 CPU 查询，也可外接一个外部中断源。

（4）测试/调零线（3 条）：REF IN 为内部解码网络所需参考电压输入线；REF OUT 为 10V 内部参考电压输出线。BIP OFF 为补偿调整线，用于在模拟输入为零时把 ADC 输出数字量调整为零。

（5）电源线（4 条）：VL 为数字逻辑电源+5V；VCC 为+12～+15V 电源线；VEE 为-12～-15V 电源线；DC 为数字量公共接地线。

2．AD574A 的输入方式

ADC574A 有单极性输入和双极性输入两种方式。从 10VIN 或 20VIN 引脚输入的模拟量，输入极性由 REF IN、REF OUT 和 BIP OFF 的连接确定，如图 8.21 所示。其中图 8.21（a）为单极性输入时的连接方式，图 8.21（b）为双极性输入时的连接方式。

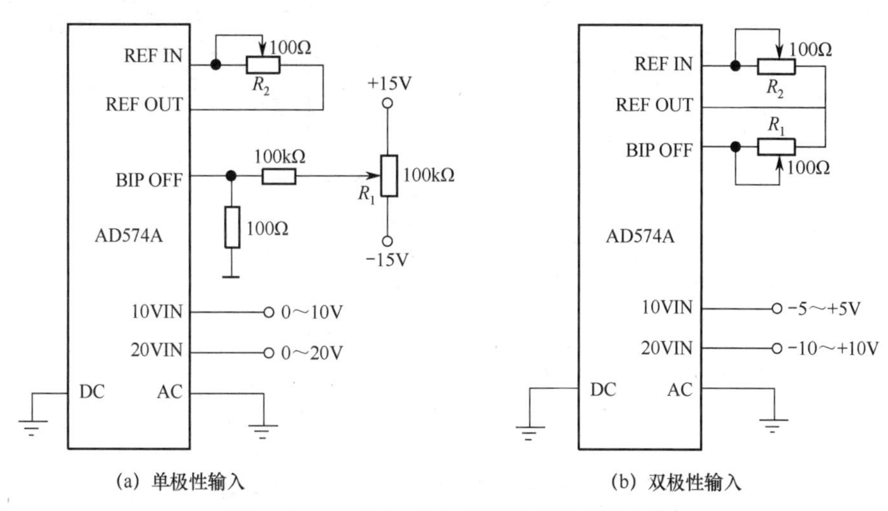

(a) 单极性输入　　(b) 双极性输入

图 8.21　AD574A 输入极性选择的外部电路

若输入是单极性的模拟量，则 0V 转换后的数字量为 000H，最大电压值转换后的数字量为 FFFH。输出数字量 D 为无符号二进制码，计算公式为

$$D=4096\times\frac{\text{VIN}}{\text{VFS}}\quad 或 \quad \text{VIN}=D\times\frac{\text{VFS}}{4096}$$

式中，VIN 为输入模拟量（V），VFS 是满量程，如果从 10VIN 引脚输入，VFS=10V，1LSB=10/4096≈24mV；若信号从 20VIN 引脚输入，VFS =20V，1LSB=20/4096≈49mV。

若输入是双极性的模拟量，则负的最大电压转换后的数字量为 000H，0V 转换后的数字量为 800H，正的最大电压转换后的数字量为 FFFH。R1 用于调整双极性输入电路的零点。如果输入信号 VIN 为−5～5V，应从 10VIN 引脚输入；当 VIN 在−10～10V 范围内时，应从 20 VIN 引脚输入。双极性输入时输出数字量 D 与输入模拟电压 VIN 之间的关系为

$$D=2048\times\left(1+\frac{2\text{VIN}}{\text{VFS}}\right)\quad 或 \quad \text{VIN}=\left(\frac{D}{2048}-1\right)\times\frac{\text{VFS}}{2}$$

式中，VFS 的定义与单极性输入情况下对 VFS 的定义相同。

由上式求出的数字量 D 是 12 位偏移二进制码。把 D 的最高位求反便可得到补码。补码对应模拟量输入的符号和大小。换言之，从 AD574A 读到的或应代入式中的数字量 D 是偏移二进制码。例如，当模拟信号从 10VIN 引脚输入时，VFS=10V，若读得 D=FFFH，其补码为 7FFH，则表明输入的模拟量为正电压。该偏移二进制码写成十进制即 111111111111B=4095，代入式中可求得 VIN=4.9976V；若读得 D=000H，其补码为 800H，则表明输入的模拟量为负电压，代入式中求得 VIN=−5V。

亦可先将偏移二进制码通过补码转换为原码，原码 D_{ORG} 与输入模拟电压 VIN 之间的关系为

$$D_{\text{ORG}}=4096\times\frac{\text{VIN}}{\text{VFS}}\quad 或 \quad \text{VIN}=\frac{D_{\text{ORG}}}{4096}\times\text{VFS}$$

3．AD574A 的应用

现在介绍一个利用 AD574A 实现 A/D 转换的实际例子，连线如图 8.22 所示。对图中的连接方式做如下说明。

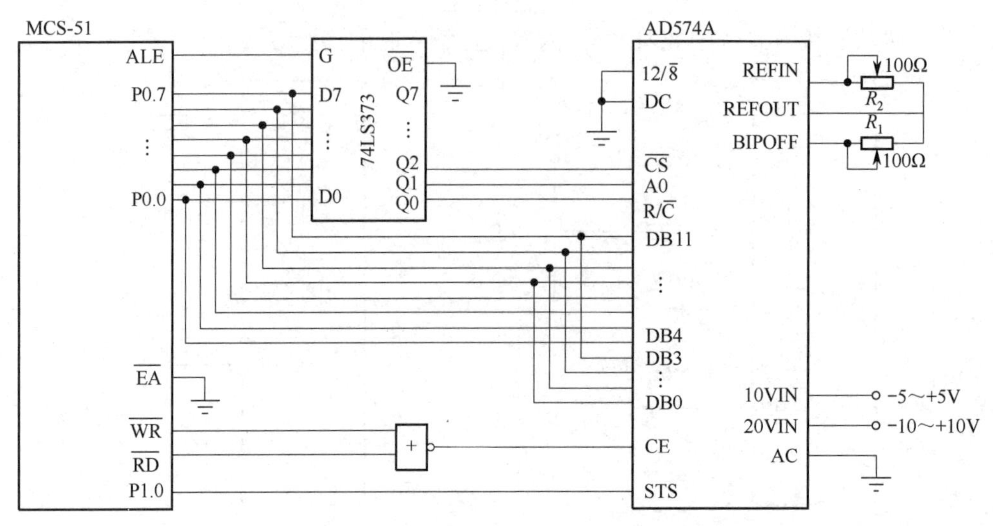

图 8.22　MCS-51 单片机和 AD574A 的连线图

（1）模拟量输入：图 8.22 采用双极性输入方式，可对±5V 或±10V 的模拟信号进行转换。输入模拟量之前，首先要完成对 AD574A 进行零点调整（调节电位计 R_1）和增益调整（调节电位计 R_2）的工作。

（2）启动 A/D 转换：AD574A 包含 12 位 A/D 转换和 8 位 A/D 转换两种模式，采用哪种方式由地址线 A0 决定。如表 8.2 所示，当 CPU 往端口地址 FFF8H 写数据时，启动 12 位 A/D 转换；当 CPU 往端口地址 FFFAH 写数据时，启动 8 位 A/D 转换。

（3）取转换结果：转换结果的读取有三种方式。①STS 空着不接，单片机只能在启动 AD574A 转换后延时 25μs 以上再读取转换结果，即延时方式。②STS 接到 CPU 的一条端口线上，单片机就可以采用查询方式。当查得 STS 为低电平时，表示转换结束；③STS 接到 CPU 的 $\overline{\text{INT1}}$ 端，可以采用中断方式读取转换结果。图中 AD574A 的 STS 与 CPU 的 P1.0 相连，故采用查询方式读取转换结果。

按照上述设计思路，现编写一段程序，实现 12 位 A/D 转换，并把 A/D 转换后的 12 位数字量存入内部 RAM 的 20H 和 21H 单元。设 21H 单元的高 4 位存放 12 位数字量的低 4 位。程序如下

```
        ORG     0100H
MAIN:   MOV     R1，#20H          ；输入数据区地址送 R1
        MOV     DPTR，#0FFF8      ；送端口地址入 DPTR
        MOVX    @DPTR，A          ；启动 12 位 A/D 转换
LOOP:   JB      P1.0，LOOP        ；若 STS=1，则连续查询
        INC     DPTR              ；使 R/C̄为 1
        MOVX    A，@DPTR          ；读取高 8 位数字量并送 A
        MOV     20H， A           ；存入 20H 单元
        INC     DPTR
        INC     DPTR              ；使 R/C̄和 A0 均为 1
        MOVX    A，@DPTR          ；读取低 4 位数字量并送 A
        ANL     A，#0F0H          ；屏蔽低 4 位
        MOV     21H， A           ；存入 21H 单元
        END
```

上述程序是按查询法读取 A/D 转换后的数字量。当然，也可以采用中断的办法来读取结果，这样可以提高 CPU 的利用率，只需改变接口电路，将图 8.22 中的 STS 引脚经反相器改接 $\overline{\text{INT0}}$ 或 $\overline{\text{INT1}}$ 。此时程序也需要做相应改动，加入中断服务子程序。

习　题　8

8.1　D/A 转换器的作用是什么？A/D 转换器的作用是什么？各在什么场合下使用？

8.2　根据图 8.3 简述 D/A 转换原理，为什么 D/A 转换器通常不采用加权电阻解码网络？

8.3　某个 12 位的 D/A 转换器的满量程为 10V，其分辨率是多少？

8.4　结合图 8.4 分析 DAC0832 的工作原理和引脚功能。

8.5　什么是 DAC0832 的直通方式、单缓冲方式、双缓冲方式？

8.6　编写程序，使 ADC0832 工作在单缓冲方式下产生梯形波。要求梯形波的上底和下底由 51 单片机的内部定时器延时产生。

8.7　向 DAC1208 写入 12 位数字量，为什么先输出高 8 位，再输出低 4 位？这时的 DAC1208 能否在直通方式或单缓冲方式下工作？为什么？

8.8　利用图 8.12，编写能把从 20H 开始的 20 个数据（高 8 位数字量在前一单元，低 4 位数字量在后一单元的低 4 位）送 DAC 转换的程序。

8.9　ADC 分为哪几种类型？各有什么特点？

8.10　使用 ADC0809 进行 A/D 转换，REF（+）接+5V，REF（−）接地。若转换结果为 30H，则实际的输入电压是多少？

8.11　图 8.23 给出了 MCS-51 单片机与 ADC0809 的一种连线图。请绘制 Proteus 仿真图，采集 IN3 的模拟信号，然后送数码管显示。

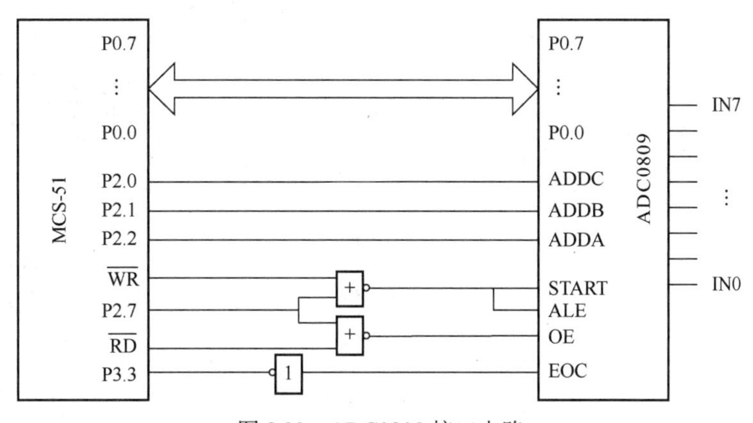

图 8.23　ADC0809 接口电路

8.12　上题如果采用查询方式等待转换结束，通过 LCD1602 显示数字量，仿真图和程序需要做哪些修改？

8.13　AD574A 的主要特性是什么？哪些引脚可以决定它的选口地址？

8.14　使用 AD574A 进行 A/D 转换，模拟量为双极性输入，待转换的模拟电压接 10VIN 引脚。若转换结果为 300H，则实际的输入电压是多少？

附录A　常用ASCII字符表

表A.1　部分ASCII码字符表

字　符	ASCII码	字　符	ASCII码
空　格	010　0000	A	100　0001
·	010　1110	B	100　0010
(	010　1000	C	100　0011
+	010　1011	D	100　0100
$	010　0100	E	100　0101
*	010　1010	F	100　0110
)	010　1001	G	100　0111
--	010　1101	H	100　1000
/	010　1111	I	100　1001
,	010　1100	J	100　1010
′	010　0111	K	100　1011
=	011　1101	L	100　1100
0	011　0000	M	100　1101
1	011　0001	N	100　1110
2	011　0010	O	100　1111
3	011　0011	P	101　0000
4	011　0100	Q	101　0001
5	011　0101	R	101　0010
6	011　0110	S	101　0011
7	011　0111	T	101　0100
8	011　1000	U	101　0101
9	011　1001	V	101　0110
		W	101　0111
		X	101　1000
		Y	101　1001
		Z	101　1010

附录B　MCS-51单片机指令表

表B　MCS-51单片机指令表

序号	助 记 符	指令功能及说明	对标志位的影响				操 作 码
			Cy	AC	OV	P	
数据传送指令							
1	MOV A，Rn	A←Rn； 1字节、1个机器周期	×	×	×	√	E8～EFH
2	MOV A，direct	A←(direct)； 2字节、1个机器周期	×	×	×	√	E5H
3	MOV A，@Ri	A←(Ri)； 1字节、1个机器周期	×	×	×	√	E6H，E7H
4	MOV A，#data	A←data； 2字节、1个机器周期	×	×	×	√	74H
5	MOV Rn，A	Rn←A； 1字节、1个机器周期	×	×	×	×	F8～FFH
6	MOV Rn，direct	Rn←(direct)； 2字节、1个机器周期	×	×	×	×	A8～AFH
7	MOV Rn，#data	Rn←data； 2字节、1个机器周期	×	×	×	×	78～7FH
8	MOV direct， A	direct←A； 2字节、1个机器周期	×	×	×	×	F5H
9	MOV direct，Rn	direct←Rn； 2字节、1个机器周期	×	×	×	×	88H～8FH
10	MOV direct1， direct2	direct1←(direct2)； 3字节、1个机器周期	×	×	×	×	85H
11	MOV direct，@Ri	direct←(Ri)； 2字节、2个机器周期	×	×	×	×	86H，87H
12	MOV direct， #data	direct←data； 3字节、2个机器周期	×	×	×	×	75H
13	MOV @Ri，A	(Ri)←A； 1字节、1个机器周期	×	×	×	×	F6H，F7H
14	MOV @Ri，direct	(Ri)←direct； 2字节、2个机器周期	×	×	×	×	A6H～A7H
15	MOV @Ri，#data	(Ri)←data； 2字节、1个机器周期	×	×	×	×	76H ～77H
16	MOV DPTR， #data16	DPTR←data16； 3字节、2个机器周期	×	×	×	×	90H

（续表）

数据传送指令							
序号	助 记 符	指令功能及说明	对标志位的影响				操 作 码
			Cy	AC	OV	P	
17	MOVC A，@A+DPTR	A←(A+DPTR)； 1 字节、2 个机器周期	×	×	×	√	93H
18	MOVC A，@A+PC	A←(A+PC)； 1 字节、2 个机器周期	×	×	×	√	83H
19	MOVX A，@Ri	A←(Ri)； 1 字节、2 个机器周期	×	×	×	√	E2H，E3H
20	MOVX A，@DPTR	A←（DPTR）； 1 字节、2 个机器周期	×	×	×	√	E0H
21	MOVX @Ri， A	(Ri)←A； 1 字节、2 个机器周期	×	×	×	×	F2H，F3H
22	MOVX @DPTR，A	(DPTR)←A； 1 字节、2 个机器周期	×	×	×	×	F0H
23	PUSH direct	SP←SP+1，(SP)←(direct)； 2 字节、2 个机器周期	×	×	×	×	C0H
24	POP direct	direct←(SP)， SP←SP−1； 2 字节、2 个机器周期	×	×	×	×	D0H
25	XCH A，Rn	A ⇔ Rn； 1 字节、1 个机器周期	×	×	×	√	C8H，CFH
26	XCH A，direct	A ⇔ direct； 2 字节、1 个机器周期	×	×	×	√	C5H
27	XCH A，@Ri	A ⇔ (Ri)； 1 字节、1 个机器周期	×	×	×	√	C6H，C7H
28	XCHD A，@Ri	A3～A0 ⇔ (Ri)3～(Ri)0； 1 字节、1 个机器周期	×	×	×	√	D6H，D7H

算术运算指令							
序号	助 记 符	指令功能及说明	对标志位的影响				操 作 码
			Cy	AC	OV	P	
1	ADD A，Rn	A←A+Rn； 1 字节、1 个机器周期	√	√	√	√	28H～2FH
2	ADD A，direct	A←A+(direct)； 2 字节、1 个机器周期	√	√	√	√	25H
3	ADD A，@Ri	A←A+(Ri)； 1 字节、1 个机器周期	√	√	√	√	26H，27H
4	ADD A，#data	A←A+data； 2 字节、1 个机器周期	√	√	√	√	24H
5	ADDC A，Rn	A←A+Rn+Cy； 1 字节、1 个机器周期	√	√	√	√	38H～3FH
6	ADDC A，direct	A←A+(direct) +Cy； 2 字节、1 个机器周期	√	√	√	√	35H
7	ADDC A，@Ri	A←A+(Ri) +Cy； 1 字节、1 个机器周期	√	√	√	√	36H，37H

（续表）

数据传送指令							
序号	助 记 符	指令功能及说明	对标志位的影响				操 作 码
			Cy	AC	OV	P	
8	ADDC A，#data	A←A+data+Cy； 2字节、1个机器周期	√	√	√	√	34H
9	SUBB A，Rn	A←A−Rn−Cy； 1字节、1个机器周期	√	√	√	√	98H～9FH
10	SUBB A，direct	A←A−(direct) −Cy； 2字节、1个机器周期	√	√	√	√	95H
11	SUBB A，@Ri	A←A−(Ri)−Cy； 1字节、1个机器周期	√	√	√	√	96H，97H
12	SUBB A，#data	A←A−data−Cy； 2字节、1个机器周期	√	√	√	√	94H
13	INC A	A←A+1； 1字节、1个机器周期	×	×	×	√	04H
14	INC Rn	Rn←Rn+1； 1字节、1个机器周期	×	×	×	×	08～0FH
15	INC direct	direct←(direct)+1； 2字节、1个机器周期	×	×	×	×	05H
16	INC @Ri	(Ri) ←(Ri)+1； 1字节、1个机器周期	×	×	×	×	06H，07H
17	INC DPTR	DPTR←DPTR+1； 1字节、2个机器周期	×	×	×	×	A3H
18	DEC A	A←A−1； 1字节、1个机器周期	×	×	×	√	14H
19	DEC Rn	Rn←Rn−1； 1字节、1个机器周期	×	×	×	×	18～1FH
20	DEC direct	direct←(direct)−1； 2字节、1个机器周期	×	×	×	×	15H
21	DEC @Ri	(Ri) ←(Ri)−1； 1字节、1个机器周期	×	×	×	×	16H，17H
22	MUL AB	BA←A×B； 1字节、4个机器周期	0	×	√	√	A4H
23	DIV AB	A ÷ B=A ⋯ B； 1字节、4个机器周期	0	×	√	√	84H
24	DA A	对A进行BCD调整； 1字节、1个机器周期	√	√	√	√	D4H

逻辑运算与移位指令							
序号	助 记 符	指令功能及说明	对标志位的影响				操 作 码
			Cy	AC	OV	P	
1	ANL A，Rn	A←A ∧ Rn； 1字节、1个机器周期	×	×	×	√	58～5FH
2	ANL A，direct	A ∧ (direct)； 2字节、1个机器周期	×	×	×	√	55H

（续表）

数据传送指令							
序号	助记符	指令功能及说明	对标志位的影响				操作码
			Cy	AC	OV	P	
3	ANL A，@Ri	A←A ∧ (Ri)； 1 字节、1 个机器周期	×	×	×	√	56～57H
4	ANL A，#data	A←A ∧ data； 2 字节、1 个机器周期	×	×	×	√	54H
5	ANL direct，A	direct←(direct) ∧ A； 2 字节、1 个机器周期	×	×	×	×	52H
6	ANL direct，#data	direct←(direct) ∧ data； 3 字节、2 个机器周期	×	×	×	×	53H
7	ORL A，Rn	A←A ∨ Rn； 1 字节、1 个机器周期	×	×	×	√	48～4FH
8	ORL A，direct	A←A ∨ (direct)； 2 字节、1 个机器周期	×	×	×	√	45H
9	ORL A，@Ri	A←A ∨ (Ri)； 1 字节、1 个机器周期	×	×	×	√	46H，47H
10	ORL A，#data	A←A ∨ data； 2 字节、1 个机器周期	×	×	×	√	44H
11	ORL direct，A	direct←(direct) ∨ A； 2 字节、1 个机器周期	×	×	×	×	42H
12	ORL direct，#data	direct←(direct) ∨ data； 3 字节、2 个机器周期	×	×	×	×	43H
13	XRL A，Rn	A←A ⊕ Rn； 1 字节、1 个机器周期	×	×	×	√	68～6FH
14	XRL A，direct	A←A ⊕ (direct)； 2 字节、1 个机器周期	×	×	×	√	65H
15	XRL A，@Ri	A←A ⊕ (Ri)； 1 字节、1 个机器周期	×	×	×	√	66H，67H
16	XRL A，#data	A←A ⊕ data； 2 字节、1 个机器周期	×	×	×	√	64H
17	XRL direct，A	direct←(direct) ⊕ A； 2 字节、1 个机器周期	×	×	×	×	62H
18	XRL direct，#data	direct←(direct) ⊕ data； 3 字节、2 个机器周期	×	×	×	×	63H
19	CLR A	A←0； 1 字节、1 个机器周期	×	×	×	√	E4H
20	CPL A	A←$\overline{A}$； 1 字节、1 个机器周期	×	×	×	×	F4H
21	RL A	A: A7 ← A0 ；1 字节、1 个机器周期	×	×	×	×	23H
22	RR A	A: A7 → A0 ；1 字节、1 个机器周期	×	×	×	×	03H

（续表）

数据传送指令							
序号	助　记　符	指令功能及说明	对标志位的影响				操 作 码
			Cy	AC	OV	P	
23	RLC　A	A CY　A7　A0 ；1字节、1个机器周期	√	×	×	√	33H
24	RRC　A	A CY　A7　A0 ；1字节、1个机器周期	√	×	×	√	13H
25	SWAP　A	A A7~A4　A3~A0 ；1字节、1个机器周期	×	×	×	×	C4H
控制转移指令							
序号	助　记　符	指令功能及说明	对标志位的影响				操 作 码
			Cy	AC	OV	P	
1	AJMP　addr11	PC10～PC0←addr11； 2字节、2个机器周期	×	×	×	×	&0①
2	LJMP　addr16	PC←addr16； 3字节、2个机器周期	×	×	×	×	02H
3	SJMP　rel	PC←PC+2+rel； 2字节、2个机器周期	×	×	×	×	80H
4	JMP　@A+DPTR	PC←A+DPTR； 1字节、2个机器周期	×	×	×	×	73H
5	JZ　rel	若A=0，则PC←PC+2+rel 若A≠0，则PC←PC+2； 2字节、2个机器周期	×	×	×	×	60H
6	JNZ　rel	若A≠0，则PC←PC+2+rel 若A=0，则PC←PC+2； 2字节、2个机器周期	×	×	×	×	70H
7	CJNE　A，direct，rel	若A≠(direct)，则PC←PC+3+rel 若A=(direct)，则PC←PC+3 若A≥(direct)，则Cy=0；否则Cy=1； 3字节、2个机器周期	√	×	×	×	B5H
8	CJNE　A，#data，rel	若A≠data，则PC←PC+3+rel 若A=data，则PC←PC+3 若A≥data，则Cy←0；否则Cy=1； 3字节、2个机器周期	√	×	×	×	B4H
9	CJNE　Rn，#data，rel	若Rn≠data，则PC←PC+3+rel 若Rn=data，则PC←PC+3 若Rn≥data，则Cy=0；否则Cy=1； 3字节、2个机器周期	√	×	×	×	B8～BFH
10	CJNE　@Ri，#data，rel	若(Ri)≠data，则PC←PC+3+rel 若(Ri)=data，则PC←PC+3 若(Ri)≥data，则Cy=0；否则Cy=1； 3字节、2个机器周期	√	×	×	×	B6H，B7H

（续表）

数据传送指令							
序号	助 记 符	指令功能及说明	对标志位的影响				操 作 码
			Cy	AC	OV	P	
11	DJNZ Rn，rel	若 Rn−1≠0，则 PC←PC+2+rel 若 Rn−1=0，则 PC←PC+2; 2 字节、2 个机器周期	×	×	×	×	D8～DFH
12	DJNZ direct，rel	若(direct)−1≠0，则 PC←PC+3+rel 若(direct)−1=0，则 PC←PC+3; 3 字节、2 个机器周期	×	×	×	×	D5H
13	ACALL addr11	PC←PC+2 SP←SP+1，(SP) ←PCL SP←SP+1，(SP) ←PCH PC10～PC0←addr11; 2 字节、2 个机器周期	×	×	×	×	&1②
14	LCALL addr16	SP←SP+1，(SP) ←PCL SP←SP+1，(SP) ←PCH PC15～PC0←addr16; 3 字节、2 个机器周期	×	×	×	×	12H
15	RET	PCH←(SP)，SP← SP−1 PCL←(SP)，SP← SP−1 1 字节、2 个机器周期	×	×	×	×	22H
16	RETI	PCH←(SP)，SP← SP−1 PCL←(SP)，SP← SP−1; 1 字节、2 个机器周期	×	×	×	×	32H
17	NOP	PC←PC+1 空操作; 1 字节、1 个机器周期	×	×	×	×	00H

位操作指令							
序号	助 记 符	指令功能及说明	对标志位的影响				操 作 码
			Cy	AC	OV	P	
1	CLR C	Cy←0; 1 字节、1 个机器周期	0	×	×	×	C3H
2	CLR bit	bit←0; 2 字节、1 个机器周期	×	×	×	×	C2H
3	SETB C	Cy←1; 1 字节、1 个机器周期	1	×	×	×	D3H
4	SETB bit	bit←1; 2 字节、1 个机器周期	×	×	×	×	D2H
5	CPL C	Cy ← $\overline{Cy}$; 1 字节、1 个机器周期	√	×	×	×	B3H
6	CPL bit	bit ← $(\overline{bit})$; 2 字节、1 个机器周期	×	×	×	×	B2H
7	ANL C，bit	Cy←Cy ∧ (bit) ; 2 字节、2 个机器周期	√	×	×	×	82H

（续表）

数据传送指令							
序号	助　记　符	指令功能及说明	对标志位的影响				操 作 码
			Cy	AC	OV	P	
8	ANL　C，/bit	Cy←Cy∧ $\overline{(bit)}$；2字节、2个机器周期	√	×	×	×	B0H
9	ORL　C，bit	Cy←Cy∨(bit)；2字节、2个机器周期	√	×	×	×	72H
10	ORL　C，/bit	Cy←Cy∨$\overline{(bit)}$；2字节、2个机器周期	√	×	×	×	A0H
11	MOV　C，bit	Cy←(bit)；2字节、2个机器周期	√	×	×	×	A2H
12	MOV　bit，C	bit←Cy；2字节、2个机器周期	×	×	×	×	92H
13	JC　rel	若Cy=1，则PC←PC+2+rel 若Cy=0，则PC←PC+2； 2字节、2个机器周期	×	×	×	×	40H
14	JNC　rel	若Cy=0，则PC←PC+2+rel 若Cy=1，则PC←PC+2； 2字节、2个机器周期	×	×	×	×	50H
15	JB　bit，rel	若(bit)=1，则PC←PC+3+rel 若(bit)=0，则PC←PC+3； 3字节、2个机器周期	×	×	×	×	20H
16	JNB　bit，rel	若(bit)=0，则PC←PC+3+rel 若(bit)=1，则PC←PC+3； 3字节、2个机器周期	×	×	×	×	30H
17	JBC　bit，rel	若(bit)=1，则PC←PC+3+rel 且bit←0 若(bit)=0，则PC←PC+3； 3字节、2个机器周期	×	×	×	×	10H

① &0=a10 a9 a8 0 0 0 0 1 B

② &1=a10 a9 a8 1 0 0 0 1 B

附录C　常用子程序

1. 双字节原码有符号数加法

入口：（R2R3）=被加数，（R6R7）=加数

出口：（R4R5）=和数

程序：

```
DADD:   MOV     A，R2
        MOV     C，ACC.7
        MOV     PSW.5，C
        XRL     A，R6
        MOV     C，ACC.7
        MOV     A，R2
        CLR     ACC.7
        MOV     R2，A
        MOV     A，R6
        CLR     ACC.7
        MOV     R6，A
        JC      DAB2
        LCALL   NADD
        MOV     A，R4
        JB      ACC.7，DABE
DAB1:   MOV     C，PSW，5
        MOV     ACC.7，C
        MOV     R4，A
        RET
DABE:   SETB    C
DAB2:   LCALL   NSUB1
        MOV     A，R4
        JNB     ACC.7，DAB1
        LCALL   CMPT
        CPL     PSW.5
        SJMP    DAB1
```

2. 无符号多字节整数加

功能：将（R0）和（R1）分别指向的两个 N 字节的无符号整数相加的和送以（R0）为首地址的内部 RAM 单元中。

入口：（R0）=被加数首地址（低位），（R1）=加数首地址（低位），（R3）=字节数 N

出口：（R0）=和数首地址（低位），（R3）=和数字节数 N+1

程序：

```
NIADD:  MOV     A, R0
        MOV     R4, A
        MOV     A, R3
        MOV     R7, A
        CLR     C
SA20:   MOV     A, @R1
        MOV     @R0, A
        INC     R0
        INC     R1
        DJNZ    R7, SA20
        CLR     A
        MOV     ACC.0, C
        MOV     @R0, A
        INC     R3
SA21:   MOV     A, R4
        MOV     R0, A
RET
```

3. 双字节补码数减

功能：将（R2R3）减去（R6R7）之差送（R4R5）。

入口：（R2R3）=被减数，（R6R7）=减数

出口：（R4R5）=差数

程序：

```
NSUB1:  MOV     A, R3
        CLR     C
        SUBB    A, R7
        MOV     R5, A
        MOV     A, R2
        SUBB    A, R6
        MOV     R4, A
RET
```

4. 无符号多字节整数减

功能：将（R0）指向的内部 RAM 中 N 字节的无符号整数减去（R1）指向的内部 RAM 中的 N 字节的无符号整数之差送（R0）指向的内部 RAM 中的 N 字节。

入口：（R0）=被减数首地址（低位），（R1）=减数首地址（低位），（R3）=字节数 N

出口：（R0）=差数首地址（低位）

注意：如果被减数大于减数，则（CY）=0，差数为正，从低位到高位依次存放差数；如果被减数小于减数，则（CY）=1，从低位到高位依次存放差数的补码。

程序：

```
NISUB:  MOV     A, R0
```

```
            MOV     R4, A
            MOV     A, R3
            MOV     R7, A
            CLR     C
SB20:       MOV     A, @R0
            SUB     B A, @R1
            MOV     @R0, A
            INC     R0
            INC     R1
            DJNZ    R7, SB20
            MOV     A, R4
            MOV     R0, A
RET
```

5. 无符号双字节数快速乘

功能：将（R2R3）和（R6R7）中的无符号双字节整数相乘之积送（R4R5R6R7）。
入口：（R2R3）=被乘数，（R6R7）=乘数
出口：（R4R5R6R7）=积
程序：

```
QKUL:       MOV     A, R3
            MOV     B, R7
            MUL     AB;（R3）*（R7）
            XCH     A, R7;（R7）=（R3）*（R7）低字节
            MOV     R5, B; (R5)=(R3)*(R7)高字节
            MOV     B, R2
            MUL     AB; (R2)*(R7)
            ADD     A, R5
            MOV     R4, A
            CLR     A
            ADDC    A, B
            MOV     R5, A; (R5)=(R2)*(R7)高字节
            MOV     A, R6
            MOV     B, R3
            MUL     AB;（R3）*（R6）
            ADD     A, R4
            XCH     A, R6
            XCH     A, B
            ADDC    A, R5
            MOV     R5, A
            MOV     PSW.5, C; 存 CY
            MOV     A, R2
            MUL     AB; (R2)*(R6)
            ADD     A, R5
```

```
        MOV     R5，A
        CLR     A
        MOV     ACC.0，C；加上一次加法的进位
        MOV     C，PSW.5
        ADDC    A，B
        MOV     R4，A
RET
```

6. 无符号十进位制数乘

功能：将（R0）和（R1）分别指向的内部RAM中的两字节压缩的BCD码十进制数相乘之积送（R0）所指向的2×N字节中。

入口：（R0）=被乘数首地址（高位），（R1）=乘数首地址（高位），（R3）=字节数N

出口：（R0）=积首地址（高位）

程序：

```
CMUL:   MOV     A，R3
        MOV     R6，A；(R6)=N
        ADD     A，R3
        MOV     R2，A；(R2)=2*N
        MOV     A，R3；从低位开始运算
        ADD     A，R0
        MOV     R0，A
        MOV     A，R1
        ADD     A，R3
        DEC     A
        MOV     R1，A
        CLR     A
CMUL1:  MOV     @R0，A；部分积单元清零
        INC     R0
        DJNZ    R6，CMUL1
        MOV     A，R2
        MOV     R6，A
        DEC     R0
CMUL2:  CLR     A
CMUL3:  XCH     A，@R0
        SWAP    A
        XCHD    A，@R0
        XCH     A，@R0
        DEC     R0
        DJNZ    R2，CMUL3
        MOV     R7，A
        JZ      CMUL7
CMUL4:  MOV     A，R3
        MOV     R2，A
```

```
        ADD     A，R3
        ADD     A，R0
        MOV     R0，A
        CLR     C
CMUL5:  MOV     A，@R0
        ADDC    A，@R1
        DA      A
        MOV     @R0，A
        DEC     R0
        DEC     R1
        DJNZ    R2，CMUL5
        MOV     A，R3
        MOV     R2，A
CMUL6:  CLR     A
        ADDC    A，@R0
        DA      A
        MOV     @R0，A
        DEC     R0
        DJNZ    R2，CMUL6
        MOV     A，R3
        ADD     A，R1
        DJNZ    R7，CMUL4
CMUL7:  MOV     A，R3
        ADD     A，R3
        MOV     R3，A
        ADD     A，R0
        MOV     R0，A
        DJNZ    R0，CMUL2
RET
```

7. 无符号双字节数除

功能：将（R2R3R4R5）的无符号整数除以（R6R7）的无符号整数之商送（R4R5），余数送（R2R3）。

入口：（R2R3R4R5）=被除数，（R6R7）=除数

出口：（R4R5）=商，（R2R3）=余数

程序：

```
NDIV1:  MOV     A，R3；判断是否发生溢出
        CLR     C
        SUB     BA，R7
        MOV     A，R2
        MOV     A，R2
        SUB     BA，R6
        JNC     NDVE1
```

```
        MOV     B，#16；无溢出，执行除法，为数16送B
        NDVL1   CLR  C；左移一位，移入零
        MOV     A，R5
        RLC     A
        MOV     R5，A
        MOV A,R4
        RLC     A
        MOV     R4，A
        MOV     A，R3
        RLC     A
        MOV     R3，A
        XCH     A，R2
        RLC     A
        XCH     A，R2
        RLC     A
        XCH     A，R2
        MOV     PSW.5，C；移出的最高位保存到F0
        CLR     C；比较部分余数和除数
        SBU      BA，R7
        MOV     R1，A
        MOV     A，R2
        SUB     BA，R6
        JB      PSW.5，NDVM1
        JC      NDVD1
NDVM1:  MOV     R2，A；执行减法
        MOV     A，R1
        MOV     R3，A
        INC     R5
NDVD1:  DJNZ    B，NDVL1；循环16次
        CLR     PSW.5；正常出口
        RET
NDVE1:  SETB    PSW.5；溢出
RET
```

8. 十进制数除

功能：将（R0）为首地址所指向的内部RAM中2×N字节的压缩BCD码十进制数除以（R0）为首地址所指向的内部RAM中N字节的压缩BCD码十进制数之结果送（R0）为首地址所指向的内部RAM中。

入口：（R0）=被除数首地址（高位），（R1）=除数首地址（高位），（R3）=字节数N

出口：（R0）=余数首地址（高位），（R0）+N=商数首地址（高位）

程序：

```
CDIV :  MOV     A，R3
        ADD     A，R3
```

```
        MOV     R7，A
        DEC     R0
        DEC     R1
CDIV1:  MOV     A，R3
        ADD     A，R3
        MOV     R2，A
        ADD     A，R0
        MOV     R0，A
        CLR     A
CDIV2:  XCH     A，@R0
        SWAP     A
        XCHD    A，@R0
        XCH     A，@R0
        DJNZ    R2，CDIV2
        MOV     R4，A
CDIV3:  MOV     A，R3
        ADD     A，R0
        MOV     R0，A
        ADD     A，R3
        XCH     A，R0
        INC     @R0
        XCH     A，R0
        MOV     A，R1
        ADD     A，R3
        MOV     R1，A
        SETB    C
CDIV4:  CLR     A
        ADDC    A，#99H
        SUBB    A，@R1
        ADD     A，@R0
        DA      A
        MOV     @R0，A
        DEC     R0
        DEC     R1
        DJNZ    R6，CDIV4
        CPL     C
        MOV     A，R4
        SUB     BA，#0
        MOV     R4，A
        JNC     CDIV3
        MOV     A，R3
        MOV     R6，A
        ADD     A，R0
        MOV     R0，A
```

```
        ADD     A, R3
        XCH     A, R0
        DEC     @R0
        XCH     A, R0
        MOV     A, R1
        ADD     A, R3
        MOV     R1, A
        CLR     C
CDIV5:  MOV     A, @R0
        ADDC    A, @R1
        DA      A
        MOV     @R0, A
        DEC     R0
        DEC     R1
        DJNZ    R6, CDIV5
        DJNZ    R7, CDIV1
RET
```

9. 多字节判零

功能：判断（R1）为首地址所指向的内部 RAM 中 N 字节的值是否为零。

入口：（R0）=数据首地址（低位），（R3）=字节个数 N

出口：若被判的数据值为 0，则（A）=0，否则，（A）不等于零

程序：

```
NIZERO: MOV     A, @R1
        JNZ     SF40
        INC     R1
        DJNZ    R3, NIZERO
SF40:   RET
```

（9）多字节数取补

功能：将（R1）为首地址所指向的内部 RAM 中的 N 字节取补。

入口：（R1）=取补后的数据首地址（低位）

程序：

```
NINORM: SETB    C
SC40:   MOV     A, @R1
        CPL     A
        ADDC    A, #00H
        MOV     @R1, A
        INC     R1
        DJNC    R3, SC40
RET
```

10. 多字节数右移

功能：将（R0）为首地址所指向的内部 RAM 中的 N 个二进制数右移一位

入口：（R0）=操作数首地址，（R7）=字节数 N
出口：（R0）=右移一位后的数据首地址（低位）
程序：

```
RRNB:   CLR     C
RRN0:   MOV     A，@R0
        RRC     A
        MOV     @R0，A
        DEC     R0
        DJNZ    R7，RRN0
RET
```

11. 多字节十进制整数转换为二进制数

功能：将（R0）为首地址所指向的内部 RAM 中 N 字节的十进制数转换为二进制数，送（R1）为首地址所指向的内部 RAM
入口：（R0）=十进制整数首地址（高位），（R7）=字节数 N
出口：（R1）=二进制整数首地址（低位），（R3）=字节数 N
程序：

```
NIDTB:  MOV     A，R1
        MOV     R6，A
        MOV     A，R7
        MOV     R3，A
        CLR      A
NDB0:   MOV     @R1，A
        INC     R1
        DJNZ    R3，NDB0
        MOV     A，R7
        MOV     R3，A
NDB3:   LCALL   NDB1
        MOV     A，@R0
        ANL     A，#0F0H
        SWAP    A
        LCALL   NDB2
        LCALL   NDB1
        MOV     A，@R0
        ANL     A，#0FH
        LCALL   NDB2
        DEC     R0
        DJNZ    R3，NDB3
RET
NDB1:   MOV     A，R7
        MOV     R4，A
        MOV     A，R6
        MOV     R1，A
```

```
        CLR     C
        MOV     R2, #0
NDB4:   MOV     A, @R1
        MOV     B, #0AH
        PUSH    PSW
        MUL     AB
        POP     PSW
        ADDC    A, R2
        MOV     @R1, A
        MOV     R2, B
        INC     R1
        DJNZ    R4, NDB4
RET
NDB2:   MOV     R5, A
        MOV     A, R6
        MOV     R1, A
        MOV     A, R7
        MOV     R4, A
        MOV     A, R5
        ADD     A, @R1
        MOV     @R1, A
        INC     R1
        DEC     R4
        MOV     A, R4
        JNZ     NDB5
        LJMP    NDB6
NDB5:   MOV     A, @R1
        ADDC     A, #00H
        MOV     @R1, A
        INC     R1
        DJNZ    R4, NDB5
NDB6:   RET
```

12. 单字节BCD码转换为压缩的BCD码

功能：将（R0）为首地址所指向的内部RAM中2×N字节的单字节BCD（一字节放一位BCD码十进制数）转换为压缩的BCD码（一字节放两位BCD码），送（R1）为首地址所指向的内部RAM

入口：（R0）=单字节BCD码存放单元首地址（高位），（R3）=字节数N

出口：（R1）=压缩的BCD码存放单元首地址（高位）

程序：

```
BCDC:   MOV     A, @ R0
        SWAP    A
        INC     R0
```

```
          XCHD    A，@R0
          MOV     @R1，A
          XCHD    A，@R0
          INC     R0
          INC     R1
          DJNZ    R3，BCDC
RET
```

13. 小于或等于 256B 的查表

功能：根据（R2）的内容在表中找出对应的两字节数并存到（R3R4）中，再以（R3R4）作为命令入口地址，转到对应的地址，执行对应的命令

入口：输入的命令序号

出口：（R3R4）=序号所对应的表中的内容（两字节的命令入口地址）

程序：

```
TMAINA: LCALL   RACOMD
        LCALL   RTBA
        MOV     DPH，R3
        MOV     DPL，R4
        CLR     A
        JMP     @A+DPTR
        …
RACOMD: …
        RET
        …
RTBA:   MOV     A，R2
        ADD     A，R2
        MOV     R3，A
        ADD     A，#6
        MOVC    A，@A+PC
        XCH     A，R3
        ADD     A，#3
        MOVC    A，@A+PC
        MOV     R4，A
RET
TAB2:   DW      ADR0，ADR1
        DW      ADR2 ，ADR3
        …
        DW      ADRE，ADRF
        …
ADR0:   …
ADR1:   …
        …
ADRF:   …
```

14. 二分法查表

功能：根据关键字采用二分法查表，关键字按其值大小存放在外部 RAM 的表中，如表 C.1 所示。

表 C.1　二分法查表的表结构

表 首 地 址	n		
	a0	b0	c0
	a0	b0	c0
	…	…	…
	an-1	bn-1	cn-1
	an-1	bn-1	cn-1

程序：

```
RTBE:    MOVX     A , @DPTR
         INC      DPTR
         JZ       LKS 5
         MOV      R6, DPH
         MOV      R7, DPL
         MOV      R3, #0
LKS1:    DEC      A
         MOV      R4, A
LKS2:    CJNE     A, $+3
         JC       LKS4
         ADD      A, R3
         CLR      C
         RRC       A
         MOV      R5, A
         LCALL    LTT
         MOVX     A, @DPTR
         MOV      IP, R2
         CJNE     A, R2, LKS3
         INC      DPTR
         MOVX     A, @DPTR
         MOV      R3, A
         INC      DPTR
         MOVX     A, @DPTR
         MOV      R4, A
         INC      DPTR
         MOVX     A, @DPTR
RET
LKS3:    MOV      A, R5
         JNC      LKS1
         INC      A
```

```
        MOV     R3, A
        MOV     A, R4
        SJMP     LKS2
LKS4:   INC     A
LKS5:   LCALL   LTT
        SETB    C
LTT:    MOV     B, #4
        MUL     AB
        ADD     A, R7
        MOV     DPL, A
        MOV     A, B
        ADD     A, B
        MOV     DPH, A
RET
```

15. 字符串比较

功能：将（R0）为首地址所指向的内部 RAM 中的 ASCII 字符串和程序存储器表格中的字符串进行比较，如相等，则使（A）清零，否则使（A）至 FFH。

入口：（R0）=内部 RAM 中的字符串首地址，（R4）=程序存储器中字符串表首地址偏移量初值，（R7）=字符串长度

出口：累加器 A

程序：

```
CSTAB:  MOV     A, R4
        MOVC    A, @A+PC
        XRL     A, @R0
        JNZ     SB50
        INC     R4
        INC     R0
        DJNZ    R7, CSTAB
        CLR     A
RET
SB50:   MOV     A, #0FFH
        RET
        DB      41H, 20H, 47H, 45H
        DB      54H, 54H, 49H, 4DH
        DB      45H, 0DH
        DB      42H, 20H, 47H, 45H
        DB      54H, 44H, 41H, 54H
        DB      41H, 0DH
        DB      43H, 20H, 47H, 45H
        DB      54H, 53H, 54H, 41H
        DB      54H, 0DH
        DB      44H, 20H, 49H, 4DH
        DB      45H, 4CH, 44H, 0DH
```

16. 数据排序

功能：将（R3）为首地址所指向的内部RAM中的N个单字节无符号整数按从小到大的顺序排序。

入口：（R3）=排序前的数据首地址，（R4）=数据长度N

出口：（R3）=排序后的数据首地址

程序：

```
QUE:    MOV     A，R3
        MOV     R0，A
        MOV     A，R4
        MOV     R7，A
        CLR     PSW.5
        MOV     A，@R0
QL2:    INC     R0
        MOV     R2，A
        CLR     C
        SUBB    A，@R0
        MOV     A，R2
        JC      QL1
        SETB    PSW.5
        XCH     A，@R0
        DEC     R0
        XCH     A，@R0
        INC     R0
QL1:    MOV     A，@R0
        DJNZ    R7，QL2
        JB      PSW.5，QUE
RET
MAINO:  MOV     SP，#60H
        MOV     R0，#50H
        MOV     @R0，#6FH
        INC     R0
        MOV     @R0，#6EH
        INC     R0
        MOV     @R0，#6AH
        INC     R0
        MOV     @R0，#6CH
        INC     R0
        MOV     @R0，#6DH
        INC     R0
        MOV     @R0，#6BH
        INC     R0
        MOV     @R0，#67H
```

```
        INC     R0
        MOV     @R0, #69H
        INC     R0
        MOV     @R0, #68H
        INC     R0
        MOV     @R0, #64H
        MOV     R3, #50H
        MOV     R4, #0AH
        LCALL   QUE
        SJMP    $
```

17. 时钟

功能：利用定时器产生定时中断（或利用程序的延时对时间计数），每当 1s 到后，使秒标志位置 1，然后调用本 CLK 子程序，利用本子程序设定的时、分、秒单元（2DH～2FH，均存放两位 BCD 码）计数，将计数值送显示子程序显示其时间。

入口：（2DH）=“时”的十位与个位，（2EH）=“分”的十位与个位，（2FH）=“秒”的十位与个位

出口：同入口

程序：

```
CLK:    CLR     25H
        CPL     P1.3
        MOV     A, 2FH
        ADD     A, #01H
        DA      A
        MOV     2FH, A
        CJNE    A, #60H, CKR
        MOV     2FH, #0
        MOV     A, 2EH
        ADD     A, #01H
        DA      A
        MOV     2EH, A
        XRL     A, #60H
        JNZ     CKR
        MOV     2EH, #0
        MOV     A, 2DH
        ADD     A, #01H
        DA      A
        MOV     2DH, A
        XRL     A, #12H
        JNZ     CKR
        MOV     2DH, #0
CKR:    RET
```

参 考 文 献

[1] 胡汉才. 单片机原理及其接口技术[M]. 北京：清华大学出版社，2018.

[2] 宋雪松. 手把手教你学 51 单片机——C 语言版[M]. 2 版. 北京：清华大学出版社，2020.

[3] 郭天祥. 新概念 51 单片机 C 语言教程[M]. 2 版. 北京：电子工业出版社，2018.

[4] 李朝青，等. 单片机原理及接口技术[M]. 5 版. 北京：北京航空航天大学出版社，2017.

[5] 张俊谟，等. 单片机中级教程——原理与应用 [M]. 3 版. 北京：北京航空航天大学出版社，2019.

[6] 蔡明文，等. 单片机原理实用教程——基于 Proteus 虚拟仿真[M]. 4 版. 北京：电子工业出版社，2018.

[7] 马忠梅. 单片机的 C 语言应用程序设计[M]. 6 版. 北京：北京航空航天大学出版社，2017.

[8] 李晓林. 单片机原理与接口技术[M]. 4 版. 北京：电子工业出版社，2020.

[9] 黄翠翠. MCS-51 单片机原理及应用[M]. 北京：北京大学出版社，2013.

[10] arm KEIL. C51 Development Tools [EB/OL]. [2022-5-29]. https://www.keil.com/c51.

[11] Labcenter. VSM Simulation[EB/OL]. [2022-5-29]. https://www.labcenter.com/simulation.

[12] 张杰，等. 51 单片机应用开发范例大全[M]. 3 版. 北京：人民邮电出版社，2016.

[13] 陈忠平. 基于 Proteus 的 51 系列单片机设计与仿真[M]. 4 版. 北京：电子工业出版社，2020.

[14] 周灵彬，等. 基于 Proteus 和 Keil 的 C51 程序设计项目教程——理论、仿真、实践相融合[M]. 2 版. 北京：电子工业出版社，2021.

[15] 张志良. 80C51 单片机实验实训 100 例——基于 Keil C 和 Proteus[M]. 北京：北京航空航天大学出版社，2015.

[16] 陈海宴. 51 单片机原理及应用——基于 Keil C 与 Proteus[M]. 2 版. 北京：北京航空航天大学出版社，2017.

反侵权盗版声明

举报电话：（010）88254396；（010）88258888

传　　真：（010）88254397

E-mail：　dbqq@phei.com.cn

通信地址：北京市万寿路173信箱

电子工业出版社总编办公室

邮　　编：100036